アストロノミカ

マーニーリウス
竹下哲文 訳

講談社学術文庫

目次

凡例

・本訳の底本には George P. Goold (ed.), *M. Manilii Astronomica*, editio correctior, Stuttgart: Teubner, 1998 を用いた。これ以外の校訂本や注釈・研究書については、巻末「訳者解説」を参照されたい。
・固有名詞のカタカナへの転写にあたっては、原則として音引きをつけ、ギリシア人はギリシア語形、ローマ人はラテン語形を用いた。ただし、地名などの一部の語彙については、末尾の母音を省略するなど、慣用的な形に近づけたものもある。
・訳注は「*1」の形で付し、注本文は各巻の末尾に配した。
・訳注などで本作以外の古典作品に言及する際には作者名・作品名と共に標準的な巻・章（節）ないし行番号を付記した。ただし、『アストロノミカ』の他の箇所を参照する場合には、作品名を省いて「第○巻○○行」とのみ記した。
・訳文中で用いた括弧類の意味については次のとおりである。
［　］底本による削除
〈　〉底本による補い
〔　〕訳者による補足的説明
・原文には見出しなどがついていないが、読者の便宜を考え、各種翻訳や研究書を参考にしつつ、適宜見出しを設けた。

・中世写本によって伝わる『アストロノミカ』の本文には、比較的軽微なものも含めると相当数の誤記や破損箇所がある。それらに対しては学者による推定修正が数多く提出されており、底本の本文にもそうした修正案が多く採用されている。もっとも、そうした異同のすべてを訳書中に記録することは不可能である。そのため、底本が採用する本文から離れた場合にはそのことを注記したほか、読みの違いが内容上興味深い差異を生むと思われる箇所では、紙幅の許す範囲でその違いを訳注に記した。

アストロノミカ

第一巻

序　歌

詩にのせて、神秘の技術(わざ)[*1]を、そしてまた、運命に与(あずか)り
人間の巡り合わせをさまざまに転じさせる星々を——
すなわち天の理法の作品を——空の高みから引き下ろすことに
私は挑む。いかなる先人も語っていない
異国の供物[*2]を携えて、緑の梢揺らすヘリコーンの森を
新しい歌の調べで動かすことに私は初めて挑戦する。
カエサル[*3]よ、祖国の元首にして父なる方よ、
尊厳なる法に従う地上を統(す)べ、
父君[*4]の手に与えられた天空を、自らも神として手中に収めるあなたこそが
私にこれほどのことを歌う意志と力を授けてくださる。
今や天空は己の探究者にいっそうの好意を寄せ、
詩を介して天界の財産(たから)を明かさんと欲する。
これは平和の下でのみ許される仕事。太虚の中をも通り抜け、
生きた身ながら果て[*5]しない大空を巡ること、そして星座や
逆行する惑星の動きを知ることは喜ばしい。

だが、これらの知識だけでは不充分だ。大宇宙の心臓部さえも知悉すること、
それが星座を介して生物を生み出し支配する方途を
認識すること、そしてアポッローンの調律に従い
それを詩に語ることはいっそう激しい喜びとなる。
私の前には火の灯る一対の祭壇が輝いている。　20
詩と題材への二重の情熱に包まれながら、
私は二つの神殿に祈りを捧げるのだ。確かな則(のり)に従い
歌う詩人のまわりに、宇宙もまたその計り知れない天球から音を響かせ、
奔放な言葉にはふさわしい姿をほとんどとらせない。[*6]

　この宇宙をより深く知ることが地上に許されたのは
天の神々の恩恵があってこそ。実際、神々が隠そうとするなら、
万物を統べるこの宇宙の奥義を盗むことなど一体誰にできただろうか。
一体誰が、人の心をもつにすぎぬ身ながら奮起して、
神々の意に背(そむ)いてまで自らも神と見なされようと、　29
高空(たかぞら)や大地の底の通い路を、　32
己が領域を忠実に守って虚空を過(よぎ)る星々を明らかにしようとしただろうか。　33
キュッレーネーの神よ、[*7]あなたこそはこの偉大な秘儀の創始者。　30
天空や星々が、星座の名前と道筋が、　31

34 その威力や影響が、いっそう深く知られたのはあなたのおかげ。
35 かくして天の威光は弥増（いやま）して、事物の外観ばかりでなく
それが及ぼす力もまた畏敬するべきものとなり、
人々は神の最も偉大なる所以を知るに及んだ。*8
40 そして、自然が最初に力を授け、自らの姿を露わにするのに
ふさわしいと考えて働きかけたのは、
この世界のうちで最も天に近い高みにある王たちの心だった。
彼らが従えたのは東の空の下なる野蛮な民族で、
［ユーフラテスが分かつ土地、また溢れるナイルが潤す土地の民族だ。］
その場所を通って天は回帰し、肌黒き民の都の上を翔けていく。
それから、生涯にわたり供物を捧げて神殿を崇める、
民の願いの代弁者として選び出された祭司たちが、
献身を重ねて神を捕縛した。その敬虔な心を
力強い神意の顕現が燃え立たせ、神は彼らを
50 自らのうちに迎え入れ、従僕たちに己が姿を明らかにした。
彼らこそがこれほどの栄光を打ち立て、
彷徨（さまよ）う惑星に左右される運命を、初めて技術によって知ったのだった。
幾星霜もの長きにわたって熄（や）むことのない苦心を重ね、

時という時に固有の出来事を記録した――
すなわち、各人の誕生の日とその生がどのようなものだったのか、
それぞれの時間が運の掟に及ぼす影響がどのようなものなのか、
いかに小さな変化がどれほど大きな違いを生むのかを。
星々が元の場所へ帰り、天の有様（ありよう）が隈（くま）なく把握され、
運命の確かな序列に従って
60　それぞれの星の配置に然るべき力が割り当てられると、
さまざまな経験を重ねた実践知が、範例の示す道を頼りに
この技術を作り出した。そして長い観察の末に把握したのだ、
星々が秘密の掟によって支配を行うことを、
宇宙全体が永遠の理法に従い運動し、
決まった徴（しるし）によって運命の転変に見分けをつけていることを。
　彼ら以前の時代には、人々の生は分別のない粗野な状態で、
造化の原理を知らぬまま、その上辺（うわべ）にのみ注意を向けていた。
天の見慣れぬ光にうろたえて不安に陥り、
あたかも星が消えたかのように悲しんだかと思えば、その蘇りを喜びもした。
〈そして、星々を追い払って立ち昇るティーターンや〉[*9]
70　太陽が離れたり近づいたりするのに応じて

日の長さがさまざまに変わり、夜闇の時が
定めなく変動する[10]原因を認識できずにいた。
いまだ賢慮は学芸を作り出すには至らず、
茫漠たる大地は粗野な農夫の下に休らっていた。
また、そのとき黄金は荒涼たる山々の中に埋もれ、
不動の海が未知なる世界を隔てていた。
人々は生命を海に、願いを風に託す意志をもたず、[11]
誰もが自分の知識に満足していた。
しかし、長い月日が死すべき人の心を研ぎ澄まし、
80 労苦が憐れな彼らに才知を授け、一人一人が運の圧力に促されて
わが身に気を配るようになると、
人々はさまざまな仕事に分かれて競い合った。
明敏な経験が試行錯誤を通して編み出した発明は何であれ、
喜んで共通の財とした。
そのとき野蛮な舌は然るべき則を得て、
荒れた大地は多様な実りをつけるように耕され、
船乗りはまだ見ぬ海のほうぼうへ航路を拓き、
未知なる土地の間に交易の道を作り出した。

90
それから長い歳月を経て戦争と平和の技術が案出された。
経験はとめどなく技術から技術を派生させていくものだ。
知れわたったことは歌うまい――人々は鳥の言葉を学び、
〔犠牲獣の〕臓物を検(あらた)める術や、呪文で蛇を引き裂く術、
亡霊たちを呼び起こして冥府の底なるアケローンを揺るがす術、
昼夜を互いに転じさせる術を知った。
かくして聡明なる賢慮が努力を重ねてすべてに勝利した。
理性は活動に終わりや限界を設けず、
ついには天を攀(よ)じて、深遠なる自然の原因を捉え、
ありとあらゆるものを見定めた。
なぜ雲は衝突してこれほどの音を出し振動するのか、
100
なぜ冬の雪は夏の雹(ひょう)より柔らかいのか、[*12]
なぜ大地が火を噴き、固い坤輿(こんよ)が震えるのか、
なぜ雨が降るのか、どんな原因が風を起こすのか、
といったことを見極めた。そして心から事物に対する驚異の念を拭い去り、
ユッピテルから雷霆(らいてい)と霹靂(へきれき)を操る力を奪って、
その音を風に、その炎を雲に帰した。
これらを一つ一つ然るべき原因に帰着させたあと、

理性が目指したのは、次に控える宇宙の機構を知り尽くすこと、
天空の全容を心で把握することだった。
そして、星座に形と名前を割り当てて、
110 それらが確かな定めに服しつつどんな巡りを経るのかを、
また、星々のさまざまな布置が運命を変化させ、
万物の動きが天の意向と状態に支配されることを知った。
　私の前に聳(そび)えるのは、こうした仕事だ。いまだかつていかなる詩によっても
聖化されていない仕事だ。願わくは、私がこれほどの難題を克服し、
大きなことも小さなことも等しい配慮をもって完遂できるよう、
運がこの壮大な労苦に好意を示さんことを、
そして齢(よわい)を重ねた穏やかな老年に至る生がかなわんことを。

宇宙の起源

　さて、詩は天の高みから降りてきて、
運命の確固とした掟もそこから地上に到来するゆえに、
120 私はまずほかならぬ自然の姿形を歌い上げ、宇宙の全容を
その実像どおりに綴らなくてはならない。

130

ある説では、宇宙の起源はいかなるものにも遡ることなく
誕生を欠いており、常に存在したばかりか
これからも存在し続け、始まりも終わりもないとされる。[*13]
あるいは、遂古(すいこ)のはじめ、混沌とした事物の始原を
空隙(カオス)が出産により截(き)り分けて、輝く宇宙を生み出し、
暗雲は押されるままに冥府の闇に逃れたという説[*14]もある。
あるいは、やがて解体されて同じものへ戻ってゆく自然は、
不可分な原子によって千古のあとにも存続し、
事物の総体は実質的に無から成り、無であり続け、
覆載(ふうさい)は目に見えぬ素材で造られたという説[*15]もある。
あるいは、この作品〔宇宙〕を生んだのは揺らめく火炎であり、
それらは天の眼〔星々〕を作り、宇宙全体を宿として、
空に閃(ひらめ)く雷電を造出するという説[*16]もある。
あるいは、水こそが宇宙の親であり、万物の素材が干乾(ひから)びるのを防ぐと共に、
それを解体する火さえも呑み込むとする説[*17]もある。
あるいは、地も火も大気も水も生みの父を知らず、
むしろこれら四つが元素となって神性を作りなし、
天球を組み上げたのであり、それ以上の探究は

許されない――なぜなら、それらは自分自身であらゆるものを創造し、
熱には冷気が、湿気には乾燥が、固体には気体が対になっていて、
適切な結合と生成の働きを作りなしつつ
元素にあらゆるものを生み出す力を授けるこの不調和は
調和的なものだから――とする説[18]もある。
才知ある人々の論争は熄むことがなく、
人も神も超えたこれほどの秘密は不確かなままだろう。
しかし、万物の濫觴がどんなものであれ、その外観については
一致が見られ、その実体は確かな秩序に従って整えられている。
飛翔する火は高天の領域に昇って[19]、
星の輝く穹窿の最上部を取り包み、
炎の囲いを巡らせて自然界の城壁を作った。
次いで気息は下降して稀薄な空気となり、
宇宙の空虚の中ほどに大気を拡げた。
第三の役割を担うもの〔水〕は揺れ動く波とうねりを展開し、
大海に隈なく真新しい水面を押し拡げた。
かくて水は稀薄な空気を吐き出して蒸発させ、
大気に種子を供給してこれを養い、

140 (line numbers: 140, 150, 153, 155)

154 気流は星々の間近にあてがわれて火を育てた。
159 最後に、ずっしりと丸みを帯びた大地が底に座し、
160 稀薄な水は少しずつその表面へ逃れ、
不安定な砂と泥が混じり合い一つになった。
湿気が分離して澄んだ波となり、
水が濾過されて大地が作り上げられ、
流れる水面がくぼんだ谷間に迫るにつれて
次第に海から山々が現れ、丸い陸地が波間から
飛び出した――もっとも、その周囲は広い大海に包まれているのだが。
168 この大地が確乎として存続しているのは、
そこから等しく離れた天球全体が、四方八方から落ちかかることで、
170 全体の中心であり底でもあるものが落ちるのを防いだからだ。
［そして物体は、内へ向かう圧力を受けて停止し、
寄り集まる力が枷（かせ）となって離脱を阻まれる。］
　だが、もしも地球が釣り合いのとれた重さで浮いているのでなかったら、
天に星々が現れる時に太陽（ポエブス）が西から〔地下へ〕車駕を進めて
東に戻ってくることも決して ないだろうし、
虚空を通る地の下の道程を月が掌握することもないだろう。

また、先には天を横切って光を放った宵の明星が
明けの明星として東雲（しののめ）に輝くこともないだろう。
けれども実際は、大地は底なる深みに落ち込んでいるのではなく、
中空に吊られてとどまっているので、　180
天が沈んだり再び昇ったりするための路が周囲にぐるりと通っている。
実際、私には、星々が現れる時のその上昇や
これほどに再生を繰り返す天が、また絶え間なく続く
太陽の誕生と死が偶然の産物だとは思えない。
何となれば、幾星霜にもわたって星座は同じ姿形を保ち続け、
太陽は変わることなく天の同じ箇所からやって来て、
月は一定の日数をかけて丸い形を変化させ、
自然は自らが作った道を保持し、
未熟ゆえに間違いを犯すこともなく、
太陽は尽きせぬ光を伴って周行し、　190
世界のあちらこちらの領域に同じ時間を告げ知らせ、
東へ向かう者にはさらなる東が、西へ向かう者にはさらなる西が常にあり、
太陽と共に天の動きも続いていくのだから。
　また、当然あなたは大地の本性が宙に浮いていることに

驚いてはいけない。宇宙自体が浮かんでいて、
いかなる基礎にも立脚せず——
これは飛ぶように進むその運行から明らかなこと——
太陽（ポエブス）は宙に浮いて進んでいき、軽やかに車駕を
ほうぼうへ向かわせつつ、〔折り返しの〕標柱を高天に保持し、
月や星々は太虚のうちを飛んでいくのだから、
大地もまた空の掟に倣って宙に浮かんでいるのだ。　200
このように、大地は天の穹窿の真ん中を割り当てられていて、
どの底辺からも等しく離れたところにあり、
開けた平面状に拡がるのではなく球形をなし、
どこでも等しく起伏している。
これが自然のありさまだ。こうして宇宙それ自体も
円を描いて翔け巡りつつ、星々の姿形を丸くする。
太陽の輪郭が丸いこと、また、斜めから差す太陽の明かりを
球面全体に受けないがゆえに
その膨（ふく）よかな身体に光を欠く月の輪郭も丸いことは我らの目にするとおり。　210
これこそは永遠に坐（いま）す神々にも酷似した形であり、
それ自身のうちには始まりも終わりもなく、

215 167　220

むしろその表面はどこをとっても自らに似てあらゆる点で同一だ。
このように大地は球形を保って存続し、天の形を象って(かたど)いて、
あらゆるものの基底としてすべての点で中心の座を占めている。
　こういうわけだから、我々は地上のすべての場所ですべての星座を
見られるわけではない。海を渡ってヘーリオスの岸辺[20]に着くまでは
どこにもカノープス[21]が輝くのを見つけられないだろう。
他方、この星の輝きを頭上に戴く人々はヘリケー〔大熊座〕を見出せない。
彼らは地球の側面域に住まい、大地の膨らみがその間に入って
天を阻み視界を遮って(さえぎ)しまうからだ。
月よ、地球はあなたを己が丸さの証人とする。
あなたは暗い夜闇の中に沈んで蝕となる時も
その星明かりですべての民族を一様に困惑させることはしない。
最初にあなたの光を失うのは東の地、
そして、天の中ほどを仰ぐ人々の暮らす土地という土地がこれに続き、
[最後にあなたは欠けた翼で西の地へ転じ、]
それに遅れて西方の民族のところでは銅器が打ち鳴らされる[22]。
もしも大地が平らだったなら、あなたは一度で全土に昇り、
世界全部に対して一様に蝕となって嘆かれることだろう。

230
しかし、大地は丸く膨らんだ形に作られているので、
　月（デーリア）は現れる土地を次々に変え、
昇ると同時に沈んでいく。そのわけは、月が〔大地の〕膨らみに沿って
円を描いて運行し、上り坂には等しく下り坂を組み合わせ、
ある地平に昇ると、また別の地平をあとに残していくからだ。
［ここから大地の丸さが結論される。］
　この地球の周囲に人や獣のさまざまな種族が、また
空飛ぶ鳥たちが暮らしている。その一方は熊たち[*23]のほうに伸び、
もう一方の南側にも人が住んでいる。
その地域は我らの足の下に拡がっていて、しかもそちら側では
240
自分たちが上にあると思っているが、これは地面が長い傾斜を見誤らせ、
上っていく道が同時に下っていく道でもあるからだ。
太陽が我々から見た西へ進んでこの地域を目にするとき、
そこでは陽が昇って眠れる都市を目覚めさせ、
日の出と共に所定の仕事をその地にもたらす。
他方の我々は夜闇に包まれ四肢を眠りにつかせる。
両方の地域を大海が分かち、波がその間を取りもっている。
　計り知れない宇宙の組織が作りなしたこの作品と、

大気、火、地、そして平らかな海という　250
形さまざまなる自然の諸要素とを
神的な霊気の力が治めている。神は聖なる通い路を介して
調和の息を吹き、秘密の計らいによって舵をとり、
あらゆる部分に相互の繋がりを配している。
かくして、ある部分と別の部分の間に力のやり取りが生まれ、
全体はさまざまな形態をとりながらも同質性を維持している。

天の星々

黄道一二星座

　さて今度は、あたり一面に煌々(こうこう)と輝く星座を
決まった順序に従ってあなたに語ろう。
はじめに歌われるのは、斜交い(はすか)に並んで宇宙を取り巻く中ほどの星座たち、
すなわち、太陽やその他の天に逆行する星々〔惑星〕を
折々の季節に代わる代わる運んでいく星座たち。*24
これらはどれも雲のない空に算(かぞ)えることができ、
運命の計らいはすべてこれらから導き出される。　260

270

かくて、天の穹窿を保持するもの〔一二星座〕がその劈頭を飾ることになる。
　まず黄金の毛を纏って輝く牡羊が先頭を務め、
後ろ向きに昇ってくる牡牛を驚き顧みる。
その牡牛は顔と額を下へ向けて双子を呼び、
双子に蟹が、蟹に獅子が、
獅子に乙女が続く。そして昼夜を釣り合わせる天秤が、
燃え立つ星[*25]を輝かせる蠍を引き寄せる。
その蠍の尾をめがけて半身馬の姿の射手が
弓を張り、素早い矢を今にも放たんとする。
その次には、狭い星群の中に身を屈（かが）めた山羊[*26]が到来する。
そのあとには水瓶が甕を傾けて水を注ぎ出し、
魚がその馴染みの流れを求めてあとに続く。
そして、一二星座の殿（しんがり）を務めるこの魚に接するのが牡羊だ。

宇宙の軸

さて、空の高みには熊たち〔大熊座、小熊座〕が輝いている。
この二つの星座は天の頂からすべての星々を見下ろして
沈むことがなく、同じ天極で別々のほうを向きながら場所を交代し[*27]、

天と星々を回転させている。
その場所から冷たい大気の中に細い軸が延び、
反対側の極で宇宙を釣り合わせて制御している。　280
これを中心にしてそのまわりを星の輝く天球が回転し、
はるかな高みを駆け巡っているが、軸のほうは不動のまま
大いなる宇宙の空虚と地球そのものを貫き、
二頭の熊に向かってまっすぐ聳え立っている。
もっとも、この軸は物質的な堅さをそなえた固体ではなく、
高天の重荷に耐えられるだけの重量ももたない。
そうではなく、全天は絶えず円を描いて回転し、
その全体はどこであれ元の出発点へ戻ってくるので、
何であれ中心にあるもの、すべてがそれを巡って動くところのものを――
これはきわめて細いため、それ自体では回転しえず、　290
傾くことも円を描いて回ることもありえない――
人々は軸と呼んだのだ。実際、それ自身はいかなる運動ももたず、
周囲をあらゆるものが翔ける様子を眺めている。

北天の星座

この軸の頂点に位置するのは、憐れな水夫に最も馴染み深い星座、
果てしない海の上で野心に燃える彼らを導く星座だ。
競い合って輝く七つの星が目印となる
ヘリケー〔大熊座〕のほうがより大きく、その描く弧もより大きい。
これを導き手としてギリシアの船は帆を張り波間に繰り出していく。
片や小さなキュノスーラ[28]は狭い輪のうちを回り、
大きさでも明るさでも劣っている。しかしテュロス人の判断では
こちらのほうが大事なのだ。海洋でまだ見ぬ陸地を探すとき、
カルターゴー人にはこちらのほうが確かな保証となる。
二頭は互いに対面することがなく、
どちらも尾をもう一方の鼻先に向けて、互いに追いかけ合っている。　300
その間を抜けつつまわりを囲んで両者を分かち、
輝く星で取り巻いているのが蛇〔竜座〕だ。
そうやって二頭の熊が寄り合ったり持ち場から離れたりしないようにしている。
　この場所と、七つの星が一二の宮のうちを
逆向きに抗って飛んでいく天球の中間域との間に、
異なる力の混ざり合った星々があり、
あるものは氷の近くに、またあるものは天の炎のすぐそばに昇ってくる。[29]　310

せめぎ合う異質な大気がこれらの星々に調節を加えることで、
その下に暮らす人々の大地に実りがもたらされる。
冷たい二頭の熊と凍てつく北極の間近に来るのは
跪(ひざまず)いた姿の持ち主。*30 その格好の理由を知るのは彼自身だけ。
その背後には熊の見張り、またの名を牛飼いとも呼ばれる者が輝いている。
〈世の人々が彼に与えた名前は正しい。脅かすようにして〉
習いのとおり軛(くびき)に繋がれた雄牛を追い立てる姿に似ているからだ。
彼は胸の中ほどにアルクトゥールス*31をかき懐(いだ)く。
もう一方には冠が明るい輪をなして浮かんでいるが、
320
その瞬く光は一様ではない。というのも、この輪は
ただ一つの星*32に圧倒されていて、それが額の真ん中で最も大きな光を放ち、
眩(まばゆ)い星々を燃える炎で際立たせているからだ。
この星座は置き去りにされたクレタ島の娘*33の記念として輝いている。
また、星々の間には腕木*34を天に広げた竪琴(リュラ)が
見つかる。往昔(そのかみ)、オルペウスが
歌を聞かせてすべてのものを虜(とりこ)にし、亡霊たちの間にさえ
道を拓いて、詩歌の力で冥府の掟を服従させる*35のに用いた品だ。
そのため天に栄誉の座を得て、その由来に等しい力をもつ。

330
かつて森や岩を引き連れたように、今は星々を導いて、
回転する巨大な天球を魅了しているのだ。
大きな蜷局（とぐろ）と捩（よじ）った身体で身体に巻きつく蛇を
引き離しているのは、蛇使いと呼ばれる者。
そうして彼は、輪をなして屈曲する胴のもつれを解こうとする。
しかし、蛇はしなやかな頸を反らして振り返り、
緩めた蜷局で掌を受け流して戻ってくる。
両者の力が拮抗しているため、この戦いはいつまでも続くだろう。
そのすぐそばには白鳥の居場所がある。ほかならぬユッピテルが、
愛する者を捉えるためにその姿を用いた報いとして、この鳥を天に据えた。
この神は、雪のような白鳥に身を俏（やつ）して地上に降り立ち、
340
つゆも疑わぬレーダーに羽毛の生えた背を差し出したのだ。
今もこの鳥は広げた翼に星を纏って飛んでいる。
これに続いて輝くのは矢が翔ける姿を模した星〔矢座〕。
それから大いなるユッピテルの鳥〔鷲座〕が高翔する。
その姿はあたかも慣れた動きで稲妻を携えて飛んでいるよう。
ユッピテルにも、彼に聖なる武器をもたらす天にもふさわしい鳥だ。
続いて海豚（いるか）も海から天へ昇ってくる。

大洋と天空の誉れであり、その両方によって聖化された星座だ。[36]
そして、これに追いつこうと奮い立ち、
胸元に眩(まばゆ)く星の輝く馬が、[37]足早に駆けてくる。
この星座はアンドロメダーに境を接する。[ペルセウスは武器を揮って彼女を助け、
妻とした。それに] 続いて来るのは、等しい二辺を異なる長さの一辺が分かち、
三つの灯りで瞬く姿が目を引く星座――
これはその形と同じ名前で三角(デルトートン)と呼ばれている〔三角座〕。　350
それに続くのはケーペウスとカッシエペイア。[38]
彼女は自分が招いた償いの儀と
傍(かたわ)らにいる見捨てられたアンドロメダーのほうへ身をのけ反らせている。
[そして、巌(いわお)に縛りつけられて海にさらされた娘に涙するのだ。]
天においてもかつての愛情を持ち続けるペルセウスが救いの手を差し伸べ、
見る者に死をもたらすが彼に[39]とっては戦利品たる忌まわしきゴルゴーンの首を
携えていなければ、娘は怪物の巨(おお)きな口に恐れおののくことだろう。
次に、身を屈(かが)めた牡牛のそばに歩みを運ぶのは、
その仕事の報いとして天に居場所と名を得た馭者だ。
ユッピテルは、軛(くびき)に繋いだ四頭の馬で高き車を　360
駆って疾走した最初の人たる彼に眼をとめ、天に聖化した。

370

これに続くのが、海を閉ざす仔山羊たちの星と、
天空の王を育てたことで名高い雌山羊[*40]――
彼の神は獣の乳を糧（かて）として稲妻と雷鳴の力を得るまでに成長し、
雌山羊の乳房から大いなる天空へ昇りつめた。
それゆえ、ユッピテルがこの山羊を永遠の星のうちに聖化したのも
当然のこと。天を得た引き換えに天を返礼品としたのだ。
［いずれも荒々しき雄牛の一部なるプレイアデスとヒュアデスも
北方に昇る。これらは北天の星座だ。］

南天の星座

　さて、今度は太陽の通い路の下側に昇る星座、
焼けた大地の上をよぎる星々に眼を向けよ。
凍てつく山羊の星と
底なる極〔天の南極〕に支えられた天との間を巡る星々にも眼を向けよ。
これらの下に広がるのは我々の通えぬ地球の第二の部分で、

380

そこには知られざる民族がいる。彼らの王国に通う路はなく、
同じ太陽から共通の光を得てはいるものの
その影の向きは異なっており、人々は反転した空に

星座が右から昇って左に沈むのを眺めている。[*41]
あちらの天のほうが小さかったり輝きが劣っていたりすることはなく、
地上に昇る星々の数が少ないということもない。
他のことでも引けはとらないが、彼らを圧倒するのは
アウグストゥスというただ一つの星ばかり。彼こそは我らの世界に降臨し、
今はこの地上で、のちには天で最大の立法者となる方だ。[*42]
双子のそばには、オーリーオーンが空へ大きく腕を伸ばし、
それに劣らず足をも拡げて
天へ立ち上がる姿が見える。

390

彼の両肩には一つずつ星が輝いて目印となり、
斜めに並んだ三つの星が、佩(は)いた剣をなぞっている。
他方、オーリーオーンの頭は高い天に埋まり、
三つの灯りで象(かたど)られたその貌は遠く隔たっているかのよう。[*43]
[明るさが劣るからではなく、いっそう高いところに離れているからだ。[*44]]
彼を導き手として星々は全天を駆け巡る。
その足下に続くのは、身体を伸ばして勢いよく駆ける犬。[*45]
この星が地上に現れる時の激しさはいかなる星をも凌ぎ、
去り際に及ぼす力も比類なきもの。一方では寒さに毛を逆立てて昇り、

400 他方では輝くばかりの開けた世界を太陽の手に渡す[46]。
このように世界を両極へ動かし、相反する効果をもたらす。
この星が最初に昇ったところに戻るとき、その上昇を
聳え立つタウルス山[47]の頂から眺める者は、
さまざまな作物の実りと季節を学び知り、
どんな健康状態が、どれほどの調和が訪れるかを学び知る。
この星は戦争を起こし、また平和を回復する。装いを変えて戻ってくると、
その目配せで世界を動かし、表情一つで支配する。
こうした力をもつ大きな証拠が、その顔に輝く炎の色と躍動だ。
離れたところにあって蒼黒い貌から冷たい光を放っていることを除けば、
410 この星は太陽にもほとんど引けをとらない。
その容貌は他を圧倒する。大洋に沈み、また波間から天に戻る星のうち、
これより明るいものはない。
それに続くのは犬の先駆け（プロキュオーン）[48]と足速き兎。次いで、海から天へ引き揚げられた
名高きアルゴー船——これは最初に海を駆けた船だが、
今は大きな冒険によって獲得した天の高みを占めている。
神々[49]を守って自らも神となったのだ。そのそばには蛇[50]がおり、
星明かりを並べて鱗（うろこ）のある表皮を模している。

続いてポエブスに捧げられた鳥、[*51] それと共に、酒神に好まれる
混酒器（クラーテール）、[*52] 人間の上半身が胸のところで馬の胴体に繫がった
二つの姿をもつケンタウルスが輝く。
420 その次には天が自分自身の神殿をもつ。怒れる大地女神が
天に仇なす恐るべき巨人族（ギガンテス）を生み出した際に
儀式が執り行われたこの祭壇は、勝利の栄光に輝いている。[*53]
この時には神々もまた霊験ある神々を求めた。ユッピテルでさえ、
自らの権能が力をもたないことを惧（おそ）れて第二のユッピテルを必要とした。
自然がことごとく転覆するかと思うほどに大地が隆起するさまを、
聳える山々にさらに山々が堆（うずたか）く積み重なるさまを、
そして今や間近に迫る峰を伝い、母なる大地を裂いて生まれた
武器を纏う巨人族が――奇怪な姿形をした醜い子らが――
星々を散らして襲来するさまを目にしたからだ。神々は、
430 何か自分たちに死をもたらすものや自分たちのものより強大な神意があるとは
知らなかった。かくしてユッピテルは
祭壇の星を定め、今もそれはひときわ大きく輝いている。
そのそばでは鱗ある胴体をくねらせるケートス[*54]が、
蜷局（とぐろ）を巻いて身をもたげ、腹をうねらせる。

［今にも捕まえようとするかのごとく牙を剝いて脅しつつ、］*55
磔(はりつけ)にされたケーペウスの娘〔アンドロメダー〕の生命を奪おうと
波間から現れ、海原を岸の上まで押し上げた時の姿だ。
その次には南の魚〔座〕が、その名の由来たる南風の吹くほうから昇る。
それに続いてやって来るのは
440　大きな弧を描いて湾曲した星の河だ。*56
一方の河の端には水瓶座が水を注ぎ、
〈もう一方の河はオーリーオーンが伸ばした足から流れ出る。〉
そしてこれらは中ほどで合流し、互いの星が混ざり合う。
　太陽の通り道と、天の重さに軋(きし)む軸を巡らせる
隠れた熊たちとの間にある、*57
我らが与(あずか)り知らぬ天の半球は、これらの星々で彩られている。
古の詩人たちはこれらを南の星々と呼んだ。
絶えず天の底を廻っていて、
眩(まばゆ)い空の拡がりを支えもつこの最果ての星々は、
天極を違えて我々の見えるところに戻ることは決してなく、
450　天の上方〔北半球〕の外観と、同じような星々の姿とを
再現している。顔を背け合った二頭の熊が真ん中にいて、

それを一匹の竜が隔てて包んでいると、
我々は例に従って推測する。というのも、我々の視界の外に
星々を駆け廻らせるこの半球も、
もう一方の極と同じ星座に支えられていると思い描けるからだ。

460

星座の形

かくして、天球全体に拡がるこれらの星座は、
大空に個々別々の居場所を占めている。
ただし実物と同じような形を求めてはいけない。
すべての部分が一様な明るさで輝いていて欠けるところがなく、
光のない隙間がどこにもないなどということはない。
もし星座という星座が隈なく炎に満ちて輝くならば、
天はこの大火災に耐えられないだろう。
この炎から取り除かれたものはどれも、重荷に屈しかけた自然が
絞りを加えた結果なのだ。自然はただ星座の形を区別して、
決まった星を目印として示すだけでよしとした。
線がその外観を描き出し、灯火が灯火に呼応する。
端から中間が、表面から裏側が推測される。

470
数の多さゆえに見誤ったり、小さな星と混同したりすることもない。
そのとき広々とした空には紛うことなく星座が見出せ、
すべて隠れてしまい、名もなき群衆は逃げていく。
天に輝く光は明確になる。有象無象の星屑は
とりわけ月が周期の半ばを迎えて満ちる時[*58]には、
すべてが隠れているのでなければ充分だ。

星々の規則性、宇宙の不変性

さて、輝く星座をもっとよく認識できるように次のことを述べておこう。
それらが沈みゆくさま、戻りくるさまは渝(か)わることなく一定で、
めいめいが固有の星を輝かせ、誤ることなく昇り、
自らの誕生と没落を規則的に保っているのだ。
この壮大な構造物において、そこに理法があること以上の、
万物が確かな則に服するということ以上の驚きは何もない。
混乱が害をもたらす余地はなく、いかなる部分においても
緩急の狂いは何ら生じず、動きの順序が変わることもない。
かくも複雑な様相と、かくも揺るぎなき変遷をもつものが何かあろうか。
私としては次に述べる理論ほどに有力なものはないと思う。
480

つまり、宇宙は神意によって廻らされていてそれ自体が神であり、
偶然に導かれてまとまりをなしているのではないとする考えだ。
これ〔偶然による支配という説〕は、宇宙の外壁を極小の種子で作り上げ、
またそれへと解体した最初の人物が信じさせようとしたことで、*59
彼の説では、海も大地も天の星々も、
限りない領域のうちに世界を形作り、また別の世界を解体する大気*60も
その種子から成り立っていて、万物はその元の始原へ還り、　490
事物の姿形は変化するとされる。
けれども、これほどの規模の仕事が神意もなしに極小のものから成り、
宇宙が不可視の結合によって作られているなどとは誰が信じるだろうか。
もしそれらを我々に与えたのが偶然なら、支配するのも偶然であろう。
だがそれならば、どうして我々は、星座が定められた順番どおりに昇り、
まるで命じられたかのように予定どおりの道程を遂げ、
何一つ先を急いだりあとに取り残されたりするものがないさまを見るのか。
どうしていつも同じ星々が夏の夜空を、同じ星々が冬の夜空を
彩るのか。どうして一日一日が決まった星座を天に戻し、
決まった星座をあとに残すのか。　500
ギリシア人がペルガマ〔トロイア〕を覆した時にはすでに

510

熊〔大熊座〕とオーリーオーンは向かい合って運行していた。
前者は北極で然るべく円を描いて回ることに満足し、
後者は反対側で回る熊に向かい合って昇り、
いつまでも天全体を駆け巡るのをよしとした。[*61]
また、暗い夜の時を星座によって把握することも
すでに可能で、空には時間の区切りがあった。
トロイアの陥落以後、どれだけの王国が滅ぼされたことか。
どれだけの民が囚われたことか。いくたび運は隷属と支配を循環させ、
装いもさまざまに元へ戻ったことか。
己が所業を忘れた運が、トロイアの灰燼を再び燃え立たせ、
どれほどの帝国にしたことか。[*62] ギリシアもアジアと同じ定めに屈したのだ。[*63]
過去の世紀を数え上げるのは厭わしく、燃える太陽がさまざまな円を描きつつ
いくたび天を渡ったかを詳(つまび)らかにするのは厭わしい。
死すべき定めの下に生まれたものはすべて移ろいゆく。
大地は、巡る歳月の略奪に遭いながら、
幾星霜を通じて種々(くさぐさ)に変わる自らの装いに気づかない。
ところが、天は損なわれることなく存続し、すべてをわがものとして保っている。
天は長い月日を経て成長することも、年老いて衰えることもなく、

520
運動ゆえの僅かな歪みも、速さゆえの疲弊も免れている。
これまで変わらずあり続けたのだから、これからも変わらずあり続けるだろう。
父祖の見た天も、子孫の眺めるであろう天も相異なることはない。
これこそは永久（とこしえ）に変易することなき神なのだ。
太陽が互い違いの熊たちのほうに駆けていくことはなく、
道を変えて東に進路を向けることもなければ、
これまでと違う土地から昇って曙を示すこともない。
月は定められた光の周期を踏み越えず、
限度を守って増減する。
天に浮かぶ星々が地上へ落ちることはなく、
規定どおりの時間をかけて自分の道を巡回する。
530
これらは偶然の業（わざ）ではなく、大いなる神意のもたらす秩序なのだ。
　かくしてこの星々は、一様に運行しつつ天空を編み上げ、
その星明かりで天井に多彩な形の鏡板を設（しつら）える。
これらは最も高いところにあって、宇宙の屋根をなしている。
皆に開かれた自然の館は、この境界に囲まれて構えを保ち、*64
大海と横たわる大地を抱いている。
一度（ひとたび）沈んだ天が向きを変えて再び昇ってくるのと同じ道程を通り、

805 すべての星は足並みを揃えて去来する。
806 その一方で、天の動きに逆らう星々も存在し、
807 それらは天空と地の間に浮かんで飛行する——
808 すなわち、土星、木星、火星、太陽、そして、
それらの下で金星と月の間を飛ぶ水星だ。[*65]

宇宙の寸法

539 さて、ほかならぬ宇宙の撓(たわ)んだ天蓋がどれほどの空間を占めているか、
540 どれほどの範囲を一二の宮[*66]が運行するか、
それを教えてくれるのは理性〔計算〕だ。
いかなる障壁も、計り知れない困難も、見通せない死角も理性を阻むことはない。
理性はあらゆるものを屈服させ、天にさえも届くもの。
大地と海から一二宮までの距離は
宮二つぶんの拡がりに等しい。どこであれ〔球の〕中心を通る円を切り出せば、
その全体を切り分ける線〔直径〕の長さは、
僅かに誤差はあるが、円周の三分の一になるからだ。[*67]
それゆえ、天のいちばん高いところはいちばん低いところから宮四つぶん、

550

つまり一二の宮の三分の一だけ離れていることになる。
だが、地球はその空間の中心に浮いているので、
天の頂や底からの距離は宮二つぶんとなる。[*68]
それゆえ、何であれあなたがこの地上から仰ぎ見る空間は、
両の目が虚空を通って届く範囲、また届かぬ範囲[*69]のいずれについても
宮二つぶんの距離に等しいに違いない。
均等な間隔をあけて天を編みなす一二の星座が運行している
丸い帯の周囲は、この長さ〔宮二つぶん〕の六倍だ。
同じ星から違った子供が生まれることや、
生まれが大きく異なっても運命が相近くなることに驚いてはならない。
何となれば、個々の宮が占める範囲はとても大きく、多くの時間を費やして
運行するのだから――すなわち、日中には[*70]六つの宮が昇り、

560A 560

〈夜にも同じ数が水平線を離れて昇ってくる。〉

天のさまざまな環

北極圏、南極圏、南北の回帰線、天の赤道

さて、次にあなたに語らねばならないのは、天球上の領域と、

燃える星座の序列を内に配し、
一定の順序を保ちつつ天に追従する境界線だ。

＊　＊　＊　＊　＊[71]

566 565B

〈まず、天の頂点の間近に迫る最初の〉[72]
環[73]は、北方の輝く熊〔大熊座〕を支えており、
天極からはたっぷり六度離れている。[74]
第二の環[75]は、末端にある蟹座の星のそばを通っている。
ここにおいて太陽は昼の長さを最大にし、

570

長い弧を描きながら緩やかに日輪を廻らせる。
これは暑さの盛りに因んで「夏の環」と呼ばれ、
季節の名を冠している。燃え盛るこの環は、
天を翔ける太陽の標柱と運動の限界点をなし、
北極圏からは五度ぶん離れている。
第三の環[76]は宇宙の真ん中にあたる場所に位置しており、
巨大な円を描いて天の周囲をすっかり取り巻いていて、
両側に天極を望んでいる。輝く太陽は、

春と秋という中間の季節に差しかかり、
偏りのない境界を引いて空の真ん中を切り分ける時には、
580 この場所を通って昼と夜の長さを釣り合わせる。
この環をなす線は夏の環から四度ぶん離れている。
さらにその次には「冬の環」という名の境界線[*77]があり、
太陽が遠ざかる際の極限を印づけている。
このとき太陽は最も短い道程を通り、明かりを斜めから注いで
我々に対しては日光の恵みを乏しくするが、
他方でそのとき太陽が上にかかる地域では昼の時間が長くなり、
白熱する暑さに日は延びてなかなか暮れようとしない。
この環は先のものから四度ぶん離れている。
これらに続く最後の一つ、〔南の〕天極に最も近い環[*78]は、
590 南天の熊たち[*79]を取り巻き囲っている。
これもまた冬の環からは五度ぶん離れていて、
我々の天極から北極圏が離れているのと同じだけ、
反対側の隣接する天極から離れている。
〔このように一方の極から他方の極までは三〇度ぶんの隔たりがあり、
その二倍〔六〇度〕の距離が天を取り包んでいて、

そこには季節を表す五つの境界線が刻印されている。[*80]」
これらの環が通う道は天のそれと同一で、傾きを同じくして回転し、
昇りと沈みの軌を一にする。
なぜなら、これらの環は天球全体の廻る方向に沿って弧を描き、
600
互いに間隔を一様にあけたまま、
最初に割り当てられた領域と定められた役割を常時保ちつつ、
高空(たかぞら)の走行に追従する線を引くためだ。

分至経線

さて、一方の極から発して他方の極が受けとめる
互いに直交した二つの環[*81]が存在する。
これらは先に述べたすべての環に加えて、お互いをも断ち切り天の両極で合流しつつ、
天球を横断して伸び、軸のところで直交する。
これらは一年の季節を印づけ、黄道帯に沿って空を
610
月数の等しい四つの部分に分割する目安となる。
一方の環[*82]は、聳え立つ天から駆け降りて、
竜の尾と海に浸らぬ熊たちを、
そして円の中ほどでは天に浮かぶ一対の螯(はさみ)[*83]を通過する。

612 565A 565 564

［この環は北の極から始まる天を横断し、
竜の背を通って熊の見張り〔牛飼い座〕のほうを目指す。
乙女に触れ、〔蠍の〕螯の先端を断つ。[*84]］
この環は海蛇の端と南天にあるケンタウルスの真ん中を通り抜け、
反対側の極に駆け着く。
そして再び天に進み出し、ケートス〔鯨座〕の鱗（うろこ）の生えた背中、
牡羊の端、輝く三角形、アンドロメダーの裳裾（もすそ）と
彼女の母親〔カッシエペイア〕の足の裏に軌跡を残して
元の極へ帰り、その出発点を終着点にする。
もう一方の環[*85]は、この環の真ん中と軸の上端〔北極〕を支えとして、
熊〔大熊座〕の前足と頸を通り過ぎ――

620

太陽が去っていくと、暗い夜空へ最初に明かりをもたらすこの熊を
七つの星が浮かび上がらせる――
双子から蟹を隔て、輝く犬〔大犬座〕の頭と
海原を制した船〔アルゴー船〕の舵に触れる。
そこから先の環の軌跡を垂直に横断し、
隠れた極〔南極〕をかすめ、その境界線から元へ戻って、
山羊よ、あなたに触れる。そして、あなたの星から離れると鷲に目印をつけ、

逆さになった竪琴（リュラ）と竜の蜷局（とぐろ）の間を駆け抜け、
キュノスーラ〔小熊座〕の後ろ足をなす星々を通り過ぎて、
天極のそばに位置する尾を垂直に断つ。
この環は出発点を覚えていて、ここで自分自身と再会する。　630

子午線、水平線

これらの環は、季節が永遠の座所に固定していて、
星座の間を通るその境界線は変わることがなく、位置も不変のままだ。
他方で自在に動く環も二つある。
一方の環[*86]は、ヘリケー[*87]〔大熊座の近くの天の北極〕から発して天空の真ん中を断ち、
一日を切り分けて第六時を計り、
東と西を等分している。
この環は星座の内でその位置を変える。
誰かが東に行っても西に行っても、その頭上には、
垂直に聳（そび）えて空の真ん中を断ち、
穹窿を切り分けて天に印をつける環が描ける。　640
地上の場所に応じて空も時刻も変化するのは　642
人々に応じて異なる子午線があるためで、正午の時刻は世界中を翔け巡る。　641

643 太陽が海面から身を擡（もた）げるとき、
その黄金の日輪を仰ぎ見る人々の時刻は第六時となり、
太陽が影の中に退いていく時には、西方が第六時となる。
片や我々は、今述べた両方の第六時をそれぞれ最初と最後の時間と算（かぞ）え、
その時刻には遠く離れた太陽から来る光が冷ややかに感じられる。
さて、もしあなたがもう一方の環*88の境界を知りたければ、
軽やかな眼と視線をぐるりと廻らせてみたまえ。
650 空の最下部と地表にあたるところが――
この場所で宇宙は継ぎ目なく繋がっていて
微（かす）かな境界で宇宙を横断し、ぐるりと取り巻いている。
輝く星々を海に送り、また海から迎える――
この線もまた空の隅々を飛び回るだろう。
ある時は天の中ほどの帯域と熱い環に向かい、
ある時は七つの星〔北斗七星〕と不動の星々の近くに向かう。
地上のあちらこちらの領域に動いて回る人の足が
その足跡をどこへ運んでいこうとも、
この曲線は絶えず大地の上に更新されていくだろう。
660 実際、この環は空の半分を明らかに示しつつ、

670

その境界に因んで「境界づけるもの」と呼ばれる。[*89]」
この環は天を平らかな境界線で取り巻いており、
「これは大地を懐いているから大地の環となるだろう。
視点の動きと合わせて位置を変える不定の境界を天に刻印するだろう。
もう半分を後ろに回して隠し、

黄道

これらに加えて、斜めを向いて互いに交差した線を引く二つの環がある。
その一方〔黄道〕は、輝く星座〔黄道一二星座〕を有している。
それらに沿って、太陽は手綱を操り、
彷徨う月は車駕を駆ってそのあとに続く。
そして天の動きと逆向きに抗う五つの星々〔惑星〕が
自然の掟に従ってさまざまな歌舞を演じる。
この環は最上部を蟹に、最下部を山羊に預け、
昼夜を等しくする環〔天の赤道〕の線を
牡羊と天秤のところで断ち切って二回交差する。
このように、この環の曲線は三つの環を経由して引かれ、[*90]
下方に傾いているので、そのまっすぐな道筋はわかりにくい。

また、人の眼や視野から逃れることもなく、
先の環が心で認識されたように心でのみ判別されうるということもない。
むしろ、星を鏤(ちりば)めた帯が大きな円を描いて光を放ち、
幅広い浮彫を施して天空に目を引く輝きを与えている。
680
［その長さは三六〇度にわたっていて、
通路を異にして過ぎ行く星々〔惑星〕をまとめる帯は
一二度ぶんの幅がある。］*91

銀河

もう一つの環*92は、これを横断して熊たちのほうに延びており、
その筋道は北の円〔北極圏〕から少しだけ離れている。
逆さまになったカッシエペイア*93の星座を通り過ぎ、
そこから斜めに降って白鳥に触れる。
そして夏の環〔夏至線〕と仰向けになった鷲を、
690
昼夜を等しくする線〔天の赤道〕を、
さらには蠍の燃え立つ尾と射手が左手の先に番(つが)えた矢の間で
太陽の馬車を運ぶ帯〔黄道〕*94を断ち切る。
そこから第二のケンタウルスの脚と蹄(ひづめ)を通って屈曲し、

再び天を昇り始める。
アルゴー船の艫（とも）の先と、天の中央に位置する環〔天の赤道〕、
双子の星座の最下部を断ち、
馭者の足下をくぐる。そして、カッシエペイアよ、
出発点であるあなたを目指してペルセウスを越えていく。
彼女から始まった環を、ほかならぬ彼女で閉じるのだ。
この環は、真ん中にある三つの環と星座を運ぶ環[*95]とを
700 二箇所で切断し、自分自身も同じだけ断ち切られる。
この環はあえて探すには及ぶまい。自ずから視界に入り、
我とわが身の居場所を教え、見分けがつくようにしてくれる。
というのも、この環は紺青の空に皎々（こうこう）と輝き、
あたかもにわかに空の覆いを取り去って白日の光を放たんとするかのよう、
また、さながら行路を繰り返す車輪の絶えざる往来によって
擦り減った道が緑の野原を切り分けるかのようだから。
[その切り分けられた両部分の間に道が一様に続いている。[*96]]
船の航跡が洋上を白く染め、
渦巻く水底から澎湃（ほうはい）として現れた道が
710 波の泡立つ海面に浮かぶように、

720

この道は巨大な光芒を紺青の空に刻んで
漆黒の天蓋に皎々と輝いている。
そして、虹が雲間に弧を描き出すように、
この白い道は天の穹窿に印をつけて
頭上に覆いかかり、人間たちの顔を上に向けさせる。
そのとき彼らは暗い夜空の不思議な光に驚嘆し、
人の心ながらにその神聖な原因を探究する。[*97]
ある説によると、宇宙の組織は散々に分解される寸前で、
結合が粗いために裂け目が開き、
被膜の緩みから新しい光の侵入を許しているのかもしれない。
大空の傷口を眺め、その疵痕が目を打つとき、
どうして人々は恐れを懐かないだろうか。
あるいは、宇宙は結合体であり、
二つの半球の端が重なり合って天の断片の縁を繋ぎとめ、
ちょうどこの連結部に沿って宇宙の縫い跡がはっきりと浮かび、
この凝縮された環が緊密に組み合って
上空の霧へと姿を変え、
楔のように空の土台を押し固めているのかもしれない。[*98]

それとも別の説のほうが信用できるだろうか――
730　太初の時代、太陽の馬車はあの場所で
異なる道程を進み、今とは違う路を踏んでいたが、
長い歳月をかけて炎に焼き焦がされたその場所と星々が
色を変えて、紺青が褪（あ）せ、
そこに灰が積もって天が埋もれてしまったという説だ。*99
また、遠い昔から次のような話も我々に伝わっている――
パエトーンは父〔アポッローン〕の車駕で星々の間を飛んでいた。
彼は目新しい天の光景をひときわ間近に見て驚嘆し、
子供のように空で戯れ、身の程も弁（わきま）えず輝かしい車にのめり込んだ。
そして、父を上回ろうと目論むうちに、
743　普段の経路を外れてしまい、逸れていく車駕に引かれて所定の道を離れ、
740　天に新しい環を刻みつけた。
不意を突かれた星座たちは、標柱を逸脱した炎と
制御の及ばぬ車駕に耐えられなかった。
世界中を猛火が襲い、地上の都市という都市で
744　火葬堆（かそうづみ）が燃え上がったことをどうして我々は嘆こうか。
引きちぎられた車の破片があちこちに飛び散ると

空は焼き焦がされた。天さえもがこの火災の代償を払い、
付近に輝く星々は以前と違った炎を灯して
今なおかつての悲運の様子を物語っている。*100
また、世間に流布した説よりは穏当な古伝も　750
語らずにおくわけにはいかない——
神々の女王が、雪のように白い胸から乳の滴（しずく）を流して
空をその色で染めたため、これは「乳の環」と呼ばれ、
その名はほかならぬこの起源に由来するという話だ。*101
それとも、もっと大きな星群が冠状に集まって
炎を織りなし、濃密な光を放っていて、
その煌き（きらめ）が集中することでこの環はひときわ明るく輝いているのだろうか。*102
それとも、天にふさわしい名声をもつ英傑たちの魂魄が、
肉体から解放され、地表を離れて
この場所に移り、高空（たかぞら）を家居（いえい）として　760
天界の歳月を生き、宇宙を享受しているのか。
この場所に我らが崇めるのは、アイアコスの子孫にアトレウスの子孫、*103
また猛々しきテューデウスの子〔ディオメーデース〕、陸と海での勝利によって
自然を征したイタケーの人〔オデュッセウス〕、世人の三倍に及ぶ

長命で名高いピュロスの翁〔ネストール〕、ペルガマで戦うダナオイ人の将たち、
〈イーリオンの民の誉れ高き大黒柱たるヘクトール[*104]、〉
曙(アウローラ)の女神の色黒き子[*105]、雷鳴轟(とどろ)かす大神の血を引く
リュキアの王[*106]だ。また、マールスの娘なる乙女[*107]よ、
あなたのことも省略すまい。それからトラーキアの地が送り出した王たち[*108]、　770
アジアの諸民族[*109]、大王を生んだこの上なく偉大なペッラ[*110]もだ。
また力強い精神と弛(たゆ)みない重厚な心を具え、
すべての財産を自分自身のうちに宿した賢人たちもいる――
公正なるソローン、辣腕のリュクールゴス、
天界の人プラトーン、そしてその彼を陶冶し、
祖国アテーナイに断罪されながらもその祖国をこそ断罪した者〔ソークラテース〕、
また海に犇(ひし)めくペルシア艦隊を打ち破った者〔テミストクレース〕だ。
これに続くのは、今や最も数多いローマの英傑たち――
タルクイニウス[*111]以外の王たち、血族だけで隊伍を組んだ
ホラーティウス三兄弟[*112]、片腕を失って栄光弥増(いやま)すスカエウォラ[*113]、　780
男たちより勇敢な乙女クロエリア[*114]、
自らの守るローマの城壁を楯に携えたコクレス[*115]、
鳥の姿のポエブスを伴い、その援護によって

勝利と名前を手にしたコルウィーヌス、[116]
ユッピテルを救って天にその座を獲得し、
ローマを救ってその礎を固めたカミッルス、[117]暴君から都を奪還した
再建者ブルートゥス、[118]干戈で策略に報いたパピーリウス、[119]
並び立つファブリキウスとクリウス、[120]三度目の勝者となった
マルケッルス、[121]その彼に先立って王を討ちとったコッスス、[122]
献身で競い、勝利で肩を並べるデキウスたち、[123]
790 慎重さによって敗北を免れたファビウス、[124]戦友ネローの力を借りて
非道なるハスドルバルを打ち破ったリーウィウス、[125]
カルターゴーの無二の宿敵たるスキーピオー家の名将たち、[126]
三度の凱旋式を挙げて規定日より前に指導者となった世界の覇者ポンペイウス、[127]
弁舌という財産によって儀鉞(ぎえつ)を手にしたトゥッリウス、[128]
偉大なるクラウディウスの血筋、[129]
アエミリウス家の長たち、そして輝かしきメテッルス家の人々、[130]
戦時下に自らの運に打ち勝ったカトーと
兵として自らの運を築き上げたアグリッパ、[131]ウェヌスの血を引く
ユールスの後裔。[132]そして、天より降誕し、やがて天に座所を得る
800 アウグストゥス——彼は雷鳴轟(とどろ)かす神を仲間とし、星座を通して天を治め、

神々の集いに参列し、天界の環〔天の川〕の輝くところよりなお上方で、
〈彼自身が敬虔にも新たに天上の神々の一員とした者や、〉*[133]
804 神々しく偉大なるクイリーヌス*[134]に出会うことだろう。
あれこそは神々の座。この場所は、自らの美徳により
神々に肩を並べ、その間近な高みに達する人々のもの。

彗星、流星

さて、星々に力を帰し、*[135]
星座が運命に及ぼす権能を詩にのせて歌うのに先立って、
天の様相を描ききらねばならない。この宇宙全体の内にあって
時と場所を問わずに活発な光を放つものを余さず記述せねばならない。
実際、めったに現れず、姿を見せたかと思うとたちまち消息を絶つ火が存在する。
809 大きな動乱の時代には、
810 澄んだ大気中に突如として炎が輝き、
彗星が生まれては消えていく様子が稀に見られた。
その原因は、あるいはこうかもしれない*[136]――
大地が内なる蒸気を吐き出す際に

820 乾いた空気は湿った気息より上に昇るため、
長く続く晴天に雲が掃(はら)われて日光が大気を熱く乾燥させる時には、
上方から降りてきた火が格好の糧(かて)に食らいつき、
炎は相性のよい素材を手に入れる。
そして、堅固な物体を欠いた、稀薄で移ろいやすい煙のごとき
空気の元素が漂っているにすぎぬため、
その活動は短く、炎は燃え始めるや消えてしまい、
彗星は輝くと同時に潰(つい)えていく。
だが、もし彗星の誕生がその死と隣り合わせでなく、
炎の灯る時間がこれほど短いものでなかったならば、
夜はもう一つの昼となり、太陽が再来して
830 眠りに沈んだ全世界を目撃することだろう。
さらに、大地から出る乾燥した蒸気はすべて
見た目もさまざまに広がり火に包まれるため、
暗闇を引き裂いて生まれ出る光も
多彩な様相の火を灯して現れる。
ある時は、まるで頭から垂れる長髪のごとく
炎が髪を模して飛散し、

840 細やかな火が燃える光芒を乱れ髪のように広げる。
またある時は、この一つ目の形態が髪の毛を散らして消え、
燃え盛る髭を思わせる形の毛房に変わる。
また時として、側面の輪郭線が長さを揃えて組み合わさり、
四角形の梁（はり）や丸みを帯びた柱の形を作り出す。
さらには、炎が膨らんで、幅広く腹部を展（の）ばした
甕（かめ）と見紛う姿になったり、火が稠密な円形に丸まって、
明滅する光で毛深い顎鬚を象（かたど）り、
小柄な雌山羊の姿を装ったり、
松明（たいまつ）の火を割いて枝状に迸（ほとばし）らせたりもする。
849 また、長い軌跡を引きつつ微（かす）かな火を放って
847 匆々（そうそう）と駆け抜ける星が遠近（おちこち）に飛ぶのも見られる。[*137]
それは、定めない光が晴れた天に火花を散らして
850 素早い矢のごとく彼方を飛び、
細い線を描いて上空に繊々（せんせん）たる道筋を伸ばす時のことだ。
事実、火はあらゆる場所に潜んでいて、
分厚い雲の中に宿って雷を拵（こしら）えたり、
大地の内に浸透してエトナ山で天空を威嚇したり、

ほかならぬ源泉の水を湯に変えたりし、
森の木々がぶつかり合って焼け焦げる時には、固い石や
緑の樹皮にも居場所を見出す。
自然はすべてこれほどまでに火に満ち溢れている。
天を裂いて不意に火が現れることに驚いてはいけない、
また、大地の吐き出す乾いた種子を大気が受け入れて燃え上がり、
炎を閃(ひらめ)かせて輝くさまにも驚いてはいけない。
速やかな火はこの種子を糧として追いかけ、また離れていく。
このことは、豪雨のただなかから稲妻が瞬く光を震わせるさまや
雷電が空を切り裂くさまを目にすればわかるとおりだ。
それゆえ、大地がこうした種子を速やかな火に提供する仕組みが
彗星を生み出したのかもしれない。
あるいは、あれらの灯火は自然の産物で、
朧気(おぼろげ)な炎を纏う暗い星として空に輝いているが、*138
太陽が燃える彗星を激しい熱で
自分のほうに引き寄せて火炎に巻き込み、
程なくして解放するのかもしれない——ちょうど水星や金星が
宵の明かりを灯して夜闇を連れてくるとき、

860

870

隠れて眼を惑わしたかと思うと再び戻ってくることがしばしばあるように。[139]
あるいは、地上に差し迫る運命に憐れみを覚えた神が、
天を火災で様変わりさせて徴を送るのかもしれない。[140]
上空を眩く照らすその炎が無意味なものだったためしはない。
期待を裏切られた農民は荒廃した畑を嘆き、
不毛な畝溝の間で疲れ果てた耕夫は
悲しげな雄牛を空しくも軛に繋ぐ。
あるいは、髄を焦がす致死の炎が　880
重苦しい病と緩やかに蝕む悪疾で身体を捕え、
頽れる人々の生命を奪って、都市という都市の隅々で
火葬堆が燃えて共同の葬儀が執り行われることもある。
エレクテウスの民を略奪し、往年のアテーナイを
戦によらぬ死によって野辺へ送った疫病はこのようなものだった。[141]
そのとき人々は次々と屍の上に斃れ込み、
医術には出る幕がなく、祈りも無力だった。
手当は病に屈し、死者は弔いも涙も得られなかった。
衰えた火勢はもはや充分な用をなさず、
堆く積み重ねられた死体が焼かれ、　890

900

かつてあれほど数多かった民衆に世継はほとんど残らなかった。
輝く彗星は、しばしばこのような出来事を予告する。
この灯火と共に死が訪れ、間断なく燃える弔いの火を示して
地上を威嚇する。宇宙と自然そのものが
人間たちの墓となる定めを負うかのごとく病に苦しむからだ。
さらにこの星は、戦争や、にわかに起きる擾乱、
秘密裏の計略によって生じる兵戈をも予言する。
例えば、先頃異民族の地において――
獰猛なゲルマーニア人が盟約を破って
指揮官ウァールスの生命を奪い、三個軍団の血で野を染めた時のこと[142]――
天の一面、至る所に不気味な光が
燃え輝き、自然までもが火の手を上げて戦を仕掛け、
己が兵力を対峙させて終焉を警告したことがある。
この世界と人類の甚大な破滅に驚いてはならない。
しばしば落ち度は我らの側にある。我々は天を信じることを知らないのだ。
また、彗星は国内の騒擾や同胞間の戦争をも予告する。
残忍な首謀者たち[143]が兵戈を企て
ピリッピーの野に所狭しと隊伍を組んだ時以上の

910

大火災が天を覆ったことは他にない。
そのとき、血潮を吸った砂地がほとんど乾かぬうちに
ローマの兵(つわもの)は先の戦[*144]で引き裂かれた屍と骨を踏んだ。
〔ローマの〕覇権は自分自身の力と会戦し、
父なるアウグストゥスは、その父の踏んだ途を通って勝利を収めた。
だがそれでもまだ決着とはならず、持参金紛いの軍隊によって起こされた
アクティウムの海戦[*145]が控えていた。またしても
世界の命運を賭けた輸贏(しゅえい)が争われ、天上の支配者が海上に求められた。
ローマは女の軛(くびき)に囚われる瀬戸際に立ち、
雷霆(らいてい)とイーシスのシストルムとが雌雄を決した。[*146]

920

しかしなお、逃げ延びた兵や奴隷との戦争が控えていた。[*147]
父が討った敵を真似して息子は武器を執り、
ポンペイウスは己が父親の守った海を侵したのだった。[*148]
願わくは運命がこれに満足するように。もはや戦争が鎮まり、
不和は金剛の鎖に縛られて、
いついつまでも獄中に拘繫されてあるように。
祖国の父は不屈にして、ローマは彼の人の下にあるように。
そして、すでに天へ送った神を、ローマが地上で嘆かないように。[*149]

訳注

＊1　占星術のこと。
＊2　外国に由来する占星術を歌ったこの詩自体を指している。
＊3　アウグストゥス。
＊4　アウグストゥス（オクターウィアーヌス）の養父ガーイウス・ユーリウス・カエサル。
＊5　月と太陽を含めた七惑星の動きは恒星に対して逆方向に向かって動いているように見えるため。
＊6　難解で解釈の分かれる行。「奔放な言葉」は、文字どおりには「（韻律から）自由な言葉」で、散文のこと。「姿」と訳した figurae は文体や言葉遣い、その体裁のことと理解すると、宇宙は自分を語る言葉が散文であることをまず許さない、という意味にとれるが、作中でしばしば用いられるとおり、figurae は「星々のなす姿形」、つまり「星座」のこととも解しうる。その場合、散文の言葉が星座の神秘へ至ることはほとんどできない、という意味になる。本文では前者の解釈に従った。
＊7　メルクリウス（ヘルメース）のこと。
＊8　このあとに三八―三九行として「この神が、宇宙の様相と高き天とを／然るべき時に従い整理して、それらを万人に知らしめた。」という二行がボニンコントリウスによって挿入されているが、底本をはじめ諸版一致して本文には含めていない。
＊9　太陽のこと。なお、この箇所は欠行が想定され、底本が採用する補綴案に従って訳した。
＊10　一年を通じて昼夜の長さが変化すること。太陽が夏至点に向かうのは「近づく」ように見え、冬至点には「離れる」ように見える。
＊11　航海によって世界に進出することはせず、という意味。
＊12　雪は冬に降る一方、雹が春や秋に降るのはなぜか、という問いは、アリストテレース『気象論』三四

七b三六―三四八a二やセネカ『自然研究』四・四・一でも取り上げられている。

＊13　クセノパネースの学説と思われる。

＊14　ヘーシオドスの所説。

＊15　レウキッポスやデーモクリトスの原子論、またそれを受け継いだエピクーロスの学説。「実質的に」云々は、万物が目に見えない極小の原子から成るという説を詩人が不正確に要約したものと思われるが、一二八―一三一行は言語的にもぎこちなく、後世の竄入を疑う見方もある。

＊16　万物の根源は火であるとしたヘーラクレイトスの説。

＊17　タレースの説。

＊18　エンペドクレースの四元素説。

＊19　ここから述べられるのはストア派の宇宙生成論と考えられる。

＊20　ロドス島のこと。太陽神ヘーリオスの子孫は、この島に住んだ古い家系とされる。

＊21　竜骨座のα星で全天二番目の明るさだが、南の低空に昇るため、北半球の多くの地域では見ることができない。

＊22　月蝕は魔術師の呪文によって引き起こされると信じられており、月がその呪文を聞けぬように騒音を鳴らして妨害しようとした。ユウェナーリス『諷刺詩』六・四四二以下参照。なお、月蝕は場所によって観測時刻が変わることはなく、詩人の説明は誤り。また、大地が丸いことの証拠としては、月蝕の際に月に映る地球の影の形状が持ち出されるべきところ（アリストテレース『天体論』二九七b以下）。

＊23　大熊座と小熊座のことで、つまり北方。

＊24　黄道一二星座のこと。

＊25　蠍座のα星アンタレスのことと解した。ただし、原語の astrum は単体の星も星座全体も指しうるので、後者とすれば蠍座全体を言っていることになる。

＊26　黄道帯を一二等分した三〇度ずつの各領域（これを「宮」と言う）には、前述の一二の星座がおおむね一つずつ収まるが、山羊座の星が実際に占める範囲は三〇度に満たないため（プトレマイオス『アルマゲスト』八・一（ハイベア版、第二部、一一六―一一八頁）参照）。あるいは冬の寒さのために身を縮めるという解釈も可能かもしれない。
＊27　大熊座と小熊座は背中合わせに配されていて、小熊座の尻尾に位置する天の北極を巡って回転している。
＊28　小熊座。
＊29　「氷」と「炎」は、それぞれ天の北極と太陽の通り道である黄道を表す。
＊30　今日におけるヘラクレス座。ギリシア語で「エンゴナシン」（跪く者）と呼ばれた。
＊31　牛飼い座のα星。アラートス『パイノメナ（星辰譜）』九四も参照。
＊32　冠座のα星アルフェッカのこと。
＊33　アリアドネーのこと。テーセウスは彼女の援けを得てミーノータウロスを退治したあと、共にナクソス島へ逃れたが、そこに彼女を置き去りにした。
＊34　「腕木」と訳した原語は「角（cornu）」で、竪琴の共鳴胴に弦を張るための横木を支える部材のこと。
＊35　オルペウスが冥府から妻エウリュディケーを連れ帰ったことを指す。
＊36　マーニーリウスは海豚座を、アンピトリーテーにポセイドーンとの結婚を促した海豚と考えていると思われる。
＊37　ペガサス座。「胸元」の星が指すのは、α星のマルカブあるいはβ星のシェアトのことか。
＊38　カシオペア座。古代の作家は、おおむね彼女の名前を「カッシエペイア」と記している。
＊39　鯨座。

＊40　仔山羊星（馭者座のζ星とη星）も雌山羊（馭者座のα星カペッラ）も正確には独立した星座ではない。なお、仔山羊星が明け方に沈む時期（一一月中旬）から三月初旬にかけては天候が荒れ、航海は避けられた。

＊41　ここでの「左」と「右」は、観測者が太陽の昇る空を眺めた場合の左右を意味する。つまり、北半球では太陽が南の空に昇るので、東（星の昇るほう）が左に、西（星の沈むほう）が右に来るが、南半球では太陽が北の空に昇るため、星は右から昇って左に沈むことになる。

＊42　底本が採用する修正 legum に従って読んだが、写本のとおりに caesar と読めば「今は地上で皇帝（カエサル）に、のちには天で最大の権威者となる」というほどの意味になる。

＊43　オーリーオーンの頭部をなす星の輝きが他に比べて乏しいため、遠く離れて見える。

＊44　ある種の恒星が他のものより遠くにあるといった考えはゲミーノス（『天文学入門』一・二三）などには認められるが、マーニーリウスにはそぐわないとして底本では削除されている。

＊45　原語は「子犬（Canicula）」で、大犬座のα星シリウス（天狼星）を指している。

＊46　古代ではシリウスが夜昇るのは一月初旬で、反対に夜沈むのは五月初旬。

＊47　キリキアの山。

＊48　原語は「プロキュオーン（Procyon）」で、小犬座のα星。

＊49　アルゴー船に乗った英雄たちのことを誇張して言っている。

＊50　海蛇座。

＊51　烏座。ポエブス（アポッローンの別名）はテューポーン（あるいはテュポーエウス）から身を隠すのに烏に変身したとされる。オウィディウス『変身物語』五・三二九を参照。

＊52　コップ座。「混酒器」とは、宴会の際に葡萄酒に水や蜂蜜を混ぜるために用いられた器のこと。

＊53　おそらくマーニーリウスはギガントマキアー（ウーラノスの生殖器から滴った血から生まれた巨人族（ギガンテス）

とオリュンポス神族との戦い）とティーターノマキアー（クロノスらティーターン神族とオリュンポス神族との戦い）を混同しており、祭壇座の起源を、ティーターノマキアーの際にオリュンポス神族が願懸けをした祭壇と考えている。

＊54　鯨座。マーニーリウスは鯨座の位置を誤解して、この場所に配している。

＊55　この行はウェルギリウス『アエネーイス』一二・七五四以下と類似しており、後世の竄入とされる。

＊56　水瓶座の甕から南の魚座のほうへ流れる水が星座として考えられている。

＊57　ここで意味されているのは天の南極であり、マーニーリウスは天の北極と同様に、反対側の南極にも小熊座、大熊座があると考えている。

＊58　つまり、満月のとき。満月の時にも明るく輝く星を見つけられることについては、アラートス『パイノメナ（星辰譜）』七八―七九も参照。

＊59　デーモクリトスやエピクーロスの原子論が暗示されている。

＊60　「大気」と訳した原語は aether「アイテール、高天の気」だが、その内容はむしろエピクーロスが言うところの「空虚」を思わせる。とはいえ、エピクーロスの空虚は原子から成り立つのではなく、原子が運動するための場なので、これは不正確な要約である。限りない空虚のうちを運動する限りない原子によって無数の世界が形成されるとエピクーロスは考えた（『ヘーロドトス宛の手紙』四五参照）。

＊61　オーリーオーン座は天の赤道上にあり、大熊座が天の北極周辺を小さく回るのに対して、こちらは大きく円を描いて巡るため、このように言われている。

＊62　トロイア陥落から生き延びたアエネーアースによるローマ建国を指す。

＊63　つまり、トロイアを滅ぼしたギリシアが長い時を経てローマによって征服された、ということ。

＊64　底本どおり contenta と読んだ。その上で「満足して」という意味にとる別解もある。また、フロスによる contecta という修正案を採用するなら「覆われて」となり、一連の「家の比喩」に沿う表現と

なる。

＊65　底本に従ってハウスマンの入れ換えを受け入れる。この四行をここへ動かすことで、恒星と惑星の対照的な叙述が生まれる。

＊66　春分点を起点に黄道を三〇度ずつ一二等分した各領域を「宮」と言う。以下では、黄道帯上の等分された領域としての「宮」が問題になっている。

＊67　円周（c）と直径（d）と円周率（π）は c＝πd の関係にあり、今問題になっている円周は一二の宮で等分されているので、円周率を3として計算すると、直径（＝天球の端から端まで）は12÷3＝4となる。

＊68　地球はその直径の真ん中にあるので、地球から天球までの距離はその半分で宮二つぶんという計算。

＊69　地平線の下。

＊70　底本に従ってハウスマンの補綴を読む。

＊71　欠行が推定される。底本の編者によると、以下で述べられる北・南極圏、北・南回帰線、天の赤道という五つの環についての導入的説明があったと推測される。

＊72　底本に従ってハウスマンの補綴を読む。

＊73　北極圏。

＊74　「度」と訳した原語は pars で、詩人はここから六〇二行に至るまで、天球の周囲を六〇度に分けて考えるエウドクソスの分割法を採用している。しかし、のちには（第二巻三〇七行以下など）三六〇度に分ける別の分割法に戻る。

＊75　北回帰線あるいは夏至線のこと。

＊76　天の赤道のこと。

＊77　南回帰線あるいは冬至線のこと。

＊78　南極圏。
＊79　前注＊57を参照。
＊80　この三行は、天球の周囲を六〇度に分けるエウドクソスの分割法を再確認するために後人が行った竄入と見られる。また、季節と関連する境界線はすでに見たとおり五つではなく三つ（北回帰線、天の赤道、南回帰線）なので、直前までの記述とそぐわない点も問題視される。
＊81　分至経線のこと。
＊82　二分経線、すなわち春分点と秋分点を通る線のこと。
＊83　天秤座のこと。蠍座の螯が天秤の二つの皿と見なされたため。
＊84　六一一行と六一二行の間に写本は五三〇行から五六五行（うちM写本は五六五A行と再度五六七行も含む）を有しており、おそらく原型写本における綴じ誤りに起因する順番の乱れと推定される。ここで［ ］に入れた三行は、その入れ替わりが発生したあとに意味の断絶を埋めるためになされた後世の竄入と考えられている。
＊85　二至経線、すなわち夏至点と冬至点を通る線のこと。
＊86　子午線。
＊87　ローマでは日の出から日の入りまでを一二等分して日中時間を計るため、第六時の終わりは正午になる。
＊88　地平線ないし水平線。
＊89　境界線を地上に属するものと考えている点などから、この三行は後世の竄入と疑われている。
＊90　二つの回帰線と赤道のこと。
＊91　すでに述べた、天球の周囲を六〇度に分けるエウドクソスの分割法とは異なる記述であるため竄入が疑われるが、保持すべきと考える編者もいる。実際、マーニーリウス自身、のちには三六〇度の分割法に

戻っている。前注＊74も参照。

＊92　銀河（天の川）。

＊93　カッシエペイアは、天に昇ってなお受ける罰として天地を逆さまにして置かれているとされる。アラートス『パイノメナ（星辰譜）』六五四以下を参照。

＊94　黄道一二星座の一つである射手座に対して、南天にあるケンタウルス座のこと。

＊95　二つの回帰線と天の赤道および黄道のこと。

＊96　直前の比較文に補いを入れようとした竄入と見られ、削除が提案されている。

＊97　以下、詩人は天の川の起源に関する複数の学説を列挙する。

＊98　天をなす二つの半球の接合部が天の川だとする説は、テオプラストスやアレクサンドリアのディオドーロスのものと考えられる。マクロビウス『キケロー「スキーピオーの夢」注解』一・一五・四―五参照。

＊99　天の川を太陽がかつて通っていた道とする説は、ピュータゴラース派の一部（キオスのオイノピデース）の説とされる。アリストテレース『気象論』三四五a一〇以下参照。

＊100　天の川はパエトーンが父の車駕を駆った際の悲運の名残りであるという説も、ピュータゴラース派に帰される。アリストテレース『気象論』前掲箇所およびディオドーロス・シケリオテース『ビブリオテーケー（歴史）』五・二三を参照。

＊101　天の川はヘーラー（ユーノー）の乳房から滴った乳であるとする説は、例えばエラトステネース『星座起源譚』四四を参照。

＊102　天の川を無数の星が密集した輝きとする説は、デーモクリトスのものと考えられる。マクロビウス『キケロー「スキーピオーの夢」注解』一・一五・六を参照。

＊103　アイアコスの息子はペーレウスとテラモーンを指し、彼らはそれぞれアキッレウスとアイアースの父。また「アトレウスの子孫」は、アトレウスの息子であるアガメムノーンとメネラーオスを指す。以下

では、トロイア戦争におけるギリシア方とトロイア方の英雄たちが列挙される。

＊104 欠落が推定される。底本が採用するハウスマンの補いを訳出した。

＊105 エチオピア王メムノーン。

＊106 サルペードーン。

＊107 アマゾーンの女王ペンテシレイア。

＊108 アカマースとペイロオス、レーソスのことと思われる。ホメーロス『イーリアス』二・八四四以下、一〇・四三五を参照。

＊109 これらのトロイア方の援軍については、ホメーロス『イーリアス』二・八五一―八五五を参照。

＊110 マケドニアのペッラは、アレクサンドロス大王の生地。なお、この地からトロイア側の援軍に加わった者としては、パイオネス人を率いたピュライクメース（ホメーロス『イーリアス』二・八四八）やアステロパイオス（同書、二一・一五二以下）が考えられる。

＊111 ローマ最後の王タルクイニウス・スペルブス。

＊112 ラティウムの支配をめぐってローマとアルバ・ロンガが争った際、アルバ・ロンガ側のクーリアーティウス兄弟を相手に戦ったローマの伝説的な三兄弟。このホラーティウス兄弟のうち、二人は戦死したが、残るプブリウスは単身でクーリアーティウス兄弟を倒した。第四巻三四行、リーウィウス『ローマ建国以来の歴史』一・二四以下も参照。

＊113 ガーイウス・ムーキウス・スカエウォラ。エトルーリア王ポルセンナがローマを包囲した際、その殺害を企てるも失敗し、その償いとして右手を火中に突き出して勇気を示し、それに感動したポルセンナは彼を釈放した。リーウィウス『ローマ建国以来の歴史』二・一二、および第四巻三一行も参照。

＊114 ポルセンナとの戦いの中で人質となったが逃れ出てローマへ帰ったクロエリアのこと。彼女は再びエトルーリアに戻されたが、王はその勇気に感じ入って人質を解放したとされる。リーウィウス『ローマ建

国以来の歴史』二・一三を参照。

＊115　エトルーリア王ポルセンナとの戦いで単身ティベリス河の橋を守り、敵軍を食い止めたとされるホラーティウス・コクレスのこと。リーウィウス『ローマ建国以来の歴史』二・一〇を参照。

＊116　マルクス・ウァレリウス・コルウィーヌス。前三四九年、ポンプティーヌムの地でガッリア人の王を破った軍団副官。その戦いの際に烏（corvus）が彼の兜にとまって戦いを援護したことから、コルウィーヌス（Corvinus）の名を得たとされる。ゲッリウス『アッティカの夜』九・一一を参照。

＊117　マルクス・フーリウス・カミッルス。前三九〇年、ガッリア人の襲撃からユッピテル神殿を擁するカピトーリーヌス丘を守り、ローマの再建に貢献して「第二のローマ創建者」と称された軍人。リーウィウス『ローマ建国以来の歴史』五・四九を参照。

＊118　ローマ最後の王タルクイニウス・スペルブスを追放し、共和政の礎を築いたルーキウス・ユーニウス・ブルートゥスのこと。リーウィウス『ローマ建国以来の歴史』一・五六―六〇を参照。

＊119　第二次サムニウム戦争の英雄ルーキウス・パピーリウス・クルソルのこと。「策略」とはカウディーヌスの岐路で喫した敗北のことで、その後サムニーテース人を破ったことでこれに報いたという意味。リーウィウス『ローマ建国以来の歴史』九・一五を参照。

＊120　ガーイウス・ファブリキウス・ルスキヌスとマーニウス・クリウス・デンタートゥス。両者共にエーピールスのピュッルス王との戦いで名高い。キケロー『ストア派のパラドックス』一二を参照。

＊121　マルクス・クラウディウス・マルケッルス。ここで言及されているのは敵将との一対一の戦いで得る「名誉戦利品（spolia opima）」で、マルケッルスはガッリアの将軍ウィリドマールスを破ってこれを手にした。「三度目の勝者」とは、それがロームルス、コッススに次いで三番目であったことから。リーウィウス『摘要』二〇を参照。

＊122　アウルス・コルネーリウス・コッスス。ウェイイー人の王トルムニウスを破って名誉戦利品を手に入

れた（前注も参照）。リーウィウス『ローマ建国以来の歴史』四・一九―二〇を参照。

＊123 プブリウス・デキウス・ムース。同名の祖父、父、息子の三代にわたってローマのために戦った伝説的英雄。キケロー『トゥスクルム荘対談集』一・八九を参照。

＊124 クイントゥス・ファビウス・マクシムス。第二次ポエニー戦争において持久戦で勝利を収めたことから「遷延する人（Cunctator）」の添え名を得た。ウェルギリウス『アエネーイス』六・八四五以下も参照。

＊125 前二〇七年、メタウルスの戦いでハスドルバル率いるカルターゴー軍を破ったマルクス・リーウィウス・サリーナートルとガーイウス・クラウディウス・ネローのこと。

＊126 第二次ポエニー戦争の際にザマの海戦でハンニバルを破ったプブリウス・コルネーリウス・スキーピオー（大アーフリカーヌス）と、第三次ポエニー戦争でカルターゴーを崩壊させたスキーピオー・アエミリアーヌス（小アーフリカーヌス）のこと。ウェルギリウス『アエネーイス』六・八四二以下も参照。

＊127 グナエウス・ポンペイウス・マグヌス。「三度の凱旋式」とは、前七九年のシキリアとアフリカにおける勝利、前七一年のヒスパニアにおけるセルトーリウスに対する勝利、そして前六一年のミトリダーテースに対する勝利の時のことと考えられる。ただし、ポンペイウスはミトリダーテース戦争以前の前七〇年に執政官になっているので、マーニーリウスが示す時系列は正確とは言えない。また「規定日より前に」とは、執政官就任年齢（四〇歳）以前にその職に就いたことを指す。ただし、これはベントリーの修正 diem を読む場合のことで、写本の deum であれば「神〔カエサルのことか〕より前に」ということになる。

＊128 マルクス・トゥッリウス・キケロー。

＊129 ここで言及されているのは、クラウディウス家の祖アッピウス・クラウディウス。リーウィウス『ローマ建国以来の歴史』二・一六を参照。

＊130　「アエミリウス」も「メテッルス」も執政官を多く輩出したローマの名門貴族の家系（前者は氏族名、後者は家名）。特に前者については前一六八年のピュドナの戦いに勝利したルーキウス・アエミリウス・パウルスが、後者についてはルーキウス・カエキリウス・メテッルスが念頭にあると思われる。メテッルスは前二四一年に起きたウェスタ神殿の火災の際に神像を救った功績がある。第四巻六七行以下、オウィディウス『祭暦』六・四三九以下も参照。

＊131　カエサルとの戦いに敗れ、アフリカのウティカで自害したマルクス・ポルキウス・カトー（小カトー）と、アクティウムの海戦でアントーニウス陣営を破ったマルクス・ウィプサーニウス・アグリッパのこと。ただし、この二行は本文に不確かな点がある。ここでは底本に従って訳出した。

＊132　ガーイウス・ユーリウス・カエサルのこと。スエートーニウス『皇帝伝』「カエサル」六、ウェルギリウス『アエネーイス』六・七八九以下も参照。

＊133　ユーリウス・カエサルのこと。底本はハウスマンに従って欠行を想定し、彼の補修案を受け入れている。

＊134　クイリーヌスは、ローマの主神の一柱で、ロームルスと同一視された。

＊135　ここでの「星々」を特に「惑星」の意味に限定して捉える解釈もあるが、「第二巻以降の専門的な占星術の議論に移る前に」というほどの一般的な意味で捉えたほうがよいと思われる。

＊136　以下、八六六行まではアリストテレースの説。彼によると、大地からは湿った蒸発気と乾いた蒸発気の二種類が発し、後者が空中における種々の発火現象の原因になるとされる（アリストテレース『気象論』三四一b一以下を参照）。

＊137　この箇所は、流れ星についての言及と思われる。大プリーニウス『博物誌』二・九六、アリストテレース『気象論』三四一b三五を参照。

＊138　以下の説は彗星を惑星の一種と捉える考えで、アリストテレースによるとピュータゴラース派の一部

に帰される。アリストテレース『気象論』三四二b二九以下を参照。

＊139 金星と水星は、地球より太陽に近いところを巡る内惑星なので、朝と夕方にしか姿が見えない。

＊140 以下では、彗星を神から送られる予兆として捉える考え方が展開される。

＊141 トゥーキューディデース『歴史』二・四七以下、またルクレーティウス『事物の本性について』六・一一三八以下を参照。

＊142 ここで言われているのは、後九年のウァールスの戦い（トイトブルクの森の戦い）と呼ばれる出来事。このとき、アウグストゥスの姪娘の夫にあたるウァールス率いる三個軍団がライン川北東部でゲルマーニア人によって全滅させられた。

＊143 カエサル暗殺を企てたブルートゥスとカッシウスのこと。ここで述べられているのは、前四二年にアントーニウスとオクターウィアーヌス（のちのアウグストゥス）の陣営が彼らを破ったピリッピーの戦いのこと。

＊144 「先の戦」とは、前四八年にカエサルがポンペイウスら共和政派をパルサールスで破った戦いのこと。今問題になっているピリッピーの戦いとは異なる場所で行われたが、両者を同じ場所で起きた戦いと捉える表現は、ウェルギリウス『農耕詩』一・四八九以下にも見られる。

＊145 前三一年にオクターウィアーヌスとアントーニウスの間で行われた戦い。「持参金紛い」とは、アントーニウス側の戦力がその妻クレオパトラ七世によって提供されたことを言う。

＊146 「雷霆」はユッピテルの象徴でローマ側を、「シストルム」（女神イーシスの祭礼で用いられたガラガラのような道具）はアントーニウスおよびクレオパトラ陣営を指す。

＊147 前三六年に行われたセクストゥス・ポンペイウスを相手とする戦い。その際にポンペイウスが自軍に奴隷や逃亡者を加えたことについては、ウェッレイウス・パテルクルス『歴史』二・七三・三を参照。なお、アクティウムの海戦は前三一年なので、叙述の時系列が乱れている。

＊148「父が討った敵」は、前六七年の大ポンペイウスによる海賊討伐を指す。ウェッレイウス・パテルクルス『歴史』二・七三・二以下も参照。

＊149 難解な詩行だが、「すでに天へ送った神」を神格化されたユーリウス・カエサルのこととし、彼をすでに天へ送ってしまったけれども、今はそれを嘆き悲しむべきではなく、むしろアウグストゥスの治世と平和を享受すべきだ、という意味に理解するのが最も妥当と思われる。

第二巻

序　歌

最大の詩人[*1]が聖（きよ）き言葉で歌ったのは、
イーリオンの民の決戦、五〇人の王の父なる王〔プリアモス〕、
アイアコスの後裔[*2]に敗れたヘクトールと、そのヘクトールと共に敗れたトロイア、
勝利に要したのと同じだけの年月にわたるあの智将[*3]の放浪――
〈海の王[*4]は彼に牙を剝き、新たなる〉
戦いを起こして苛（さいな）んだ――と洋上に甦るペルガマ[*5]、
占拠された故郷の館での最後の戦いだった。
大勢の人々がこの詩人の故郷を取り合い、
与えようとするうちに奪ってしまった[*6]。そして後世の人々は
10　こぞってこの詩人の口から流れる水を己が詩歌に引き入れて、
ついにはこの河からいくつもの細流を紡ぎ出すに及んだ。
ただ一人の富から沃土が広がったのだ。他方、彼に次ぐ詩人たる
ヘーシオドスが語ったのは[*7]、神々と神々の祖先たち、
大地を生み出した空隙（カオス）、それに続く天地（あめつち）の幼年時代、
初めての道程を覚束ぬ足取りで進む星々、

古のティーターンたち、大神ユッピテルの揺籃、
兄弟にして夫、母なくして父と称された者、[*8]
17 父の体から生まれ直したバックス、[*9]
23 森の神々とそこに隠れた精霊たるニンフたちだった。
19 のみならずこの詩人は、田畑の耕作とその掟や、
20 大地との格闘を綴り、バックス〔葡萄〕が丘を、
豊かなるケレース〔穀物〕が平野を、パッラス〔オリーブ〕がその両方を好むこと、
22 実りを定めなく変える不貞の樹木があることをも語った。[*10]
18 さらにまた、平和な仕事として、広大無辺の天を飛びゆく星辰を
24 余さず述べて、自然を大いに役立てた。
またある人々は、[*11]星々の作りなす多種多様な姿を物語り、
広々とした天の遠近（おちこち）を過（よぎ）る星座の一つ一つに
固有の種別と由来を授けた。
すなわち、アンドロメダーを責苦から救い、悲しむ父母を助ける
ペルセウス、〔ユッピテルに〕手籠めにされたリュカーオーンの娘、[*12]
30 奉仕ゆえに星となったキュノスーラ、[*13]乳のゆえに星となった雌山羊、[*14]
変装ゆえに星となった白鳥、敬神ゆえに星となったエーリゴネー〔乙女座〕、
刺撃ゆえに星となった蠍、毛皮ゆえに星となった獅子、

螯（はさみ）の攻撃に因んで星となった蟹、ウェヌスの変身を所縁（ゆかり）とする魚、
海を乗り越えたことに因んで星々を率いる羊、*15
そしてさまざまな命運に由来するその他の星座が
高天の極みに固定され経巡るものと彼らは説いた。
彼らの詩では、天空とは物語以外の何ものでもなく、
本来それに左右されるはずの地上が天空を作り上げている。
さらに、シキリアの地に生まれた詩人〔テオクリトス〕は
40 牧人たちの営みや葦笛を奏でるパーンを語り、
野趣のない歌を森に聞かせ、粗野な田舎に
優美な感動を蒔（ま）き、中庭に詩女神（ムーサ）を導き入れる。
さらに見よ、色彩豊かな鳥や獣の争いを語る者もあれば、*16
有毒の蛇やトリカブト、またその根から
死や生をもたらす植物を語る者もいる。*17
のみならず、影に沈めるタルタロスを
暗い闇から光の中へと召喚し、自然の掟を破って
泉下の世界を繙（ひもと）く人々もいる。*18
学識高い姉妹〔ムーサたち〕はすでにあらゆる種類の事柄を歌い、
50 ヘリコーンに通じる道はことごとく踏みならされている。

60

今やその泉から湧き出る川は濁っており、
馴染みの場所へ押し寄せて水を汲む群衆に応えきれない。
草の間に露の滴る未踏の野原を求めよう。
密やかな洞穴にささやきを繰り返す細流を求めよう——
鳥たちの嘴に嘗められたこともなければ
天高き太陽の火を浴びたことすらない細流を。
私は自分の歌を語ろう。詩人たちの誰にも言葉を借りるまい。
来るべきは盗んだ品ではなく自分の仕事。
私はたった一台の車で空に飛び立ち、自身の船で海に乗り出す。
私は歌おう、秘められた知性で自然を統べる神を、
天と地と海に拡がり、この壮大な構造物を
一様に繋ぎ合わせて調整する神を。
また全宇宙が相互の共感を介して生きており、
理法の働きによって動かされていることを——何となれば、
一なる気息があらゆる部分に宿り、万物を翔け巡って
世界を養い、生命ある身体を形作るのだから。
だが、もしこの機構が同質的な要素の組み合わせに依ることなく、
その全体が上に立つ監督者に服従することもなく、

叡智が宇宙の財産を治めることもないならば、
大地は姿勢を崩し、星辰が周回することもなく、
宇宙はあてどなく放浪するか、硬直して動かなくなってしまうだろう。
星々は定められた走路を守らず、
昼と夜が代わる代わる追いかけ合うこともなく、
雨が大地を、風が大気を育(はぐく)むこともなく、
海が厚い雲を、川が海を、
大洋が泉を育むこともないだろう[*19]。公正なる創造者の手で
全体が切り盛りされ、隅々まで渝(か)わらぬ均衡が保たれることもなく、
水が不足することも陸地が沈むこともなく、
翔け巡る天が適度を外れてその大小を変えてしまうこともないだろう。
運動はこの作品を養いこそすれ、変化させることはない。
このように、万物は宇宙全体の統制を受けて存続し、その主人に追従する。
かくして、森羅万象を支配するこの神の理法が
高天の星座を介して地上の生物を導き、
遠く離れてこそいるが、
これらの星座の働きで感化して、人々の生や運命を按排し、
各個体に固有の性格を授ける。

90

その証拠はことさらに探さねばならないものではない。現に天は
田畑の状態を整えてさまざまな実りをもたらすことも奪うこともし、
海を動かして陸地に乗り上げさせたり引き戻したりする。
海を捉えるこの動揺〔潮の満ち引き〕は、月の輝きによって生じたり、
月が反対側に遠ざかることで生じたり、
一年をかけて巡る太陽に伴って起きたりする。[*20]
また、水底に潜む堅牢な貝殻に覆われた生物は、
月の運動に合わせてその体つきを変え、[*21]
デーロス島の女神[*22]よ、あなたの盈虧（みちかけ）を模倣する。
あなたもまた、その顔の輝きを兄[*23]の車駕に返し、

100

再びそこから取り戻す。太陽の匙加減に応じつつ、
あなたの星は彼の星に依存する。
そして最後に、地上の家畜や物言わぬ動物は、
いつまでも自己とその法則を悟らぬままではあるのだが、
それでも自然の呼びかけを受けて
生みの親たる天に注意を向け、空の星々を見つめ、
生まれたての弦月が昇るのに応じて身を清めたり、[*24]
嵐の到来や晴天の回復を予見したりする。

これらを踏まえれば、誰が人間と天の繋がりを疑うだろうか。自然は
〈地上が星々の高みに至ることを望んで、この人間への贈り物として〉[*25]
格別のものを与えた――言葉と幅広い才能、機敏な精神だ。
その上、神は、一人この人間のうちにのみ降りてきて、
これを宿として自分自身を探求する。
人間は他の技術についても甚だ（はなはだ）恵まれた能力を授かるが、
そうした技術は措きたまえ。我々の財産に属さぬ賜物だ。[*26]
[万物の配置には傾向があること、したがって
110 森羅万象が明らかに物体ではなく創造者の手になることは措くとしよう。
また、運命が確乎として不可避なこと、
質料は天の働きかけに従うよう定められていることも措くとしよう。[*27]]
天の恩恵によるのでなかったら、誰が天空を知ることができようか。
自身神々の一部でなかったら、誰が神を見出すことができようか。
また誰が、この果てしなく広がる巨大な穹窿を、
星座の歌舞隊（コロス）を、宇宙の燃え盛る屋根を、
〔他の〕星々に逆らう惑星の熄（や）むことのない戦いを
[天の下なる大地と海を、そしてその両域の下にある存在を]
120 認識し、狭隘な胸の内に閉じ込めることができようか、

もしも自然が人間の精神に聖なる眼を授けず、
125　血を分けた知性を己のもとへ向かわせて、
127　これほどの仕事を課さなかったなら、また我々を天に招いて
事物の聖なる交流へ誘うものが天に由来するのでないのなら。
誰が否定しようか、天をその意に反して捉えることの無法さを、
130　まるでわがもののごとく捕えて地上に引き降ろすことの無法さを。
だが、明白なことを示すために遠く迂路を行かずに済むように、
ほかならぬ〔自然の〕信義がこの仕事に重みと信用を与えてくれるだろう。*28
実際、この理論〔占星術〕は欺くことも欺かれることも決してない。
この道が従うべきものであることには、適切かつ正当な根拠があり、
運の女神(フォルトゥーナ)が定めることをあえて誤りと称する者があるだろうか、
前もって予言されたとおりの出来事が生じる。
これほどの大役が投じた票に抗う者があるだろうか。*29
　私が霊感の息吹に乗って星々の高みまで運ぼうとするのは、こうした題材だ。
群衆のただなかでも、群衆のためにも詩は作るまい。
煢々(けいけい)として無人の競走路に馬車を走らせ、
邪魔する者も道を同じくする者もなく、
140　自由気ままに車を進めよう。

そして、この詩を天空に聞かせて
星々を驚嘆させ、宇宙を詩人の歌で喜ばせよう。
あるいは、星々の聖なる運行を知ることが許された者たちのために、
地上におけるごくひと握りの集いのために歌おう。
富、黄金、権威と儀鉞、
閑暇のうちの柔弱な贅沢を愛し、
心地よい調べと耳を通じた甘美な情緒に現を抜かす人々は数多い――
運命を知ることに比べれば苦労の少ない題材だから。
運命の掟を知ることもまた運命に属している。

150

一二宮の分類

さて、この詩が最初に示さねばならないのは、両方の性に分かれた一二宮[30]の異なる性質だ。すなわち、男性の宮は六つあり、反対の性〔女性〕の宮も同数あって金牛宮を筆頭に続いていく。金牛宮が戻ってくるとき身体の後ろから昇る様子は見てのとおり。一二宮は性別を交替しながら、ぐるりと順番に移り変わる[31]。一部には人間の姿をした宮も見出せるだろう。それらが与える性格も

同じく人間的なものだ。他方には家畜や野獣の性質を付与するものもある。[*32]
ある種の宮が単体であることには、鋭く注意を向けねばならない。
これらは自分一人で持ち場を占めている。[*33]
次に、二体から成る宮に移りたまえ。これらの宮は二重になっているため、
160　及ぼす影響力には相方も加担するだろう。伴侶は多くを加え、また奪いもする。
番（つがい）をなすこれらの宮は、運命を両義的なものにして、
好いほうにも悪いほうにも力をふるう。一二宮の内にある二匹の魚〔双魚宮〕と、
同じく二人の四肢も露わな双子〔双子宮〕を見るがよい。
後者は互いに腕を組んで繋がっているが、
前者は反対を向いていて、進む先を異にしている。
数は同じでも、その性質は同じでないことに注意せねばならない。
一対をなすこれらの宮は、十全な財産[*34]を享受しながら運行し、
自らの内に異質なものを見て驚くことは決してなく、
また失って苦にすることもない。だが、一部を切り取られて
170　四肢に別の身体を繋ぎ合わされたある種の宮、
すなわち山羊〔磨羯宮〕と、弓を引き絞って狙い定める半人半馬の者〔人馬宮〕は
事情が違う。後者の一部は人間だが、前者はいかなる点でも人ではない。
[こうした区別もまた、この深遠な技術〔占星術〕においては守られねばならない。

それらの宮が双子なのか、それとも二つの姿をもつのかは異なるからだ。[*35]」
さらにまた処女宮も双体宮に算（かぞ）えられるが、
その二重の姿[*36]が原因なのではなく、処女宮の中ほどにおいて、
夏が終わると共に秋が始まることによる。[*37]
したがって、すべての転換宮[*38]——すなわち白羊宮、天秤宮、
巨蟹宮、磨羯宮——に双体宮が先立つことになる。
180 それらが季節の繋ぎ目に位置して二つの力をもっているからだ。
例えば、一二宮のうちで巨蟹宮は双子宮のあとを追いかけるが、
その双子の一方は花咲く春の季節をもたらし、
もう一方は乾いた夏を連れてくる。
だが、両者共に暑さを感じているから裸なのだ——
すなわち一方は衰えゆく春の、もう一方は近づきつつある夏の暑さを。
後者の最初の角度は前者の最後の角度に相似ている。
さらにまた、山羊〔磨羯宮〕よ、あなたの到来を予告する
射手〔人馬宮〕は、二つの姿を合わせた外見をしている。
より穏やかな秋は、柔和な肢体と人間の要素をわがものとし、
190 背面の獣の部分は、凍てつく冬を引き受け、
季節に合わせて宮を変化させる。

200

また、白羊宮が自らに先駆けて送り出す双魚宮も、
二つの季節を示しており、一方は冬を締めくくり、もう一方は春を開始する。
太陽が帰還してこの海の宮〔双魚宮〕の内を駆けるとき、
冬の雨は春の露と混ざり合う。
双魚宮はこの二種類の水の内に揺蕩っている。
　さらに、連続した三つの宮が他の九つに逆らい、
ある種の内紛が天を捉えている。見よ、金牛宮が
臀部から、[39]双子宮が足から、巨蟹宮が甲羅から昇ってくるのを。
片やその他の宮は直立した格好で昇ってくる。[40]
太陽が倒立宮を通って夏の盛りに差しかかると
月の経過に時間がかかるが、[41]その停滞に驚いてはならない。
　さらにまた、夜の宮と昼の宮を見定めて、
然るべき則に従って導き出すことを怠ってはならない。
それらは夜闇や日光に因んで自らの役割を果たすのではなく
（さもないと、この名前は分け隔てなくすべてに共通のものとなってしまうだろう。
何となれば、宮は一定の順番に従ってどの時間にも輝いており、
夜の宮が昼に付随することもあれば、昼の宮が夜に付随することもあるのだから）、
宇宙の親たる自然から、変化することのない

210
神聖な時の区分を割り当てられたのだ。
すなわち、人馬宮、怒れる獅子宮、
黄金の毛をもち、己が背を顧みる白羊宮、
それから双魚宮に巨蟹宮、鋭い一撃を秘めた天蠍宮——
これらの宮はどれも隣接しているか、さもなければ一定の間隔で離れていて、
すべて同じ役割のもとに昼の宮と呼ばれる。
そして、数や場所の順序を共有し、
同じだけの間隔を置いた残りの宮が夜の宮と称される。[*42]
ある人々はまた、白羊宮を先頭として
連続する六つの宮の連なりが昼の宮と見なされ、
天秤宮を先頭とする六つが夜の宮と見なされるとも述べた。
220
男性宮として昇るものを昼の宮とし、女性宮が
安全な夜闇を享受するのをよしとする人々もいる。[*43]

　さらにまた若干の宮は、海神ネプトゥーヌスに出自を負うことを
自ら明白に語ってくれている——
水中の岩場に潜む巨蟹宮と、豊かな海原を享受する双魚宮だ。
反対に地上的な役割を担うと見なされる宮は、
群れを率いる金牛宮、羊の一団を統(す)べて

誇らしげな白羊宮、その二匹にとっては災いとなる
略奪者たる獅子宮と、茂み多き野に潜む天蠍宮だ。
また、両方の役割を共有する宮もある。　230
磨羯宮はその背面ゆえに、[*44] 宝瓶宮は水ゆえに両義的で、
陸の要素と水の要素が等しく結合し混ざり合っている。[*45]　233
　非常に微細な問題からも注意を逸らすことは許されない。
理法を欠いたものや無意味に創造されたものは何一つ存在しないのだ。
巨蟹宮の子孫はとりわけ多産であり、鋭い一撃を秘めた天蠍宮や
海原を子供らで満たす双魚宮もまた同じ。
他方で処女宮は子を産まず、それに連なる獅子宮も同様だ。
宝瓶宮は子を宿すことがなく、宿したとしても流し去ってしまう。
双方の間にあるのが、混ざり合った身体の磨羯宮と、　240
クレタの弓を携えて輝くケンタウルス〔人馬宮〕。
白羊宮もこの中間に属し、昼夜の時を等分する天秤宮、
双子宮、金牛宮を同じ役割の持ち主と見なす。[*46]
　事物の自然が次の事実に何の意図も
込めなかったなどと考えてはならない——すなわち、獅子宮や人馬宮、
角（つの）の捩（よじ）れた白羊宮のように走る姿の宮があること、

あるいは処女宮、双子宮、水を注ぐ宝瓶宮のように
自らの肢（あし）でまっすぐ立って平衡を保つ宮があること、
あるいは首から犂（すき）を外して眠る金牛宮や
一連の仕事を完（まっと）うして落ち着く天秤宮、
そして、山羊〔磨羯宮〕よ、寒さに身を縮めた　250
あなたのように座った宮があること、
あるいはのびのびと腹ばいになって拡がる巨蟹宮や、
平らかな胸で大地にのしかかる天蠍宮、
横向きに身を傾けていつも伏している双魚宮のように横たわる宮があることに。[*47]
もし明敏な注意をもってすべての宮を見回してみれば、
四肢を失い欠損したものが見つけられるだろう。
天蠍宮の腕は天秤宮に費（かが）やされ、[*48] 金牛宮は
不自由に足を曲げて屈み込み、巨蟹宮には眼の光が
欠けていて、[*49] ケンタウルス〔人馬宮〕には片目がない。
このように、宇宙は宮を介して我々の不遇を慰め、　260
損失を辛抱強く耐えるよう範例を示して教えている。[*50]
何となれば、運の序列はすべて天に左右され、
宮でさえも虚弱な四肢から成るのだから。

また、宮は特別な季節に力を発揮しもする。
夏は双子宮から、秋は処女宮から起こり、
冬は人馬宮から、春は双魚宮から始まる。
一二宮は三つずつ、四つの部分に振り分けられ、
冬の宮は夏の宮と、春の宮は秋の宮と対立する。[*51]

一二宮同士の関係（星相）

270　さて、各宮がもつ固有の姿形や、その星の下に生まれる者に与える
126　個別の掟を知るだけでは充分ではない。

三分と四分

271　一二宮は共感によっても運命を変化させ、同盟を組むことを喜び、
役割や配置に従って互いに協調する。[*52]
一二宮が右向きに環をなして閉じられるところに
三つの等しい長さの辺を作るように線が走り、
その終端同士が接続し合う。
その線が触れる宮は、どれも三分と呼ばれる――

それは、宮三つぶん互いに離れている三つの宮に
角が三度当たっているからだ。[53]
白羊宮は等しい距離を置いた二つの宮――獅子宮と
人馬宮――を別々の方向に眺める。
処女宮と金牛宮は、磨羯宮と調和する。
この他にも、ここに述べていない三角形をなす宮の組が、
同様の仕方で同じ数だけ〔二つ〕天に設けられている。
280 ［だが、そこには左の宮と右の宮の区別が認められよう。
あとを追いかけるものが左の宮、先を行くものが右の宮と呼ばれ、
金牛宮にとっては磨羯宮が右の宮、処女宮が左の宮となる。[54]］
これで例は充分だ。他方には、四分円に区切られ、
等しい長さの辺によってまとめられた宮もある。
曲尺状の線で示されるそれらの場所は
四分[55]と言われる。天秤宮を磨羯宮が、
磨羯宮を白羊宮が目の前に眺め、さらに同数の宮を隔てて
その白羊宮を巨蟹宮が、そして巨蟹宮を左側に続く天秤宮が眺める――
というのは、先を行く宮が常に右側にあると見なされるからだ。
290 このようにしてすべての宮が同数に分割でき、

一二の宮から三つの四分を作り出せる。
それらの影響力については、所定の順序で語られるだろう。[*56]
しかし、もし誰かが四分を数え上げたことで満足して、
宇宙は四つずつの宮に分割されていると考えたり、
あるいは五つずつの宮のまとまりで三分を形成することに満足して、
その協同する力やそこに生まれる友好関係を探求し、
同類の宮が天空で結ぶ同盟を見出そうとしたりするならば、
その人は欺かれることだろう。というのも、たとえ周囲に五つずつ
宮のまとまりがあるにせよ、[*57]そのそれぞれの五番目にあたる三つの宮から
生まれた者が、三分の及ぼす影響力を受けられるとは限らないだろうから。[*58]
〔三分という〕名前こそ維持していても、
位置のせいで資質を失い、あるべき数と齟齬が生じる。
実際、灼熱の太陽が経巡る環〔黄道〕は
三六〇度から成っているので、
黄道を三等分して張り巡らされた三角形〔三分〕の一辺は、
その数の三分の一〔一二〇度〕になるものの、
もし角度から角度をではなく宮から宮を辿るならば、
引かれた線が与える角度の総数はこのとおりにはならない。

300

310

なぜなら、たとえ二つの宮の間に三つの宮が置かれていても、
左の〔後続の〕宮の最後の角度と先立つ宮の最初の角度を
突き合わせて〔その間の〕数を計ってみれば、
当然それは一五〇度になるだろうから。
正しい形をなすには数が超過し、次なる辺の領域までも
消費してしまうだろう。したがって、これらは三角形の宮とは
言われても、三分の角度を保っていないことになる。
四分の宮についても同様に見かけ上の欺きがあるだろう。
320 （実際、黄道をなす度数全部〔三六〇〕のうち、
三〇度ずつで成る各宮から四角形が作られるのだから、
もし先行する宮の最初の角度から後続する宮の
最後の角度へ線を引くならば、その間の度数は
一二〇度になってしまうが、他方で先なる宮の最後の角度と
次なる宮の最初の角度を結ぶならば――中間にある
二つの宮の度数を端から端まで数えてみたまえ――
それは六〇度になって、三分の一足りないことになるだろう[*59]）。
そして、四番目の宮から四番目の宮を計算してはいても、[*60]
330 それらのうちには宮一つぶん〔三〇度〕の損失が生じてしまうだろう。

だから、宮に基づいて三分を算出したり、四つ組の宮に
四分の保証を求めたりするのは充分ではない。
もしも四分を作ろうとする場合には、
あるいは等しい三辺から成る三分を作ろうとする場合には、
後者であれば〔一辺の〕総数として一〇〇度がさらにその五分の一を要求し、
前者であればその一〇分の一を失うことになる。*61 そうすれば計算が合うのだ。 340
〔四分の〕角が身を寄せる先の四つの宮はどれであれ、
また、弧をなす迂回路*62をあとに残して
直線が三つの辺の先に印づける宮はどれであれ、
それらの間に自然は掟を共有する同盟と、
相互の愛情、互いに好意を寄せ合う誼（よしみ）を授けたのだ。
このようなわけだから、すべての誕生星位が三分の宮による協調の働きを 342
授かるわけではないし、もし偶然四分の関係にある場合でも、
必ずしもお互いの間で事物の交流を保持しているわけではない。 345
なぜなら、〔辺をなす〕線が然るべき度数を使い果たす場合と、
円周が取り巻く度数の限度〔三六〇度〕に反する場合とは異なるからだ。
線が各方面に三つないし四つの辺を作りなす際、
それらの辺が時として黄道帯の内に算（かぞ）えた度数を 350

超過する計算になることがある。[*63]
ところで、三分の宮の力は、二つおきに配置された
四分の名を冠する宮の力よりもはるかに大きい。
四分をなす線は遠く離れた穹窿のいっそう高いところにあるのに対して、
三分の線はもっと近くを通い、天からは離れている。
三分をなす宮が互いに送り合う視線はいっそう大地に間近く、
その影響を受けた大気を我らの暮らす空気中へ送り込む。

360

六分

さて、一つおきの宮の間〔六分〕に与えられた交流は微弱であり、
強い共感をもって相互の同盟を維持することもない。
これは線が小さな弧を作りつつ不承不承に曲がることによる。[*64]
この輪郭線は宮を一つずつ飛ばしながら形作られるもので、
宮一つおきに曲がり角ができ、
その線は黄道帯の環の中に六つの屈折を経る。
金牛宮から巨蟹宮へ行くと、次は処女宮に触れて天蠍宮へ、
それから、山羊〔磨羯宮〕よ、凍てつくあなたのもとへ、
そしてあなたのところから双魚宮へ向かい、最後に出発点たる

380　375 373　371 374 370

逆向きの金牛宮に達して円を閉じる。
もう一つの六分*65の線は、先のものが通り過ごした宮にあるので、
今しがた私が述べた宮を一つ一つ飛ばしていけば、
同数の屈曲をなす、先のものと同じような円形ができるだろう。
一つおきの位置にある宮は撓（たわ）んだ窪みに隠れてしまう。
そのため、後続する宮は斜めから差す視線をまともに受けない。
宮の配置による傾きが大きすぎて、横目にしか見えず、
隣からは死角になるからだ。正面から注ぐ視線のほうがより確かなもの。
宮を一つずつ飛ばしてぐるりと巡るこの線は、
撓んだ天球の間近を通る。
これらの宮が交わす視線は我々から離れていて、高い天蓋のそばを通い、
遠くから地上に及ぼすその影響力は微（かす）かなもの。
とはいえ、これらの宮には近縁の掟に従う同盟がある。
〔六分によって〕通じ合った宮には性別の違いがなく、
男性宮は男性宮に呼応し、それ以外の女性宮は
自分たち同士で天における交流を行うからだ。
このように、一つおきではあっても六分の宮の性質は等しく、
性別の則に従って各宮は同族関係にある。

関係をもたない宮

しかし、隣り合った宮の間にはいかなる友好関係も付与されない。
互いを見ることができないので共感が鈍いためだ。
宮の意識は、確認できる離れた相手に向けられる。
さらに、隣り合った宮は反対の性に属していて、黄道帯の中では
男性宮と女性宮が接し合い、常に交互に座している。
390
［似たところのない宮には、いかなる調和も与えられない。］
六番目にあたる宮[*66]もまた、何らの影響力ももたないとされる。
なぜなら、黄道帯の環全体の中に〔それらを繋ぐ〕均等な線が引けず、
四つの宮を挟んで離れた二つの宮に触れたところで、
円周が尽きて三つ目の辺を引くのに足りなくなるからだ。[*67]

衝

他方、宇宙の中心を挟んで向かい合う位置で均衡しつつ
反対方向から輝きを放つ宮、天全体によって隔てられた位置にあり、
間に五つの宮を置いて対立する〔衝の〕宮もある。[*68]
これらは、場所こそ離れてはいるが、

遠くからでも影響力をもっていて、　400
惑星が同盟や敵対を命じるのに従い、
時の求めに応じて戦争や平和という形で力を及ぼす。
もし衝の関係にある宮の
名前と場所を列挙したいと思うのなら、
夏至を冬至に、磨羯宮を巨蟹宮に対置し、
白羊宮を天秤宮に（どちらにおいても昼夜の長さが等しくなる）、
処女宮を双魚宮に、獅子宮を宝瓶宮に対置するよう心得よ。
天蠍宮が空高く輝くとき、金牛宮は底にあり、
双子宮が天へ昇る際に人馬宮は沈んでいく。
［衝の宮はこのような運動を維持している。*69］
だが、これらの宮は向かい合って対立しながら輝いてはいても、
時として性質の点で仲間同士になることもあり、　410
性別による結びつきがお互いの間に調和を生み出す。
このような配置にありながら、男性宮は自分と等しいものに、
女性宮も自分と同じ性に呼応する。双魚宮も処女宮の身体も
対立したまま天を巡るが、共通してもつ権利を大事にしており、
本性が位置にまさっている。だが、その本性ですら季節には負け、

巨蟹宮は女性宮同士でありながら、
山羊〔磨羯宮〕よ、あなたと対立する。夏と冬は相容れないからだ。
一方には凍てつく氷、風雪に白く染まる田園があり
420 他方には乾きと滴る汗、むき出しになった山肌がある。
真夏の日の長さは、凍える冬の夜に匹敵する。
自然はこのように戦を起こし、一年のうちには不和があるので、
かかる位置関係の宮が争い合うことに驚いてはならない。
とはいえ、白羊宮と天秤宮は完全な敵対関係にあるわけではない。
春と秋は異なる季節ではあるけれども――
すなわち後者は熟れた実りに、前者は花々に満ちている――
昼夜の長さが釣り合っていて原理を同じくしている。
二つの季節は似た構造をもって調和しており、
冬と夏の間を繋ぐ結節点として、
430 どちらにおいても同じ調子で日々の気候を中間的な状態に保ち、
二つの宮が敵意を懐いて争うのを阻んでいる。
衡の宮がもつ原理はこのようなものとなるだろう。

神々と宮の対応

　以上のことに気をつけたら、次なる課題は何であろうか。
それは、各宮に振り分けられた守護神と、
事物の自然がそれぞれの神に割り当てた宮を知ることだ――
自然がこの仕事を果たしたのは、大きな美質に神の顔を授けて
さまざまな力を聖なる名のもとに定め、
物事に神格の重みが加わるようにした時のこと。
パッラスは白羊宮を、キュテーラの女神〔ウェヌス〕は金牛宮を守り、
ポエブスは見目麗（みめうるわ）しき双子宮、キュッレーネーの神よ[*70]、あなたは巨蟹宮、　440
ユッピテルよ、あなたは神々の母[*71]〔キュベレー〕と共に獅子宮を治める。
麦穂（スピカ）を携える処女宮はケレースに、天秤宮はそれを作った
ウルカーヌスに属する。好戦的な天蠍宮はマールスのそばにつく。
ディアーナは半身が馬の狩人〔人馬宮〕を、
ウェスタは身を縮めた磨羯宮[*72]を大事にする。
ユッピテルの宮に相対する宝瓶宮はユーノーのもので、
ネプトゥーヌスは天空に浮かぶ魚〔双魚宮〕をわがものとする。
あなたの理性がこの技術〔占星術〕の根拠と方法を随所に求めつつ
惑星と星辰の間を駆け抜けて、
その才知に神々しい力が沸き起こり　450

死すべき人の心に天にも劣らぬ確信が宿ることを目指す際には、
ここからもまた未来に関わる大事な因子が得られるだろう。

人体と宮の対応

さて次は、宮に振り分けられた人体の諸部分と、
固有の宮の支配に従う各身体部位のことを聞きたまえ。
全身のうちでもそれらの部位は、宮から格別の力を受ける。
すべての宮の筆頭たる白羊宮には
頭が割り当てられ、金牛宮は何より美しい頸を
自身の所有物とする。肩から腕にかけては
双子宮が等しく分け合い預かって、胸は巨蟹宮の管轄下に入る。
460
横腹と背中を支配するのは獅子宮、
腰は然るべく処女宮に割り当てられ、
天秤宮は臀部を治め、天蠍宮は鼠蹊部を享受する。
大腿は人馬宮に属し、磨羯宮は両膝を
支配する。水注ぐ宝瓶宮は脚を裁量し、
足に対する権限を求めるのは双魚宮だ。[*73]

470

その他の関係

見る宮、聞く宮、愛する宮、欺く宮

さらにまた宮同士は、特別な掟によって通じ合い、
決まった交流を行う。[74]
互いに視線を交わし、耳を傾け、
敵意を懐いたり友誼を結んだりする宮がある一方で、自分自身に関心を向けて
自己愛に傾くものと見なされる宮もある。[75]
それゆえ、対立する〔衝の〕宮の間にも友好関係がないとは限らず、
仲間同士である〔三分、四分、六分の〕宮が争うこともある。位置の点で無縁な宮が
生涯にわたって互いに親交を結ぶ人々を生み出す一方で、
三分の宮から生まれた者が相互に争い避け合うこともある。
これは、神が全宇宙を則に従うよう形作ったとき、
宮の違いに合わせてその感情をも分割し、
あるものについては目を、またあるものについては耳を引き合わせて、
一方には確かな友情の結束を通わせ、
〈他方には熄むことのない怒りを据えて仲違いさせ、[76]〉

互いに見たり聞いたりできる宮や、
愛し合ったり危害や争いを起こしたりする宮、
自らの天分に夢中になるあまり
絶えずわが身を愛し自分を好む宮が生まれるようにしたことによる。 480
ちょうど、宮に生命を授かり出生を負う人間が
多種多様な性質をもつさまを我々が目にするとおりだ。
　白羊宮は筆頭を務めるにふさわしくそれ自身が自らの相談役となり、
自分自身に耳を傾けて、天秤宮を眺めている。金牛宮に愛情を寄せるも、
その甲斐はない。金牛宮は白羊宮に詭計を仕掛け、
その向こうに輝く双魚宮に耳を傾ける一方、
処女宮に心を奪われ見惚れている。かつて変身したユッピテルが、
左手で角をつかむエウローペーを背に乗せて運んだ時も
このような具合だった。双子宮の耳は、
双魚宮に果てしなく水を注ぐ宝瓶宮に向けられ、 490
心はほかならぬその双魚宮に、まなざしは獅子宮に向けられる。
巨蟹宮とその向かい側にある磨羯宮は
互いに眼を向け、耳を傾け合う。
宝瓶宮は巨蟹宮の策略に捕らわれる。

500
他方で獅子宮は双子宮に視線を定め、自身も野獣であるゆえに
耳は人馬宮に傾け、磨羯宮を寵愛する。
処女宮は獅子宮を眺める一方、天蠍宮に耳を傾け、
弓携える人馬宮に詭計を仕掛けようとする。
天秤宮は己の感覚に傾聴し、ただ白羊宮だけを
眺めていて、心は下に位置する天蠍宮に捉えられている。
天蠍宮は双魚宮を眺め、天秤宮に隣接した処女宮に耳を傾ける。
続いて人馬宮は大いなる獅子宮に聞き従い、
その眼は水注ぐ宝瓶宮の甕をいつも見つめていて、
すべての宮のうち処女宮だけを寵愛する。
510
その一方で磨羯宮は視線を自分自身に向けていて
（この星座は幸福にもアウグストゥスの誕生時に輝いたのだから、
その驚嘆の眼が向かう先としてこれ以上優れたものがあるだろうか）[*77]、
天辺にある巨蟹宮に向けて耳をそばだてる。
身も露わなる宝瓶宮は双子宮に耳を傾け、
高き巨蟹宮を敬愛し、人馬宮の引き絞る矢を
眺めている。双魚宮は鋭き天蠍宮に
視線を差し向け、金牛宮に聞き耳を立てる。

自然は星々の位置を固定した時にこのような相互関係を授けた。
これらの宮の下に生まれた者たちは相互に似た感性を示す。
そのため、互いに耳を傾けようとしたり姿を見ようとしたりして、
[同じ人々が一方では憎しみに、他方では愛情に引かれて動き、]
一方には計略を仕掛けながらも、他方からは狙われる身となる。

第一の三分と第三の三分

さらに、一つおきの位置にあって敵対する三分宮があり、[78]　520
片方の差し渡し[79]が対立軸をなしてそれらの宮を争いに導く。
このように真理の秩序は万般にわたって狂いがない。
白羊宮、獅子宮、人馬宮という仲間同士の三分宮は、
天秤宮と双子宮と水注ぐ宝瓶宮が形作る三分宮全体に対して
同盟を組むことを拒む。
これが真であることは、二つの理由から認めざるをえない。
一つは、三つの宮に対して三つの宮が対立しながら輝いているからで、
今一つは、人間と獣の間には常に争いがあるからだ。[80]
[天秤宮の姿は人間のもので、獅子宮のそれとは異なっている。]
暴力よりも思慮のほうが優れるがゆえに　530

獣たちは引き下がる。星々の内に輝く獅子も敗者の身であり、
牡羊が星辰の座を得たのも金の毛皮のおかげ。
射手もまた胴体の点では自分の一部を従えている。
人間の特質はそれほどにまで及ぶもの。獣の宮から生まれた者が
535 天秤宮のなす三分宮に凌駕されるとしても何の驚きがあろうか。

宮同士の敵対関係

570 また、生まれ来る者に争いをもたらし、子供たちを
憎み合わせ、敵対するに至らせる理由は一つだけではない。
多くの場合、一つおきの宮は争い合う定めにある。
なぜなら、それらは悪意のにじむ視線を交わして斜向きに固定されているから、
また、宮五つぶんの距離を置いた正反対の位置で
互いに正面から視線を向け合う宮をどれでもとってみれば、
それから一つおきの位置にある宮はいずれももう一方の三分宮にあたるからだ[*81]。
向かい合う宮と三分の関係にある宮に対しては
578 同盟が与えられないとしても驚いてはならない[*82]。
536 これに加えて、もっと簡単な原理を一二宮の内に探さねばならない。
すなわち、何であれ人間の姿をそなえて輝く宮に

獣の宮は敵対し、それらに屈従する。
とはいえ、一つ一つの宮は固有の感情に従って離反し、
めいめいが別々の敵に対して争いを起こしている。
540
白羊宮から生まれた者は、処女宮、天秤宮、双子宮、
そして水注ぐ宝瓶宮の子と争う。
金牛宮から生まれた者に敵対するのは、巨蟹宮や
天秤宮のもとに生まれた者と、鋭き天蠍宮と
双魚宮が与える者だ。他方、双子宮が作り出す人々は、
白羊宮およびその三分宮〔獅子宮と人馬宮〕と争い合う。
磨羯宮の子孫が牙を剝くのは、巨蟹宮から生まれた者、
天秤宮の子、処女宮から生まれる者、そして後ろを向いた
金牛宮の支配下に算(かぞ)えられる人々に対してだ。
荒ぶる獅子宮は白羊宮とその敵を同じくし、
550
同数の宮が戦いに参加する。
処女宮が恐れるのは、巨蟹宮、半人半獣のケンタウルスが携える
弓の下に潜む者〔天蠍宮〕、双魚宮、そして凍える山羊〔磨羯宮〕よ、あなただ。
天秤宮を襲う騒乱[*83]は最も大きい。磨羯宮とそれに対面する巨蟹宮、
それから宝瓶宮がなす四分の両側にあたる宮〔金牛宮と天蠍宮〕、

白羊宮とその三分に属する宮〔獅子宮と人馬宮〕が敵となる。
天蠍宮も同じだけ敵に事欠かぬものと見なされ、
宝瓶宮、双子宮、金牛宮に獅子宮、
また処女宮と天秤宮（この両者にとっては天蠍宮自身も恐るべきもの）、
560　そして人馬宮から生まれる者を忌避する。
この人馬宮の子を制圧しようとするのは、
双子宮、天秤宮、処女宮、宝瓶宮から生まれた者。
これと同じ宮が、自然の則に従って、山羊〔磨羯宮〕よ、あなたの子の敵となる。
片や宝瓶宮が尽きることなく水を注ぎかける人々には
ネメアの獅子とその三分宮のすべて〔白羊宮と人馬宮〕が戦いを仕掛け、
たった一人の武勇の下に獣の群が敗走する。
双魚宮から生まれた者を追い立てるのは隣接する宝瓶宮、
双子の兄弟〔双子宮〕、処女宮の子と
569　人馬宮から生まれてくる者だ。

579　これほどの多種多様な宮から対立し合う人々が生まれ、
580　これほどの仕方で、これほど頻繁に憎み合う人々が作られる。
されればこそ、自然が生み出したもののうち、
582　友情の繋がり以上に偉大で稀なものは何もない。

583 591 590 589 592 588

長きにわたる人の歴史と歳月のうちに、
また数多（あまた）の戦争や、さらには平和の下でのさまざまな苦難のうちに、
運の女神（フォルトゥーナ）が信義を求めても、それを見出すのは至難の業だ。
一人ピュラデースのみが、また一人オレステースのみが自らの生命を
抛（なげう）とうとした。*84 一方が死を攫（つか）もうとして、もう一方がそれを許すまいとして、
死を求める諍（いさか）いがなされた例は幾星霜のうちにもこればかり。
［彼らのあとに続きえた者が二人いる。償うべき罪などほとんどないのに、
保証人は被告人が帰ってこないことを願い、被告人は
保証人が自分を自由の身にしてくれることを恐れた。*85］
しかしながら、いつの世にも何と犯罪の夥（おびただ）しいことか、
坤輿（こんよ）を圧する憎悪の重荷は何と弁明の余地なきものか。
父の命を売り払い、母を亡き者とする
〈犯罪に限度はなく、言語を絶する詭計によって
神なるカエサルさえ没し、それに恐れをなして世界に〉
太陽は夜の帳（とばり）をかけて大地をあとにした。*86
どうして語ることがあろうか、都市の転覆や神殿への背信を、
平和時のさまざまな惨劇、毒薬の混入、
広場（フォルム）での謀略、ほかならぬ［ローマの］城壁の内側で起きた殺戮、

600
友情の名を装って忍び寄る群衆を。
民衆のうちには犯罪が満ち、すべてが狂気に溢れかえる。
正義と不正義は綯い交ぜになり、法律さえ非道の嵐に
蹂躙されて、もはや罪が罰を凌駕する。
いがみ合う人々を生み出す宮は数多いのだから、
世界中で平和が潰え、
信義の絆はめずらしく、それに与る者が僅かであるのも頷ける。
天と同じく地上も自らの内で反目し、
人の種族は憎しみの定めに服する。

宮同士の友好関係

　それでもなお、心を通わせ友情の定めに服する
同類の宮を知りたいと思うならば、
610
白羊宮の子をその三分宮と結び合わせるがよい。
もっとも、白羊宮は他の二つより単純素朴で、獅子宮の子や、
ケンタウルス〔人馬宮〕よ、あなたから生まれた者には、自分が受ける以上の
奉仕をする。白羊宮の性質はいっそう穏やかで
害意を向けられやすく、それでいて何ら悪巧みは懐かずに、

632 630 624 621 620 619 623 622 618

その体毛と同じく柔和な本性をもっているからだ。
他方の二つの宮は獰猛で略奪に飢え、
そのがめつい心は時として利得のために
信義の矩（のり）を踰える。受けた恩への感謝も長くは続かない。
もっとも、ネメアの獅子よ、あなた一人の内にあるよりも多くの力が
人と獣の交じる二つの姿〔人馬宮〕にあるものと思わねばならない。
だが、白羊宮の子はその双方の下で〈苦しみ、
両者の力や策略に喘（あえ）ぎながらも〉[*87]、三分宮に対して
容赦はしない。しかし、戦争は時の求めに応じて稀にしか起きず、
むしろそれを勃発させるのは他の二つの獰猛さだ。
かくして、これらの宮には平和と諍いが混在している。
さらにまた、金牛宮は磨羯宮と繋がりをもってはいるが、
彼らの気質は先のものほど協調し合うわけではない。
金牛宮生まれの者は誰しも処女宮の子を
抱擁しようとするが、諍いが起きることもしばしばある。
双子宮の子[*88]、また天秤宮と宝瓶宮から生まれた者は、
心を一つにして揺るぎない信義の絆をもち[*89]、
たくさんの友人を得て大きな成功を収めることだろう。

天蠍宮と巨蟹宮は自分たちの子に兄弟の名を授け、
さらに双魚宮から生まれた者も彼らと
協調する。しかし、それでも狡猾な駆け引きがなされることもある。
蠍は友人の名のもとに害悪を振り撒く。
他方、双魚宮の立ち会いのもと光明の世界に生まれる者は、
一つの考えを心に持ち続けることがなく、
折々に心変わりをして同盟を破ったり
640 仲直りしたりと、その顔の下には隠れた害意が揺れ動く。
641 宮の間にはこのような憎しみや平和があると心得るがよい。

宮の愛憎の原因

643 しかしながら、単独の宮のみを問題とするのでは不充分だ。
天空におけるそれらの場所や惑星の位置を観察せよ。
占める領域によって宮の性質は変わり、〔それらを繋ぐ〕線の力も変化する。
実際、四分宮には四分宮の権利が、三分宮には三分宮の権利が、
また六つの辺を通じて線が駆け抜ける宮〔六分〕や、径(みち)を差し渡して
天空の真ん中を断ち切る宮〔衝〕にも、それぞれ固有の権能が宿る。
651 同じ線でも昇っていくか、地の下に隠れるか、沈んでいくかで違いがあるからだ。

650 そのため、同じ天が力を与えることもあれば減ずることもあり、
ある場所では敵意を懐く宮が、他の場所ではそれを鎮めることもある。
652 向かい合う宮の間にはたいてい憎悪があり、四分の宮には
血縁関係の人々が、三分の宮には友情関係の人々が属する。
その理由はわかりにくいものではない。自然は黄道帯のうちの
二つおきの場所に同じ性質の宮を置いたからだ。
等しい間隔をあけて天に印をつけている四つの宮に、
ほかならぬ神が一年の節目を設けた。
すなわち、白羊宮は春を、巨蟹宮は夏を、天秤宮は秋を、
そして寒さに耐えるべく生まれた山羊と魚[90]〔磨羯宮〕は冬をもたらす。
660 また、二つの姿を併せもつ宮も二つおきの位置を
占めている。すなわち、二匹の魚〔双魚宮〕、
双子の若者〔双子宮〕、二つの姿をもつ乙女[91]〔処女宮〕、
二つの体が一つに合わさったケンタウルス〔人馬宮〕が認められる。
同様に、単体の宮にも四分の関係がそなわっている。
すなわち、金牛宮は伴侶をもたず、恐ろしい獅子宮は
いかなるものとも一緒にならず、仲間がなくとも天蠍宮は何者をも恐れない。
そして宝瓶宮も単体宮に算えられる。

670
このように、四等分の領域に配された宮はどれも
数や季節の点で類似した役割を示しており、
あたかもそのような絆を介して血が繋がっているかのよう。
それゆえ、これらの宮は姻戚関係を表し、血筋の近さに関わり、
生まれた者の姿を似通ったものにする――
基点を通過する際にはいつも、自らの〈本性がもつ力を
前のめりに進む天の回転に従って〉変化させつつ、そうした影響を及ぼすのだ。*92
この時の宮は、黄道帯を四等分にして四分を
形作ってはいても、四分の掟に従うものとは
見なされない。基点の間の交渉に比べて数の上でのそれは劣っている。
宮三つぶんの間隔をあけて三分宮をなす線はより長く、
いっそう大きな距離にわたって伸びている。
これらの宮が導く先は生まれもっての血縁に匹敵する友情、
そして長く心に持続する絆だ。
ちょうど宮それ自身が遠い距離を置きつつ協同するように、
これらの宮はひときわ大きな隔たりを介して我々を結びつける。
心を通わせうるこれらの宮のほうが、
血縁の名のもとに欺くことのある宮よりも優れていると考えられる。
680

(行番号: 683 672 / 673 686)

682 最も近くにある宮は隣人を、一つおきに離れた宮は客人を支援する。このようにして宮の秩序は保たれていく[93]。
続いて、宮を然るべく分割し、その分割に然るべく宮を配さねばならない。
完全に自分だけに奉仕する宮はなく、むしろ各宮は混ざり合っていて、
687 自分自身の一部を与えたり、引き換えに受け取ったりもするからだ。
これらについては、このあと所定の順序に従って取り上げよう[94]。
平穏な宮と有害な宮[95]を区別するためには、
690 こうした事柄すべてに拠りつつ、技術を駆使して計算を求めなくてはならない。

宮の一二区分

さて今度は、見た目には些細でも大変重要な事柄を見定めたまえ。
それは、ただギリシア語の名によってしか記しえない
一二区分（ドーデカテーモリア）というもので、名前の内にその原理が示されている[96]。
つまり、各宮は三〇度ずつから成っているが、
その数すべてがさらに一二に分割されるのだ。
したがって、計算の示すところによると、各区分の度数は
二と二分の一度となる。見よ、一二区分の一つは

このような領域から成り、すべての宮にこれだけのものが一二個ずつ　700
存在する。彼の宇宙の創設者は、これらを
天に輝く同数の宮に割り当てた。
そうすることで、宮が相互分配[*97]によって協調するように、
また天が自分自身に似るように、すべての宮がすべての宮に含まれるように、
そしてそれらの交じり合いによって調和が全体を支配して、
宮が共通の利益のためにお互いを庇護するようにした。
地上に生まれる者は、このような掟に従って作り出される。　642
だから、たとえ同じ宮から生まれても、　707
もっている気質が異なったり、望むところが相反したりする。
本性が悪いほうに逸れることもしばしば。男が生まれた直後に
女が生まれもする。一つの宮の中でも出生が複雑化するその訳は、　710
一つ一つの宮が自身に固有の力を一二区分によって変化させ、
割り振られた部分に応じて変動するためだ。

さて次は、各宮にどんな一二区分が、どのような順序で存在するのかを歌おう、
宮の区分を知らないせいで目当てを失って間違いを犯すといけないから。
宮は最初の区分を自らに属するものとしてもっており、
続く区分にはその隣の宮が割り当てられる。

残りの宮はその並び順どおりに区分を代わる代わる引き受けて、
最後の区分は末尾の宮に服する。[98]
このように一つ一つの宮が、すべての宮の内に二と二分の一度を占める。
こうして分配が済むと、どの宮も
総体としては三〇度を満たすことになる。　720
　しかし、この計算の種類は一つだけではなく、算法も単一ではない。
自然はより多くの方法で真理を定め、
道程を分岐させて、探索が隅々にまで及ぶことを望んだのだ。
次に述べる算法もまた同じ概念〔一二区分〕のために発見されたもの。
どこであれ誕生の時に月が占めた角度に
四の三倍〔一二〕——すなわち高天に輝く宮と
同じ数——を掛け合わせよ。
その数から、月の輝く宮に、〔その宮の内で〕月が経過した度数と
不足分の度数の和を忘れず割り当てること。[99]　730
次なる宮は三〇度、それに続く宮も同数を引き受ける。
〔この数〔三〇度〕が足りなくなったら、残る総数を
二と二分の一度に分け、残りの宮に
順番どおり割り当てられるように配置せよ。[100]〕

この割り当てが尽きるところの宮の一二区分を
月が占めることになるだろう。*[101] その後、月は残りの一二区分を一つずつ、
宮の配置されている順番どおりに率いていく。*[102]

740

惑星の一二区分

さて、次の計算も間違うことがないように、手短な言葉で理解したまえ——
これは規模こそ劣るが影響の点でいっそう重要なものだ——
一二区分のうちに、同じく一二区分と呼ばれるものがどれほど含まれているかを。*[103]
すなわち、一二区分一つは五つの部分に区切られ、
それと同じ数だけ天に輝く「放浪者」と呼ばれる星〔惑星〕が、
それぞれ二分の一度を引き受け、
そこに自らの力と権能を取り入れる。
したがって、それぞれの惑星が、任意の時にどの一二区分に
位置していたのかを観察する必要があるだろう。
というのも、惑星は、各宮の中で自らが位置する
一二区分の力を受けつつ影響を及ぼすだろうから。*[104]
万物を成り立たせる理法に、あらゆる要素が混じるのは当然のこと。

750 だが、これらについては、もっとあとで然るべき順序に従って余さず語ろう。[*105]
差し当たっては、未知の事柄を具体的に教えたことで充分だ。
そうやって、個々の部分の把握を通して自信が得られれば、
たやすく推論を進めて全体像に注意を向けられるだろうし、
個別のものを踏まえてこそ、この詩も総体を適切に扱えることだろう。
まだものを知らない子供には、まず文字の外形と
名前が教えられる。次にその用法が示され、
音節が〔字母の〕結びつきから作られる。
続いて、それらを構成要素として単語を読む枠組みができ、
その後、事柄の意味や文法の実技が伝授され、
760 最後に詩歌が生まれて自らの足で立ち上がる。
総体に進むためには、予め個別的なものを学んでおくことが役に立つ。
(もし基礎となる原理に支えられていなければ、
764 物事の段取りは前後を違えて無駄になり、
763 教師の教えも性急に伝授されれば順序が狂って水泡に帰すだろうから。)
765 詩の力によって天を隈(くま)なく翔け巡り、
深遠な闇の奥底から露わに引き出された運命を
詩女神たちの調べで整え上げて歌い、

神がふるう支配の霊力をわが技術のうちに呼び入れるこの私も、
そんな具合に少しずつ信用を獲得し、然るべき階梯を踏みながら
題材の細部を伝えねばならない。そうすれば、
万事がはっきり理解された上で適切に実用されることだろう。　770
さらにまた、むき出しの山肌に都市が作られ、
建設者が人気（ひとけ）のない丘を城壁で囲繞しようと企てる時も、
壕の開鑿に取りかかるより前に、
次のような仕事に熱意が注がれる——さあ見よ、森は崩れ、
年季の入った林が倒れて見慣れぬ太陽や星々を仰ぎ見る。
鳥や獣の類も残らず居場所を追われ、
懐かしい家と馴染みの寝床をあとにする。
また他の人々は、壁を作るための岩や神殿用の大理石を
探して回り、周知の手がかりを頼りに硬い鉄を求め、
ほうぼうからあらゆる技術や経験を集結させる——
そうしてすべての準備が整ってから、ようやく工事が開始する。　780
計画の前後を違えて工程が途中で頓挫してはいけないからだ。
そんな具合に、これほどの大事業に取りかかろうとする私も、
説明は棚上げにして、まずは題材の原料を伝えなくてはならない。

あとで説明が無駄なものとならないように、
また緒に就きかけた議論が題材の新奇さゆえに途切れてしまわないように。

四つの基点

さて、それでは、心を研ぎ澄まして基点[*106]を学ぶがよい。
これは全部で四つあり、天に変わることのない位置を占め、
飛翔する一二宮を取り替えていく[*107]。
一つ〔上昇点〕は、天が水平線から最初に大地を眺め、　790
地上に姿を現して昇ってくるところにあり、
二番目〔下降点〕は、空の反対側でそれに対応しており、
天が姿をくらまして冥府（タルタラ）へ匆々（そうそう）と向かっていくところにある。
第三のもの〔天の中央〕は、高々と聳える空の頂にあり、
疲れた太陽が息切らす馬と共に立ち止まって
昼の光に休息をとらせ、影の長さの中間点を計るところ。
第四のもの〔天の底〕は、いちばん底を占めて天球の基礎をなす栄誉に与る（あずか）。
ここは星々の復路の始まりであると共に
落下の終わりでもあって、下降点と上昇点を等しく眺めている。　800

810

これらの場所がもつ力は格別で、この技術〔占星術〕によれば
運命に及ぼす影響も最大だ。いわば不滅の枠組みとして
天球全体を支え続けているのだから。
もしこれらが、絶え間なく運行し次々に巡っていく
天球を受けとめ、それを両側面と
上下の端で繋ぎとめておかなければ、
宇宙の箍(たが)が外れてその機構は崩れ去ってしまうだろう。
　とはいえ、基点に存する力は個々別々で、
割り当てられた場所に応じて違いがあり、その序列も異なっている。
高空の最上部に君臨し、宇宙の真ん中を
微(かす)かな境界線で分かつものが第一の基点〔天の中央〕となろう。
高き座にあるこの基点を手中に収めるのは、
いかにも最高位を守護するにふさわしい「栄光(グローリア)」だ。
かくて「栄光」は、傑出したものを何でもわがものとして、
あらゆる名声を掌握し、さまざまな名誉を分かち与えて支配する。
ここから生じるのは喝采や威光、民衆から寄せられるあらゆる好意、
広場(フォルム)に正義をもたらすこと、世界を法で整えること、
外国の諸民族を自らの同盟に加えること、

各自の地位に応じた名声を高めることだ。
第二の基点〔天の底〕は、いちばん低い場所に置かれてはいるが、　820
不朽の根底として天球の重みを支えている。
その効力は、見かけこそ劣るが実益の点でまさっている。
これは富の基礎をなし財産を左右する。
貴金属の採掘でかなえられる願いがどれほどか、
地の奥底から得られる儲けがどれほどかを詳(つまび)らかにする。
第三の基点〔上昇点〕は、地平線と同じところで眩(まばゆ)い日の出の位置を占める。
天に昇る星々が最初に通るのもこの場所であり、
また一日が振り出しに戻って時間を刻む出発点もこの場所だ。[*108]
それゆえ、この場所はギリシアの諸都市では「時の見張り[*109]」と呼ばれていて、
ほかならぬこの名をこそ喜び、異国の名前は受け入れない。　830
この基点は、生を取り決め、性格の規矩を定める力をもち、
事業に好機をもたらして技術の導き手となるだろう。
そして、生を享けた者を迎える門出の時がどのようなものになるか、
その人がどのように世話されるか、どんな身分に生まれつくかを、
惑星が力を合わせて与える支持に応じて司る。
最後の基点〔下降点〕は、天の旅路を終えた星々を地に隠し、

西方に陣取りながら地下に沈んだ天球を見下ろしている。
この基点は事業の成果や仕事の結末、
結婚や宴、生の最期、
余暇や人々の交流、神々の崇拝に関係する。　840

基点の間の領域

　しかし、一つ一つの基点を知るだけで満足してはいけない。
もっと大きな範囲に拡がりつつ、特別な力を及ぼす
合間の部分*110をも心にしかととどめねばならない。
東方から天の頂にかけて広がる弧は、
生涯のはじめと揺籃の歳月を司る。
天の頂点に圧(お)されて西方に降る傾斜部は
少年期を引き受け、
多感な青春時代を自らの支配下に置く。
西方の空をわがものとし、天の底に下降していく部分は、　850
絶え間ない転変と起伏に富む道行(みちゆき)に鍛えられた
生の成熟期を支配する。

片や、東方に戻って天の走路を完成させ、
衰えた力を振り絞りつつ、反り返った弧をゆっくり昇ってくる部分は、
晩年と生の落日、
震える頽齢を擁して最後を飾る。

一二位

　誕生星位がいかなるものであれ、すべての宮は
天の区分〔一二位〕に影響される。[*111] この位は宮を支配し、
恵みや害をもたらす。環をなして巡る宮の一つ一つが、
天から力を授かったり返したりするのだ。
860　これは、一二位の性質のほうが優勢であり、それらが自らの領域に
法を施行して、そこを通っていく宮を自身の慣習に
従わせることによる。さまざまな栄誉を授かって豊かになる宮もあれば、
不毛の位に就いて罰を受ける宮もあるのだ。
日の出の場所〔上昇点〕の上、天の頂から三番目にある位[*112]は、
不吉な領域だ。将来の事物に敵対的で、
災いに満ち溢れている。さらに、こればかりでなく、

その反対側で日没の場所〔下降点〕の下に接して星を輝かす位[113]も
同様だ。両者の間に優劣はなく、どちらの位も
等しく破滅を目の前に眺めつつ天の基点から追い落とされている。
いずれも労苦の門となるだろう。一方には昇りが、他方には降りが課される。
西方〔下降点〕の上[114]、またその反対なる東方〔上昇点〕の下[115]にある
天の領域も劣らず不吉なもの。前者は俯(うつむ)けに、
後者は仰向けに宙づりになっていて、一方はそばにある基点の手で滅ぶのを惧(おそ)れ、
他方は支えを奪われれば転落しかねない[116]。これらが
恐るべきテューポーンの座と見なされるのは正当なこと。怒り狂う大地女神が
彼を送り出したのは、母に劣らぬ巨大な子らを生み出して
天に対する戦の口火を切った時のこと[117]。だが、彼らは雷に打たれて母胎の中に
押し戻され、その上に山が崩れかかって、
テューポーエウスはその命と戦を終えて墓に埋もれた。
エトナ山の下で燃え立つ彼には母ですら恐れおののく。
他方、輝く天の頂に続く位[118]は、
隣り合った位に引けをとることなく、
むしろ希望の点で優れる。勝利を目指し、先立つ諸々の位を凌駕して
ひときわ高く聳え立つ。絶頂には終わりが付きもので、

870

880

望みの余地はなく、あるのは悪化の道ばかり。
そのため、頂点の傍ら（かたわ）にありながらそれ以上に完全なものとして、
「幸福」の名を冠した運（フォルトゥーナ）に捧げられているのも
まったく驚くにはあたらない。こうして我らの言葉はギリシアの言葉の豊かさに
最も近づき、一方の名前を他方の名前に移し替える。
ユッピテルが住まうのは、この場所だ。敬うべきこの位は王なる神に委ねるがよい。　890
これとは逆の類似した位が[*119]、天球の下に
追い落とされて、地下に沈んだ天の最下部に接している。
〔先の位と〕向かい合ったところで輝くこの位は、
兵役を終えて疲弊してはいるものの、再び新たな仕事に身を捧げて、
基点の軛（くびき）と強力な役目を担おうとしており、
いまだ宇宙の重圧を味わわないうちからすでに栄光を期待している。
ギリシア人はこの位を「ダエモニエー」[*120]と称するが、ローマの言葉に
訳された称号は欠けている。あとで思い返して大いに活用できるように、
この位を、また力あるこの位の神意と名前を
明敏な心に刻みつけるがよい。　900
我々の健康の浮沈も、目に見えぬ干戈を交える疾病も、
通例この場所に存しており、

ここでは偶然と神意の二つの力が作用して、
運命を不安定にもあちらこちらと両方に変化させる。
他方、正午の位置のあとにある位[*121]——頂点から傾いてくる天穹の
撓(たわ)み始めの部分——は、ポエブスが
清気を与えて養っている。この位はポエブスの力によって、
太陽の下で我々の身体に降りかかる禍福を決する。
この場所は、ギリシア語の名前に従って「男神」と呼ばれる。
910 この位の反対側に輝き、いちばん低い座所から
起き上がり始め、天蓋を再び擡(もた)げ起こす位[*122]は、
兄弟たちの栄枯盛衰と死を司る。
この位の主となるのはポエベーだ。
彼女は天の反対側に輝く兄〔ポエブス〕の領地を眺めつつ、
盈虧(みちかけ)するその貌の輪郭で人の運命を模している。
ローマ人の言葉では「女神」の名がこの位に授けられよう。
ギリシア人も自分たちの言語で同じ名前をつけている。
他方、天の頂上——上り坂の終点にして
下り坂の始点でもあり、
920 東西の中間に聳える最上部が

バランスよく安定した宇宙を吊り下げているところ——では、
キュテーラの女神〔ウェヌス〕がこの位の星々をわがものとし、
いわば宇宙の顔にあたるところに、人の世を支配する自らの相貌を
据えている。[123]この場所がもつ固有の力は、
夫婦の契りと寝室、結婚の松明（たいまつ）を司ること。
この場所の守護者にはウェヌスこそがふさわしい——女神が自らの武器をふるうのだ。
この位の名前は「運（フォルトゥーナ）」[124]とされよう。私がこの長い歌の中で
手短な近道を進めるように、このことを心して知りたまえ。
さて、反対側の基点において、宇宙が底辺を占めつつ
930 鎮座しているところ、地球の裏側を仰ぎ見ながら
真夜中の闇に伏しているところ[125]で力をふるうのは
サートゥルヌスだ。往昔（そのかみ）、彼もまた世界の支配と
神々を統（す）べる玉座からの零落を味わった身であり、
今は父として、父親の命運や老人の境遇に
935a 937b 霊威を及ぼしている。ギリシア人がつけた「ダエモニウム」[126]という称号は、
938 その名前にふさわしい力を表している。
さあ、今度は第一の基点から昇ってくる天に目を向けよ。
940 ここは、星座が姿を見せて馴染みの行路を

再開するところ、若々しい太陽が冷たい波間から
浮上して、牡羊に導かれて天が進む急峻な道に挑みつつ、
937a 945b　黄色い炎を少しずつ灯していくところ[127]。
943　マイアより生まれしキュッレーネーの神よ、その麗容に因んで名づけられた
この位はあなたのものとされており、権威ある人々もほかならぬあなたに
945a 935b　この名を帰している[128]。二つのものに一つの守護役がついているのだ。
936　[すなわち子供と父親の守護が、この場所に据えられている。]
946　自然はそこに子供の運勢の一切を据え置き、
両親の祈りが依拠する先はこの場所だ。
今一つの場所[129]が西方に残っている。これは降りてくる天を
地の下へと落とし、星々を沈めて、
950　今しがたまで顔を見せていた太陽の背を眺めるところだ。
この位が黒きディース[130]の扉と呼ばれ、
生の終わり〈と死の閂（かんぬき）〉を掌握しているとしても驚いてはならない。
ここでは一日もまた最期を迎える。大地は世界中から
昼の光を奪い取って夜の牢屋に閉じ込める。
そして、この場所は信義を守ることと心の不動さとを司る。
太陽を呼び寄せて地に埋（うず）め、

受け取ったものを返して一日を締めくくるこの位には、
それほどの力が宿る。あなたが心にとめるべき一二位の力は
このように割り振られている。一連の宮はすべて
これらのうちを通って飛び、そこから支配を受けたり、　960
自ら支配したりする。惑星もまた、自然の許しに従って
決まった順序で経巡っていき、己のものならざる領地を占めて
他所の陣営に客人として宿る時にはいつも、
その場所がもつ力をさまざまに変化させる。
こうした事柄については、惑星を扱う所定の箇所[*131]で歌うとしよう。
今は一二位とその名前、各所に内在する力と
そこに宿る神々を記したことで充分だ。
［占星術の創設者は、この区域に「八つの巡り（オクトトロポス）」という
名前をつけた。このうちを逆向きに飛んでいく惑星の運動が
どんなものであるかは、然るべき題材の順序に従って語られる。[*132]］　970

訳注

＊1　ホメーロスのこと。以下で触れられている内容は『イーリアス』と『オデュッセイア』のもの。
＊2　アキッレウスのこと。

＊3　オデュッセウスのこと。
＊4　ポセイドーン（ネプトゥーヌス）のこと。
＊5　オデュッセウスが放浪の中で味わった困難を「甦るペルガマ〔トロイア〕」という表現で指している。
＊6　あらゆる都市とその住人が、自分たちのところこそホメーロスの故郷であると名乗りをあげたとされる。『ホメーロスとヘーシオドスの歌競べ』（イヴリン＝ホワイト版、五六六頁）参照。
＊7　以下、二三行（一八行）までは『神統記』、一九行から二四行までは『仕事と日』への言及。
＊8　ユッピテル（ゼウス）のこと。「兄弟にして夫」であるとは、その妻ユーノー（ヘーラー）が彼の姉妹でもあること、「母なくして父」であるとは、アテーナーがゼウスの頭から生まれたことによる。
＊9　バックス（ディオニューソス）は、ゼウスとセメレーの子。セメレーが雷に打たれて死んだ際、ゼウスはそこから胎児を取り上げて自らの太腿に移し、月が満ちるまで育てた。
＊10　接ぎ木による交配のこと。
＊11　ここで言及されている詩人たちが具体的に誰なのかを特定するのは難しい。『パイノメナ（星辰譜）』を書いたアラートスのほか、『アラートス伝』に含まれるエピグラムに言及のあるヘーゲーシアナクスやヘルミッポスなどの詩人が考えられる。
＊12　大熊座となったカッリストーのこと。
＊13　小熊座。ヘリケー（大熊座）とキュノスーラを、ゼウスを育てたニンフと考えた人々もいたようである。ヒュギーヌス『天文書』二・二参照。
＊14　馭者座のα星カペッラ（雌山羊）のこと。第一巻訳注＊40も参照。
＊15　牡羊座の起源は、プリクソスを背に乗せてコルキスへ運んだ金毛の羊だと考えられている。
＊16　言及されている作品の特定は難しい。アウグストゥス時代のラテン詩人アエミリウス・マケルの『鳥類起源譚』やグラッティウス『狩猟詩』の典拠となったギリシア語の詩が考えられる。

＊17　ニーカンドロス『有毒生物誌』、『毒物誌』への言及。
＊18　おそらく、のちのルーカーヌス『カタクトニオン』が典拠としたギリシア語の作品を指している。
＊19　川から海に注いだ水は風や大地を通って再び源へと戻っていく、という水の循環。ルクレーティウス『事物の本性について』六・六〇八―六三八を参照。
＊20　月の満ち欠け、その天における位置、太陽の影響による潮の干満については、大プリーニウス『博物誌』二・二一五も参照。
＊21　大プリーニウス『博物誌』二・一〇九、二二一を参照。
＊22　月の女神ディアーナ（アルテミス）のこと。
＊23　太陽神アポッローンのこと。月が太陽から輝きを得ることについては、大プリーニウス『博物誌』二・四五―四六を参照。
＊24　象がこうした行為に及ぶことを大プリーニウスは述べている（『博物誌』八・二）。
＊25　欠行が推定される箇所で、底本の校訂者が試みた補いを訳出した。
＊26　解釈の難しい行。底本の採用する修正を含めて読むと、人間に授けられた占星術以外の多彩な技術や神授の才も人と天の繋がりを示しはするが、ひとまずそれらは措くということが言われていて、あとに続く、天を知る能力こそが人と天の繋がりを最もよく示すという点を強調していると考えられる。
＊27　事物の配分には何らかの意図や傾向が必ずあるのだから、これは偶然の仕業ではないという前半二行と、運命の支配を説く後半二行は、いずれも人と神の繋がりについての議論という文脈にそぐわないため、後世の竄入が疑われている。
＊28　「信義」と「信用」は、いずれも fides が原語。以下の行で言われるように、予言の実現を可能にする自然の忠実さが占星術への信用を生む、ということか。
＊29　ローマの兵員会では、全体の投票に先駆けて一部の集団が票を投じ、その結果が公表されて残りの投

票行動に影響を与えることがあった（リーウィウス『ローマ建国以来の歴史』二四・七・一二などを参照）。そのことを踏まえた表現と思われる。

＊30　黄道一二宮とは、春分点（黄道と天の赤道の交点の一つ）を起点として黄道を一二等分した座標上の領域のこと。これらの宮にはそれぞれ名前がついており、対応する星座と共に列挙すると以下のとおり。白羊宮（牡羊座、Aries）、金牛宮（牡牛座、Taurus）、双子宮（双子座、Gemini）、巨蟹宮（蟹座、Cancer）、獅子宮（獅子座、Leo）、処女宮（乙女座、Virgo）、天秤宮（天秤座、Libra）、天蠍宮（蠍座、Scorpio）、人馬宮（射手座、Sagittarius）、磨羯宮（山羊座、Capricornus）、宝瓶宮（水瓶座、Aquarius）、双魚宮（魚座、Pisces）。歳差の影響によって春分点が後退した結果、今日ではこの宮と星座の対応にずれが生じてしまっているが、マーニーリウスの時代にはまだ両者が一致していたこともあり、詩人はこれらを明確に呼び分けることをしていない（signum「印」や astra ないし sidera「星々」といった語が用いられる）。本訳書では、専門的な占星術の内容に入る第二巻以降で主として「〇〇宮」の訳をあてたが、宮の分類や影響が対応する星座の図像的性格に関連づけられている以降の記述からもわかるとおり、あくまで便宜的なものであることに留意されたい。

＊31　つまり、男性宮は白羊宮、双子宮、獅子宮、天秤宮、人馬宮、宝瓶宮の六つ、女性宮は金牛宮、巨蟹宮、処女宮、天蠍宮、磨羯宮、双魚宮の六つとなる。

＊32　人間宮は、双子宮、処女宮、宝瓶宮。動物宮は、白羊宮、金牛宮、巨蟹宮、獅子宮、天蠍宮、磨羯宮、双魚宮。天秤宮は本巻五二〇行以下（後注＊80も参照）で人間宮とされており、人馬宮は両方の特性をもつとされる。

＊33　単体宮は、白羊宮、金牛宮、巨蟹宮、獅子宮、天秤宮、天蠍宮、宝瓶宮。

＊34　欠けることのない身体のこと。のちに述べる宮では異なる身体が混ざっていることとの対比。

＊35　この二行はラテン語の語法に疑問がもたれ、後世の竄入が推測されるが、本文に採り入れる編者もい

る。

＊36　乙女座は翼の生えた女性の姿でイメージされた。

＊37　したがって、マーニーリウスの分類によると、双体宮は双子宮、処女宮、人馬宮、磨羯宮、双魚宮になる。ただし、他の典拠では、磨羯宮を除いた四つ、つまり転換宮（次注も参照）に先立つ宮が双体宮とされる。セクストス・エンペイリコス『学者たちへの論駁』五・一〇、プトレマイオス『テトラビブロス』一・一二・五も参照。

＊38　「転換宮」の原語は tropica で、「回帰宮」とも訳される。プトレマイオスでは太陽が回帰する夏至点および冬至点が位置している巨蟹宮と磨羯宮のみを指し、白羊宮と天秤宮は昼夜平分宮として異なる扱いを受けるが（プトレマイオス『テトラビブロス』一・一二・二―三）、これら四つをまとめて tropica と称する場合もあり（セクストス・エンペイリコス『学者たちへの論駁』五・一一）、マーニーリウスは後者に属する。第三巻六一八行以下も参照。

＊39　牡牛座は普通、後ろ足のない半身として表象されるので（『アラートス古注』一六七参照）、「臀部」というのは妙に思えるが、牡牛座の「尾」への言及は他の文献にも見られる（ニーカンドロス『有毒生物誌』一二二以下、ウィトルーウィウス『建築書』九・三・一などを参照）。

＊40　したがって、倒立宮は金牛宮、双子宮、巨蟹宮となり、それ以外の九つの宮が直立宮となる。

＊41　太陽は双子宮で遠地点に達し、速度が最も遅くなるため、その前後を含めた三つの倒立宮を通過するのに要する日数は最も多くなる。この遅滞を詩人は宮の姿の逆転に帰している。プトレマイオス『アルマゲスト』三・四も参照。

＊42　この第一の分類では、昼の宮は白羊宮、巨蟹宮、獅子宮、天蠍宮、人馬宮、双魚宮となり、夜の宮は金牛宮、双子宮、処女宮、天秤宮、磨羯宮、宝瓶宮となる。

＊43　この第二の分類では、昼の宮は男性宮と、夜の宮は女性宮と一致する。男性宮、女性宮については、

本巻一五〇行以下を参照。

＊44　山羊座は、上半身が山羊で下半身が魚。

＊45　水生宮は、巨蟹宮と双魚宮。陸生宮は、白羊宮、金牛宮、獅子宮、天蠍宮（マーニーリウスは言及していないが、双子宮、処女宮、天秤宮、人馬宮もここに含まれる）。そして、磨羯宮と宝瓶宮は、両方の性質を兼ねそなえる。

＊46　多産宮は、巨蟹宮、天蠍宮、双魚宮。不産宮は、獅子宮、処女宮、宝瓶宮。中間にあるのが、白羊宮、金牛宮、双子宮、天秤宮、人馬宮、磨羯宮となる。

＊47　走る宮は、白羊宮、獅子宮、人馬宮。立つ宮は、双子宮、処女宮、宝瓶宮。座る宮は、金牛宮、天秤宮、磨羯宮。臥す宮は、巨蟹宮、天蠍宮、双魚宮。

＊48　蠍座の螯と天秤座の皿が重なり合うことを言っている。ウェルギリウス『農耕詩』一・三二以下も参照。

＊49　蟹座には明るく目立つ星がないことから、luminaという語が「光」も「眼」も意味することを踏まえて、このように言っている。

＊50　欠損宮は、金牛宮、巨蟹宮、天蠍宮、人馬宮。

＊51　春の宮は、双魚宮、白羊宮、金牛宮。夏の宮は、双子宮、巨蟹宮、獅子宮。秋の宮は、処女宮、天秤宮、天蠍宮。冬の宮は、人馬宮、磨羯宮、宝瓶宮。

＊52　観測者が南の空を眺めているとすると、黄道帯は左（東）から右（西）へ向かって巡る。第一巻訳注＊41も参照。

＊53　「三分（trigonum）」はギリシア語でτρίγωνον つまり「三角形」（三つの角をもつもの）であり、その名の由来に即して定義を述べている。図表1を参照。

＊54　すぐあとで宮の左と右についての説明があるため、この箇所での言及は竄入と見なされる。

*55 「四分（quadratum）」は、ギリシア語の τετράγωνον で「四角形」の意味。図表2を参照。

*56 本巻六五六―六七二行を参照。

*57 「五つずつ」や次の「五番目」はわかりにくい言い方だが、これは含み算に起因するもので、白羊宮、獅子宮、人馬宮という三分を例にとると、白羊宮から数えて獅子宮は五番目、獅子宮から数えて人馬宮は五番目、そして人馬宮から数えて白羊宮は五番目という位置関係にある。

*58 以下で詳述されるように、星相の関係は宮だけでなく、その角度も考慮しなければ成り立たない。例えば、白羊宮、獅子宮、人馬宮は三分宮の関係にあるが、それらのうちの好きな角度を繋いでよいわけではなく、一辺に対する弧が一二〇度をなす場合にのみ正しい三分関係が成り立つ。

*59 本来必要になる九〇のうちの三分の一という意味。

*60 白羊宮、巨蟹宮、天秤宮、磨羯宮という四分を例にとると、その一つの宮から数えて次の宮は四番目に位置している。ただし、三分の時と同様に、宮だけでなく角度にも注意を向ける必要があり、正しい四分関係が成り立つのは弧が九〇度をなす場合に限られる。

*61 つまり、三分の場合の一辺の角度は一二〇度、四分の場合は九〇度。

*62 三分の一辺をなす直線の外側にある円弧。

*63 例えば、三分をなす一辺として宮五つぶん（一五〇度）にわたる線を引いてしまった場合、それを一辺とする正三角形を作るためには、全部で宮一五個ぶん（四五〇度）の長さが要ることになってしまう。

*64 正六角形の一つの角は鈍角になるので曲がり方がゆるく僅かであるのを、あたかも線がいやいや曲がるかのように捉えた言い方。

*65 六分については、図表3を参照。

*66 含み計算で数えているので、次行以下で述べられるように、間に四つ宮を挟んで離れた宮を指す。

*67 例えば白羊宮から始めて間に四つ宮を置く間隔だと、第二、第三はそれぞれ処女宮と宝瓶宮になる

が、宝瓶宮と白羊宮の間には双魚宮一つしかないことになる。
＊68　図表4を参照。
＊69　底本の編者は、後世の竄入と見なし、削除している。
＊70　メルクリウスのこと。
＊71　ここでキュベレーは、この女神が獅子を従えた姿で表象されたことに因んで装飾のために持ち出されたにすぎず、獅子宮のみが二柱の神に支配されるということではないと考えられる。
＊72　第一巻二七一行を参照。
＊73　第四巻七〇四行以下も参照。
＊74　以下に述べられる宮同士の関係については、図表5〜7も参照。
＊75　底本が採用する修正読み prona「傾いた」に従った。写本どおり plena と読むと、「自己愛に満ちている」となる。
＊76　四七九行以下で示される内容と比べた際の不整合から欠行が想定される。底本にある補綴案を訳出した。
＊77　アウグストゥス（オクターウィアーヌス）は、自らのシンボルとして山羊座（磨羯宮）を用いた。ただし、彼の誕生とこの星座がどう結びつくのかについては、さまざまな説がある。「訳者解説」も参照。
＊78　三分をなす宮の組み合わせは四つある（図表1を参照）。一つおきの位置で対立するのは図表中の1と3および2と4の組み合わせで、ここでは前者が問題になっている。
＊79　（巨蟹宮と磨羯宮を繋ぐ線ではなく）白羊宮と天秤宮を向き合わせる線。
＊80　天秤宮が人間の姿をしているとされているのは、天秤座がその天秤を携える人の姿と共に表象されることがあったため。なお、次の行は、その点を注記しようとした者の手による竄入が疑われ、削除すべきと考えられる。

＊81 互いに向かい合う白羊宮と天秤宮を例にとると、前者から宮一つを挟んだところにあるのは双子宮と宝瓶宮であり、これらは天秤宮の三分宮となる。他方で、後者から宮一つを挟んだところにあるのは獅子宮と人馬宮であり、これらは白羊宮の三分宮となる。

＊82 白羊宮を例にとると、その正面に位置する天秤宮から見て三分関係にある双子宮と宝瓶宮に対しては友好関係が否定される。

＊83 底本の採用する修正に従って Chelis「天秤宮（蠍の螯）」を Iuvenis「宝瓶宮（水を注ぐ若者）」に訂して読む。仮に写本どおりに読むと、天秤宮に敵対する宮は磨羯宮、巨蟹宮、白羊宮、獅子宮、人馬宮の五つになるが、続く天蠍宮の敵対宮より数が少なく、「最も大きい」という表現と食い違う。

＊84 オレステースは、アガメムノーンとクリュタイムネーストラーの子。ピュラデースは、彼の従兄弟で、共にポーキスのストロピオス王のもとで育てられて友情を結び、彼の復讐にも協力する。おそらくここで念頭に置かれているのは、エウリーピデース『タウリケーのイーピゲネイア』を基にしたパークウィウスの悲劇（『奴隷のオレステース』）だと思われる。オレステースは母殺しの罪を清めるため友ピュラデースと共にタウリケーを訪れるが、そこで捕らわれの身となってしまう。二人のうち一方を生贄に、もう一方を祖国への使者にすることが決まると、両者とも自分こそが生贄になると主張したという。この場面についてはキケロー『友情について』二四も参照。

＊85 底本は、この三行を後世による竄入と見なして削除すべきとしている。ここで話にあがっているのはピュータゴラース派のダーモーンとピンティアースのことで、シュラークーサイの僭主ディオニューシオスがピンティアースに陰謀の濡れ衣を着せ、死刑を宣告した際、ダーモーンは自身の命をかけて一時釈放の保証人となった。

＊86 ユーリウス・カエサルが暗殺されたのは、前四四年三月一五日。この年に起きた太陽の異変については、例えばウェルギリウス『農耕詩』一・四六七以下などにも記述がある。

＊87　底本に従って欠行を想定し、ハウスマンによる補綴を訳出した。
＊88　「双子宮の」は、ハウスマンによる補い。次注も参照。
＊89　このあとに、ボニンコントリウスによる「双子宮のもつ愛は大きく、調和は二倍だろう」という一詩行が六三一行として挿入されている。これは、六二九行にもともと双子宮への言及がなかったため、それを補おうという考えに基づく処理で、双子宮への言及が生じるように加えられた同行への修正案のほうが今日一般に受け入れられている。
＊90　山羊座は、半身が魚で半身が山羊。
＊91　乙女座が翼の生えた姿でイメージされたことによる。
＊92　底本に従って詩行の移動と補いを行った。「基点（cardo）」については、本巻七八八行以下を参照。四分の宮は、そのうちのどれかが基点を通るとき、他の三つも同時に基点を通る関係になっている。以下の議論からもわかるように、四分の宮が基点を通る際には基点の働きのほうが上回り、六七一―六七二行で言われていたような影響を生じる。
＊93　三分、四分、六分、衝といった関係のもたらす力は、天を運動していく中で強められたり弱められたりするが、その力の性質そのものが変化させられることはない。
＊94　本巻六九三行以下を参照。
＊95　本巻六四五―六五一行、六八七―六九〇行で述べられていた内容を指す。
＊96　「一二区分」の原語は dodecatemoria（単数は dodecatemorium で、これはギリシア語で「一二分の一」を意味する δωδεκατημόριον に由来する）。以下で説明されるその並び方については、図表8も参照。
＊97　つまり、一二の宮に分かれる黄道帯のその各宮がさらに一二に分かれることで全体と部分が相似的な関係になる。

*98 つまり、白羊宮の最初の一二区分は白羊宮自身になり、次は金牛宮、双子宮と順に割り当てられ、最後は双魚宮になる。同様に、金牛宮の最初の一二区分は金牛宮自身で、次は双子宮、巨蟹宮という順に進み、最後は白羊宮となる。

*99 わかりにくい言い方だが、月が宮のどこにあろうと経過ぶんと残りの和は三〇度になるので、要するに先に導かれた数値から三〇度を、月の位置している宮に割り当てるということ。以下の計算について、また七三二―七三四行を削除する根拠については、次のとおり。

ギリシア語の δωδεκατημόριον は、もともと「一二分の一」を意味し、したがって占星術的な文脈では単に「黄道一二宮(の一つ)」を指す場合もあるが、他にも「月の一二区分」なる黄道上の特別な位置を指すために使われることがある。その算出法は、ポルピュリオス『エイサゴーゲー』一九四(*CCAG* V 4.211)に記されており、その内容は、本巻七三二―七三四行をどう扱うべきかと関係する。

まず、ポルピュリオスが伝える手続きは、太陽から月までの距離を求め、それを三〇で割った余りを得て、そこから二と二分の一を、月の位置している宮、その次の宮、と順番に振り分けていき、数が尽きたところを「月の一二区分」とする、というもの。今、仮に太陽が双子宮の一一度にあり、月が天蠍宮の二三度にあるとすると、太陽から月までの距離は一五八度になる。これを三〇で割ると八度が余りとなる。これを二と二分の一度に分けていき、最初のものを天蠍宮に、次を人馬宮に、と進めていくと宝瓶宮で数が尽きる。したがって、月の一二区分は宝瓶宮となる。

他方、マーニーリウスの計算法だと、同様に月が天蠍宮の二三度にあるとして、まず二三に一二を掛けて二七六を得る(七二六―七二八行)(23 × 12 = 276)、そこから三〇度を天蠍宮に割り振る(七二九行)(276−30 = 246)。続けて三〇度ずつ取り去っていくと、巨蟹宮まで八回引けて、なお六度余る(七三一行)(246−8 × 30 = 6)。したがって数が尽きるのは獅子宮においてであるため、月(ないし他の惑星)が天蠍宮の二三度にあるとき、それは獅子宮の一二区分にあることになる。

底本の編者は、ここで占星術的な知識をもった竄入者がマーニーリウスの一二区分の計算法を先述のポルピュリオスのものの一部と見なし、不足している手続きを表す三行分を創作したとしている。底本の編者によると、竄入者はこの三行で七三五―七三七行を置き換えるつもりであったようだが、それらが残っているおかげで七三二―七三四行の三行が真正でないことがわかるという。

＊100　この三行は、マーニーリウスの一二区分算出法をポルピュリオスの算出法の一部と見なした後人による竄入と考えられる。前注も参照。

＊101　例えば、白羊宮の九度に月があるとすると、まず九を一二倍して一〇八を得る。この数から三〇度を白羊宮に、次の三〇度を金牛宮に、と割り当てていくと、巨蟹宮で一八度を残して足りなくなる。したがって、月の位置する白羊宮の九度は、巨蟹宮の一二区分にあたる。

＊102　これは単に、ひとたび月の一二区分が定まれば、残りの一二区分の並びは一二宮の本来の順番どおりであるということを言っているにすぎない。

＊103　同じ「一二区分（ドーデカテーモリア）」という名前で呼ばれるが、今度は宮ではなく惑星に割り当てられる分割について述べられている。二と二分の一度だった黄道宮の一二区分をさらに五等分したもので、したがって一つあたりは二分の一度になる。図表9を参照。

＊104　例えば、土星が木星の一二区分にあたった場合、土星の悪い影響力と木星の良い影響力が混ざり合うことになる。

＊105　現存するテクストには、ここで約束された説明が行われている箇所は見出されない。

＊106　「基点」と訳した原語は cardo で、観測者の位置によって固定された黄道上の四つの点を指す。これらはのちに述べられる一二位の区分の基準となる。すなわち、東の地平線にある上昇点あるいは「時の見張り（horoscopos, Hor.）」（これは後述の位そのものの名としても用いられる）、黄道帯の最頂部である天の中央（medium caelum, MC）、西の地平線にある下降点（occasus, Occ.）、最下部にあたる天の底

(imum caelum, IMC)。図表10を参照。
*107 それ自体としては動かないものである、という意味。
*108 ローマでは日中時間を一二に等分して一時間(hora)を決めたので、その計測の出発点になるため。
*109 原語はhoroscoposで、「時を見張る者」の意味。前注*106も参照。
*110 先に述べられた四つの基点によって分かたれる四分円の弧にあたる領域。図表10も参照。
*111 以下で述べられるのは「ドーデカトロポス(一二の巡り)」と呼ばれる概念。これは黄道一二宮と同じように天の周囲を一二等分した領域だが、一二宮とは異なり、観測者の位置によって確定される不動のものである。詩人はこれを表すのに「場所(locus)」や「座(sedes)」、「領域(templum)」など種々の語を用いているが、本書では「(一二)位」の訳語を用いた。各位の並びについては、図表11を参照。
*112 第一二位。ギリシア語で「悪しき霊(κακὸς δαίμων)」と称される。
*113 第六位。ギリシア語で「悪しき運(κακὴ τύχη)」と称される。
*114 第八位。
*115 第二位。
*116 第八位は第七位の上に転落しかけており、第二位は第一位から転落しかけている、という意味。
*117 ここではテューポーン(あるいはテュポーエウス)が巨人族の一人とされているが、通常は、ギガントマキアーの際に巨人たちが打ち負かされたのを見て、怒れるガイア(大地女神)がタルタロスと交わって産んだ存在とされる。
*118 第一一位。ギリシア語では「良き霊(ἀγαθὸς δαίμων)」と呼ばれる。
*119 第五位。
*120 詩人はこのように言うが、ギリシア語の「ダイモニエー」(あるいは「ダイモニアー」)という呼び名は第六位に用いられた例が少数確認できるのみで、第五位は普通ギリシア語で「良き運(ἀγαθὴ τύχη)」

と呼ばれる。

＊121　第九位。ギリシア語の名称は「男神（θεός）」。

＊122　第三位。通常「女神（θεά）」と呼ばれる。

＊123　第一〇位。

＊124　この呼び名は他では見出せず、第一〇位はギリシア語では「天の中心、天頂（μεσουράνημα）」と呼ばれる。

＊125　第四位。

＊126　この呼び名も他では見られない。第四位には「天の底（ἀντιμεσουράνημα）」という呼び名がある。

＊127　第一位。

＊128　ここで意味されているのは「輝く者」という意味のΣτίλβωνというこの位の呼称で、これはヘルメース（メルクリウス）の星（＝水星）を指すのにも使われる。

＊129　第七位。

＊130　ギリシア語のプルートーンで、冥界の神。

＊131　現存するテクストには、これに相当する箇所は残されていない。

＊132　マーニーリウスがここまで述べてきたのは一二位のうち、最後の四つ（九一八行以下）を独立した位ではなく基点に言及したものと解釈した後人が、この三行を挿入したと考えられる。

第三巻

序歌

新たなる主題に奮起して、力量以上の事柄に挑み、
人跡未踏の山路（やまみち）に果敢な歩みを進める者を
導きたまえ、詩女神たちよ。あなたがたの領野を拡げて
未知なる財宝を詩の中に引き入れることが私の目標だ。
私は語るまい、天界を滅ぼそうとして生じた戦争や、
雷火を浴びて母の胎内に葬（はぶ）られた子供たち[*1]、
王侯の団結や、トロイア落城の折に、
茶毘に付すべく購（あがな）われたヘクトール、その屍を運ぶプリアモス[*2]、
不埒な恋のために父の王国を売るコルキスの女〔メーデイア〕や、
引き裂かれたその弟〔アプシュルトス〕、竜の牙から収穫された戦士たち、　10
雄牛の吐く恐ろしい炎に、不寝番の竜、
老年の若返り、金糸の衣裳から立ち昇る毒焰（どくえん）、
非道に生まれ、なおいっそう非道に殺された子供たち[*3]のことは。
多年にわたる戦争で猛威をふるったメッセーニア人[*4]のことはもとより、
七人の将帥も、雷によって火の手から守られた

テーバイの城壁も、かつての勝利ゆえに敗れた都のことも歌うまい[*5]。
また、父の兄弟であり母の孫となった者たち[*6]のことも、
食卓に供された息子たち、踵(きびす)を返す星辰、
姿を晦(くら)ました太陽[*7]のことも、また洋上に宣告されたペルシアとの戦争や、
大艦隊に覆い隠された海原、
20　陸地に入り込む航路、洋上に拓かれた道[*8]のことも歌うまい。
歌うためには出来事そのものより長い時間を要する
大王の業績も語るまい[*9]。ローマの民の濫觴(らんしょう)、
都市から輩出した数々の将と、それに並ぶ数の戦争と平和、
そして世界が一つの国民の法に服したことは
今は措く。順風に帆を信(まか)せるのは、
多彩な技術で土地を耕すのは簡単なこと。
また金や象牙で飾りをつけるのも、ありのままの素材自体が
輝いているのだから造作ない。見栄えのよい題材で詩を作るのは、
単純な作品を組み立てるのは凡庸なこと。
30　それに対して私は、数字や馴染みのない名前の事柄、
時間、さまざまな巡り合わせ、天の運動、
宮の交代、それらの部分に含まれるさらなる部分と格闘しなくてはならない。

40

知るだけでも手に余ることを語るのはどれほどのことか。
ふさわしい詩で語るのは、一定の詩脚で繋ぎ合わせるのはどれほどのことか。
誰であれ私の企てに耳目を向けうる者は、
ここに来て真実の言葉を聴くがよい。
しかと心を集中させよ。甘美な詩歌は求めるな。
事柄そのものが、伝えられることに満足して虚飾を拒む。
もし何か異国の言葉で語られる名前があっても、
それは詩人ではなく題材のせいだろう。すべてを翻訳することはできないし、
本来の言葉のままに記されるほうが望ましいものもある。

一二の役

さあ今は、細心の注意を払って最も重要な事柄を見定めるがよい。
もしこの事柄が鋭敏な感覚に刻まれ揺るがぬものとなったならば、
あなたはそれを手引きに格別の利益を得、
この技術〔占星術〕における運命を知るための確かな道を手にするだろう。
秘められた事物の始原にして番人たる自然は、
宇宙の城壁の内にこれほどの構造物を組み上げ、

ちょうど中心に浮かぶ地球のまわりに
星々を鏤(ちりば)めて囲いを作った。そして、相異なる諸器官を　50
確たる秩序に従って繋ぎ合わせて一体となし、
大気と地、炎、そして揺蕩(たゆた)う水が、
お互いの糧(かて)を提供し合うよう命じた。
そうして、かくも多くの争い合う原理が調和に統(す)べられ、
宇宙が相互の連携に束ねられて揺るがぬものとなるようにした。
そのとき、この計らいから外れたものが何も出ないように、
また天に由来するものが天それ自身によって支配されるようにと、
自然は人間の生や運命さえも星辰に依存させ、
それらが人の仕事の精髄やこの世の栄誉と名声を司り、
決して倦むことなく飛び続けるようにした。　60
宇宙の中心部分に配されて、いわばその心臓部を占め、
太陽や月や惑星の先を行ったり
あとを行ったりするこれらの星々[*10]に
自然は支配権を授け、一つ一つに
固有の役割を賦与して、それらすべてのうちに人の世の一切を取り決めた。
かくて、運命の理法はあらゆる場所からこの一箇所に集約された。

すなわち、あらゆる種類の事物、あらゆる労苦、
あらゆる仕事と技術、人の生のあらゆる場面で起こりうる事件——
自然はこれらを役[*11]によって包括し、
天に据えた〔一二〕宮と同数に分配して、　70
それぞれに決まった順番と務めを割り当て、
宮の内に人間の財産の一切を
決まった順序で並べ、隣り合う宮の間で
ある部分が常に同じ部分と接し合うようにした。
自然は一つ一つの宮にこうした仕事の役を配置したが、
それは、これらが天に渝(か)わることのない位置を占め続け、
同じ場所を起点にして人間の誕生すべてに
等しい影響を及ぼすようにではなく、むしろ誕生の時に従って
然るべき座を獲得し、宮から宮へ移り変わって、
それぞれの役のあたる宮が時に応じて異なるように行われた。　80
かくして、誕生星位は黄道帯のうちに新しい形式を得た。
とはいえ、不規則な運動が全体を混乱させることはなく、
これらの仕事のうち第一の役にあたるものが
誕生の時に然るべき座を獲得するや、

残りのものもそれに従い、後続の宮に据えられることになる。
先頭のあとには整然たる行列が、〔一二宮の〕環を一周するまで続く。
こうした人事の諸相——そこには運の総体が余すところなく
蔵されているのが見られるだろう——が一二宮に配されると、
七つの惑星の運行がそれらに害や益をもたらしたり、
また神的な力が基点を介して天を動かしたりするのに応じて、[*12]　90
それら〔役〕の一つ一つに禍福の運命が訪れる。
この労働の役は斯様（かよう）なものと心せよ。
私は、これらすべてを慣わしどおりの順序で歌い、
その呼称と事業の特徴を記して、
仕事の配置や名前、種類を明らかにしなければならない。
　第一の役は運の女神（フォルトゥーナ）のもの。
この役に占星術がそうした名前を認めるのは、
その内に家の最大の基礎と家に関する一切が含まれているからだ。
奴隷や農地の数量がどこまでなら許されるか、
どれほど大きな建物を築くことが許されるかは、　100
輝く空の惑星の調和に左右される。
この次には軍務の役がある。ここには何であれ戦に関すること、

外国の都市の間を行き交う人々の身によく起こることが
同一の呼び名のもとにまとめられる。
第三の役は都市での労苦に関係すると見なすべきもので――
これもまた軍務の一種であり、市民の活動によって成り立つものだ――、
信義に基づく紐帯を受けもつ。
この役は、惑星が特定の配置について天が調和を見せるとき、
友情や、往々にして空しく潰(つい)える奉仕を生み、
献身にどれほどの報酬が与えられるかを教えてくれる。　110
第四の役に自然が据えたのは、裁判の仕事と法廷(フォルム)での命運。
すなわち、滔々(とうとう)と語る弁護人や、
語る者の弁舌に身を任せてその唇を恃(たの)みとする被告人、
また、わかりにくい法を民衆に解き明かし、
真実の裁定者としてほかならぬ真実だけを顧慮して、
諍(いさか)いを己の頭脳で吟味しつつ解決する者だ。
法律の提案にあたって雄弁が果たす仕事はすべて、
この一つの役に集中し、
支配的な惑星の命じるままに服従する。
一二宮の内なる第五の役は、結婚に捧げられていて、　120

130

身内の間柄を取り結ぶ。そして、ここには客人の誼（よしみ）を結ばせて
相似た友人同士を繋ぎ合わせる紐帯も加わる。
第六の役には豊かな富が属し、
それに財産の安全が加わる。前者は資産がどれほどになるか、
後者は資産がどのくらい長く続くかを、
惑星と一二位がこの役の力に及ぼす影響や支配に応じて告げ知らせる。
第七の役は、もし一二宮に配された惑星が悪い力を加える場合には、
酷い危険を伴う恐るべきものと見なされる。
第八の役を握るのは身分の高さ。ここには名誉ある地位、
名声の限度、高貴な血筋、華やかな装いに彩られた人望が
存している。第九の役は、子供たちの
不確かな運命のすべて、父親の抱く心配、
幼子の養育にまつわる雑事全般を司る。
これに隣接する〔第一〇の〕役は、生の営みに関係する。
我々の性格が由来するのもここであり、各家庭が
どんな規範に従って形成されるか、いかにして奴隷たちが
決まった手筈に従って各自に定められた仕事へ向かうかもここに存する。
第一一の役は特別な任務を割り当てられていて、

我々の身体のすべてとその力を支配する。
140 体調はここに左右され、惑星が天に及ぼす影響に応じて
病から免れたり、病に圧せられたりする。
治療の時期や種類を担当し、
手当や、生命を救う薬液の調合に
好機となる場所は、ここを措いて他にはない。
順序に従って全体を締めくくる最後の役は、
目標の獲得に与(あずか)るもの。それはあらゆる願いの成就に関係し、
各人が自らとその身内のために企てる
努力や技術が無駄にならないようにする。
あらゆる指図に唯々諾々と従って奉仕するにせよ、
150 法廷で訴えを起こして苛烈な諍いの決着を試みるにせよ、
はたまた好機を海に求め、風に乗ってこれを追いかけるにせよ、
たっぷりの収穫をもたらして投資したぶんを上回る穀物と
豊かな果汁の溢れる葡萄を得ようとするにせよ、
一二宮の内を巡る惑星がよい配置にあれば、
その日や時はこの役において与えられるだろう。
善悪両方に及ぶ惑星の力についてはのちほど、その作用を

明らかにする際に、決まった順序で語るとしよう。[13] しかし今は、
ややこしい話で読者を混乱させないように、
簡潔な要点を述べるにとどめておけば充分だ。

第一の役の見つけ方

160 さて、一定の環をなして並べられた役と、その名前、
その力のすべてを順番に検討し終えたので――
世のあらゆる労働を一二の種類と部門に分割して
包括するこれらのことを、ギリシア人は「アートラ」と呼んでいる――[14]、
今度はこれらが任意の時にどの宮に取りつくのかを歌わねばならぬ。
というのも、それらは不動の座に就いたりはせず、生まれ来る者全員に対して
同じ星を維持するのでもなく、むしろ時に応じて宿る先を変化させ、
一二宮の環の内をあちらこちらへ移動し、
しかもそれでいて一定の順序が保たれるからだ。
それゆえ、もし宮にそれぞれの役を割り振ろうとするならば、
170 形式を誤って誕生星位が変わってしまわないように、
一二宮全体の中に運の女神（フォルトゥーナ）の場所〔第一の役〕を探し求めよ。

これは労多き役のうち最初に述べられたもの。
これを確実な方法で見つけ出したら、
あとに続く宮に残りの役を、先に述べた順番で
連ねていくがよい。そうすると、それぞれが然るべき座を占めるようになる。
それでは、運の女神(フォルトゥーナ)の役を求めるにあたって惑わぬように、
二つの方法[*15]でこれを確実に捉えたまえ。
誕生の時を把握して、天の配置が確定し、
惑星を宮に位置づけ終えたら、
天に昇る太陽を捉える基点〔上昇点〕か
太陽を波に沈める基点〔下降点〕より高いところに太陽がある場合には、
その出生を昼のものと確定できよう。
他方、もし太陽が下方の六つの宮の内に――
世界を左右から支える基点より低いところに――
輝くならば、その出生は夜のものとなるだろう。
これらの違いをはっきりと理解した上で、
もし恵み深き太陽が子を受け取った場合であれば、
太陽から月に向かって順番に宮の角度を算(かぞ)え、
それと同数を、天の星々の適切な分割に基づいて「時の見張り」と呼ばれる

190
東の基点（上昇点）から引くがよい。
そして、その数の至る宮を
運の女神（フォルトゥーナ）へ割り当てよ。それから残りの役を
所定の順序で後続の宮に連ねていくがよい。
他方、夜の帳（とばり）が下りて漆黒の翼が世界を覆う時に
母の胎から生まれた者があれば、
自然の順序が変わったのと同様に計算方法も変えること。
この場合には、兄なる太陽（ポエブス）の光を模して
自身の時なる夜を治める月（ポエベー）を注視せよ。
太陽が月から離れているぶんの宮と角度を
輝く「時の見張り（フォルトゥーナ）」から数えなくてはならない。　200
ここが運の女神の占めるべき場所となる。そしてそのあとには
残りの役が、自然の序列に従って配されたとおりに続いていく。

「時の見張り」の見つけ方

さて、あなたは次のように問うかもしれない（これは冴えた知力を要する課題だ）、誕生の瞬間に、地下に沈んだ天から地上に昇りつつある、

その人の「時の見張り」をどうすれば描き出せるのか、と。
これを精緻な計算で見極めて捉えることなくしては、
この技術〔占星術〕の基礎は崩れ、秩序に狂いが生まれてしまう。
というのも、全体を左右する基点が誤っていては、
天の様相も偽りとなり、誕生星位も確立できず、
210
位のずれによって星々の配置も歪んで変化してしまうから。
しかし、これは重要であるだけに骨の折れる問題なのだ、
一二宮に沿って休みなく動く天空が
撓(たわ)んだ弧を辿り周回するさまを
描き出すこと、その正確な様態を示すこと、
かくも巨大な機構のきわめて小さな一点を捕捉することは。
すなわち、どの角度が上昇点を、あるいは天の頂の
〈高みを占めるのか、あるいは海の波に浸った〉
下降点を獲得するのか、あるいは天球の底辺に座するのかを知ることは。

「通俗的計算法」の棄却

さて、私は世に流布した計算手順を知らないわけではない。
すなわち、昇り来る宮に二時間ずつを割り当てて、

220
一定の間隔で宮を均等に分割するやり方だ。
この手順では、太陽の周回が始まった角度から
時の計算は出発し、ほかならぬ誕生の時に到達するまで
〔時間の〕総数を各宮にあてがっていき、
それが停止したところが昇りの宮と呼ばれることになる。
けれども、一二宮の環は斜めの円をなして広がっており、
節目[*16]に対する遠近に従って、
身体を傾けて昇る宮もあれば、
もっとまっすぐな格好で昇る宮もある。
巨蟹宮はなかなか昼を終えず、冬〔磨羯宮〕は昼の再開を焦らす。
230
太陽の描く円は夏に長くなるぶんだけ冬には短くなり、
天秤宮と白羊宮は夜と昼を等しくする。
このように中間の宮は末端の宮と[*17]、下端の宮は上端の宮[*18]と対立する。
夜の時間も昼の時間に劣らず変化するが、
月を反対にするだけで同じ規則が成立する。[*19]
これほどに時間が異なり、昼と夜の量が変化するのに、
すべての宮が天の一様な規律に従って
上空に昇ってくるなどと誰が信じられようか。

それに加えて、一時間の長さも一定ではなく、
どんな時間もその翌日の時間とは異なっていて、
240 日中時間の総量が変動するのと同じく、その部分たる時間も増減する。
しかし、太陽がどの宮の中を動いているにせよ、
六つの宮が地上に出ている以上、他方の六つは地下にある。
したがって、すべての宮が二時間かけて昇るということはありえない。
なぜなら、もしも一二時間が日中全体にあてられるとすれば、
時間同士が食い違い、その長さが狂ってしまうから。
この一二という数は、計算上は要求されても、実践上はあてはまらない。

正しい方法

真理への道筋となってくれるのは、次の方法を措いて他にないだろう——
すなわち、昼夜を均等な時間に計り分けた上で、
季節に応じたそれらの変化がどれほどの範囲に及ぶかを知ること、
250 そして何よりもまず、増減しつつ昼夜を釣り合わせる
時間の正確な基準を作ることだ。
そのような時間が成立するのは、天秤宮において夜が昼を上回り始めるとき、
あるいは〔白羊宮の〕春の最中に夜が昼に屈し始めるときだろう。

271 267　264 270　268 263　260

実際、ただそのときにのみ、昼と夜は等しく一二時間の時をもつ——
これは太陽が天の真ん中[*20]を通るからだ。
太陽が冬の寒さをくぐって南へ遠のき、
二つの姿を併せもつ磨羯宮の第八度に輝くとき、
そのとき昼は縮まって春分時を基準に九時間半となり、
他方の夜は、昼のことを忘れてしまって、
一四時間に増えた上で、数が不足せぬよう半時間を
付け加える。このように、自然が形作った総数は
一二時間ずつ二つに分かたれて、再び合わさり完全な数に戻る。
ここからは、夜は短くなっていき、昼の時は増えていく。
昼と夜は、宮に沿って一方はあちらへ、他方はこちらへ
決まった歩調で押されつつ——その歩調の計算は技術によって
明瞭にまとめられており、この詩の中の然るべき箇所に現れるだろう[*21]——
燃え上がる巨蟹宮とぶつかるまで続いていく。
そこに至ると、昼夜は役割を反転させ、冬の時間に変化していく。
昼が夜を、夜が昼を
冬の長さに戻していき、優位に立つ時間が交代する。
この数値は少なくとも、

280

夏の奔流で水嵩の増したナイルが潤し、
天の惑星の数と同じ七つの流路と
海を追い立てる河口を通じて水迸（ほとばし）らせる地域におけるものだ。[22]
さあ今度は、宮がどれほどの区画、[23] どれほどの時間をかけて
昇ったり沈んだりするかを鋭敏な心で知るがよい、
短い言葉のうちに大きな益を見逃すことのないように。
すべての宮を従える名高き白羊宮は、
上昇には四〇区画を、下降にはその倍を費やす。
そして、昇る時には一時間とその三分の一を要し、
沈む時にはそれを倍にする。それから、その他の宮は、
地上へ昇る時には八区画ずつ大きくなり、
冷たい影の中に沈む時には同じだけを失っていく。
宮あたりの上昇の時間は、四分の一〔時間〕と
さらにその一五分の一が加わった量だけ増えていく。[24]
天秤宮に至るまでの宮の上昇に際する増加ぶんは
上記のとおり。地下に沈む時には同じ量が
奪い取られる。そして天秤宮からは、順序こそ変化するが
分量は等しいまま、時間の順を反対にして

元に戻っていく。つまり、天秤宮は、　290
白羊宮が昇るのに要しただけの区画と時間をかけて下降し、
沈みゆく白羊宮が下降に要するだけの
区画と時間をかけて上昇する。
残りの宮も順番を逆にして次々に続いていく。
こうした基礎を注意深い心で確かなものにしたら、任意の時に
どの宮が「時の見張り」にあたるかを知るのはたやすかろう。
何となれば、一定の時を費やして昇る宮を数えること、
それらを然るべき時間数に振り分けることが可能になり、
その結果、先に私がその総計を与えた区画に従って、
太陽の位置する宮から計算を導き出せるようになるからだ。　300
　しかしながら、昼と夜の長さは地上のどこでも同じであるわけではなく、
〔宮が昇る〕時の量の変わり方も同じではない。
原理は同じでも分量が異なっているのだ。
実際、プリクソスゆかりの宮[*26]〔白羊宮〕の羊毛や、誠実な螯(はさみ)と
公正な天秤[*25]の針が通るところでは、
すべての宮が二時間ずつかけて昇る。
この場所では、天球は真ん中を垂直に断ち切られ、

水平になった軸の上を一様に巡っていくからだ。[27]
310 ここでは暗い夜が昼と途切れることのない平和を
結び合い、時は平等な条約の下にある。
天が装いを変えて見た目を欺(あざむ)くこともなく、
いついかなる時も同じ長さの夜が続く。
すべての宮が同じ秋分、同じ春分に与(あずか)るが、[28]
これは太陽が偏りのない道を行くことによる。
またその場所では、太陽がどの宮を駆けるのか、
岸辺に棲む蟹〔巨蟹宮〕を焦(こ)がすか、その反対〔磨羯宮〕にいるかは重要ではない。
[また中間の宮〔白羊宮、天秤宮〕か、それら四つの間の宮なのかも。[29]]
なぜなら、斜めに傾いた一二宮の環を
内に収める三つの環[30]が
320 垂直に頭上へ昇り、また垂直に大地へ降って、
それぞれが一様な間隔をあけて弧を描きながら経巡り、
きれいに二等分された天球の半分が隠れ、もう半分が現れているからだ。
ところが、ひとたびそうした地域から離れ、
撓(たわ)んだ大地の斜面に足を踏み出して
軸の端へ歩みを進めていこうものなら――

330
この大地は、自然の手によりなだらかな地表をなす球形に丸め上げられ、
宇宙全体の中心に吊り下げられているのだが、[31]
それゆえにこの丸みを帯びた球面を登る時には、上昇すると同時に
下降することにもなり、大地の一部が去ると
別の一部が戻ってくることになるだろう。だが、地球の傾きを大きくすると、
それだけ翔けゆく天の位置取りも傾斜を大きくしていき、
今まで垂直な道筋で昇っていた星々は
曲がった軌跡を描いて上空へ昇るようになるだろう。
そして、それまで天を端から端に横断していた黄道帯は
斜めの円を描くようになるだろう。その位置は同一のままだが、
我々の居場所が変わるからだ。そのため、計算上は時もまた
変動し、そうした地域では昼の長さが
さまざまに異ならざるをえない。これは、傾いた配置のために
340
斜めになった星々の描く軌跡が短くなり、[32]
宮によって沈む場所が遠かったり近かったりするからだ。
〔宮が姿を見せる〕時間の長さは距離に応じて変わる。
我々の最も近くで昇るものは天に長大な弧を描いて姿を現し、
最も離れたところに輝く宮は速やかに闇の中に沈んでいく。

そして凍てつく熊たちのほうへ近づくにつれ、
冬の宮〔人馬宮、磨羯宮〕はますます視界から逃げていき、
昇るや否や沈んでしまうだろう。そこからさらに遠くへ進むと、
それらの宮は一つまた一つと完全に隠れてしまい、
三〇日にわたる途切れのない夜を続け、
同じ日数の昼を取り去ってしまうだろう。このように、
350 星々が距離を拡げて逃げていくのに従って、
昼の長さは短くなり、その時間は摩耗して次第に消えてしまう。
そして時が段階的に取り去られていくにつれて、
大地の膨らみに阻まれて見えなくなる宮の数も増えていき、
それと共に太陽も姿を消して、夜の帳が織り上げられるだろう。
そして、ついには数ヵ月が奪い去られて一年が弱体化するに至る。
だが、もし頑丈な造りの凍てつく軸が支える天極の下、
融けることなき氷雪に覆われた地域を、
リュカーオーンの娘[*33]の俯いた身体を見上げる
凍えた地域を越えて進むことを自然が許すなら、
360 天は直立して見え、独楽のように
垂直な回転軸に従ってその側面を経巡らせることだろう。

370

そこからは斜めの弧をなす宮が六つだけ見えるだろう。
それらは傾いた曲線を描いて丸い天球に追従し、
決して我々の視野から逃れることはない。
この場所ではどこでも六ヵ月の間が一つの昼であり、
半年間にわたって途切れることなき光が続く。
太陽がこの六つの宮の内を駆ける間中、
決して沈むことがなく、
直立した天球の周囲を飛び廻ることになるためだ。
だが、ひとたび太陽が中央の環〔天の赤道〕を超えて足早に下降し、
もっと低い星々を目指して車駕を下方へ向かわせ、
前のめりに惜しみなく手綱を緩めて繰り出すや、
天極の下では同じだけの月〔六ヵ月〕にわたって
一つの夜が闇を連ねるだろう。まっすぐ伸びる視線は
天球をぐるりと巡ることができず、半球の範囲にしか及ばないため、
極点から眺める人の目には、丸い天球全体の半分が見えていて、
下方の半分は隠れているからだ。
それゆえ、沈んだ六つの宮を太陽（ポエブス）が運行している間、
日輪は地球の極点から眺める者の目を逃れ、

380 同時に〔北半球の〕宮から光を奪い、闇を残していく。
太陽が出発までに過ごしたのと同じだけの月数をかけて帰還し、
二頭の熊の下へ昇ってくるまでこの状態は続く。
この場所〔両極地〕は、大地の半球双方で
一年を一つの昼と一つの夜に分離する。
　さて、時間の変動の仕方とその原因がいかなるものかは
語り終えたので、今度は、各地点で
宮がどれほどの時間をかけて上昇し下降するかを知るがよい。
上昇する宮の正確な角度を捉えれば、
不確かな計算で間違いを犯して「時の見張り」を見失うこともないだろうから。
390 以下の教えは、一定の規則に従ってすべての場合に手本とされるべきものだ。
なぜなら、かくも変動の仕方を異にする宮の一つ一つを、
そのそれぞれの時間や度数に従って正確に記述するのは不可能だから。
私の敷いた道を行くがよい。そして各自が自分の目的に応じてそれを辿り、
自らの足で進むこと。私にはその技術を負うがよい。
この計算を行う人が地上のどの部分にいるにせよ、
巨蟹宮の下で夜が最も短くなり昼が最も長くなる時の
正確な昼夜の時間を導き出すがよい。*34

413 410 408 412 411 407 400

そして、その昼の時間の総量がいくらになろうとも、その六分の一を
巨蟹宮のあとに続く獅子宮に割り当てよ。[*35]
他方、夜の長さも同様の方法で
同数〔六つ〕に分割しなくてはならない。
そして、その一つぶんにあたる時間が、背面から昇ってくる
金牛宮の上昇に割り当てられることになる。[*36]
この金牛宮の上昇時間と、ネメアの獅子〔獅子宮〕の有する時間との
間に生じる差を三等分にするがよい。[*37]
そうして三つに分けたうちの一つを双子宮に与えよ。この宮はそのぶんだけ金牛宮の
時間を上回ることになる。そして同量を巨蟹宮に、また獅子宮に追加せよ――
ただしこれは、それらの宮が前の宮の総計を損なうことなく保存して
新たに増大していくという規則に従う。[*38]
かくして計算は、今しがた時間を分割してネメアの獅子が引き受けた
先ほどの総計に至るだろう。[*39]
処女宮はそこから同じだけの時間を増やして進み出る。[*40]
このような割合で宮の時間は螯〔天秤宮〕に至るまで増えていき、
天秤宮からは同じ割合に従って減っていく。
そして、上昇するのに要する時間の多寡に相反して、

宮が闇の中へ沈んでいくのにかかる時間は変化する。
以上に述べた時間の計算が行われるべきは
〈一二宮の環の中。今度は次に述べる計算に労力を傾けよ、〉
すなわち、各宮が昇りと沈みにどれだけの区画を要するかの問題だ。*41
この区画は四〇〇と三〇〇に二〇を加えた数〔七二〇〕から成っている。
420 太陽が天の頂で夏至にさしかかる時に、
〔一日の〕全時間のうちから真夏の夜として
差し引かれるだけの割合がその全体から取り去られる。*42
取り去った残りを等しく六つに分け、
その一つぶんを輝く獅子宮に与えよ。*43
他方、金牛宮にあてられるのは、
夜に相当する数の六分の一となろう。*44
そして、前者〔七五〕から後者〔四五〕を引いてなお残り、
二つの数の間に入る差分〔三〇〕のうちの
三分の一〔一〇〕を金牛宮の数に足したもの〔五五〕が
430 双子宮に与えられよう。そして残りの宮は、常に前の数を保った上で
同じだけの増益を得て進んでいき、
隣の宮の総量に新しい施しを加えて増やしていくだろう。

440

これは公正なる天秤宮に達するまで続き、
そこからは白羊宮に至るまで同じ割合で減少する。
そして、どの宮も去りゆく際には
先ほどと同じ分量を反対の順番で得ては、また失っていく。
この方法に従えば、区画の総量を定めて
すべての宮の上昇を計測することができるだろう。
ひとたび以上のことを適切な時間の計算によって正しく捉えれば、
いかなる地域においても「時の見張り」を見誤ることは決してないだろう。
太陽の占める角度を起点として、個々の宮を
正確な時に基づいて計測できるのだから。

昼夜の時間の変化

さて今度は、冬の月の間に日の長さがどんな分量で増加するかを教えよう。*45
というのも、冬の月は、昼夜を同じ軛(くびき)に繋ぐ
白い毛皮の白羊宮に至るまで、
すべての宮を通じて均等な歩調で進むわけではないからだ。
この計算は重要だが、手短に教えなくてはならない。
まずあなたが把握すべきは、

磨羯宮が過ごす最小の昼と最大の夜の長さだ。[*46]
450 夜が度を越えてまさり、昼が失う時間の
三分の一[*47]が、常に真ん中の宮[*48]に
与えられなくてはならない。真ん中の宮はこの分量を保持しつつ、
その半分だけ最初の宮〔磨羯宮〕にまさり、また最後のもの〔双魚宮〕には
凌がれる。[*49]このようにしてすべての時を分割せよ。
これら三つの宮のそれぞれが得る増収は以上のとおり。ただし、最初のものと
二番目のものを足した合計が、あとに続く宮に加えられることになる。[*50]
かくして、もし真冬の夜が昼より
六時間長いとすれば、磨羯宮は半時間だけ昼を長くし、
宝瓶宮は自分本来の時間〔一時間〕を過ごした上で
460 先立つものの全部を加え、[*51]
双魚宮は先立つものに割り当てられただけの時を
自分自身に付け足して
三時間を満たし、[*52]春の季節に白羊宮が
昼夜の時を釣り合わせるようにする。
分割された時の増加は六分の一[*53]〔二分の一時間〕から始まり、
次の宮はその量を三倍にし〔一と二分の一時間〕、

467 最後の宮は前から受け取った量を二倍にする〔三時間〕。
473 かくして昼には本来の総量が戻り、夜は借りていたぶんを返して均等になる。
474 そして今度は夜が自身の持ち分から昼に時間を譲り渡していくが、
468 その際の法則は先ほどとは正反対になっている。
すなわち、白羊宮は、先に双魚宮が自らの名のもとに
470 取り去ったのと同じだけの時間〔一と二分の一時間〕を夜から差し引き、
金牛宮には一時間が与えられ、最後に双子宮はそこまでの減少ぶんに
472 さらに半時間を付け加える。このようにして最後の宮が
475 最初の宮に照応し[*54]、同じくそれらに接して輝く宮も[*55]、
またその真ん中にある宮も[*56]等しい資力をもつものと見なされる。
[これらは〔昼夜の〕時間の差異に最大の変動をもたらす。]
こうした順序で夜は真冬の宮から減少する一方、
昼は長くなっていく。そして一年の環は巡って、
480 ついには遅き[*57]巨蟹宮の下に夏至が訪れる。
このとき夜は冬至の昼と等しく、昼は〔冬至の〕夜と等しくなり、
それまでに増えてきたのと同じ仕方で変動しながら戻っていく。

もう一つの方法（＝棄却したはずの「通俗的計算法」）

　さらにまた、次に述べる方法でも、任意の時に海から上がり
地上に戻って姿を現す宮を導き出せるだろう。
昼に「時の見張り」を求める場合には、その時が昼の何時であるかを
確認するがよい。次にその数を一〇倍にして、
さらに同量を五回追加せよ。[58]
何となれば、天の宮はどんな一時間にも
五の三倍の角度だけ上昇するからだ。[59]
数が定まったら、一二宮の中で太陽が通り過ごしたぶんの角度を
付け加えるのを忘れてはならない。[60]　490
この合計から、まずは太陽の輝いている宮へ、
次いで太陽のあとに続く他の宮へと、
三〇度ずつ各宮に割り当てていくがよい。
そして、その数が尽きて止まる宮、
もしくはその合計と名前を手放す角度が、
明かりを灯して昇ってくる（「時の見張り」の）角度であり宮となるだろう。[61]

＊　＊　＊　＊　＊[62]

……角度が含まれることになる。総数が得られたら、
その数がなくなるまで、そこから各宮に三〇度ずつ与えていくがよい。
宮の内でその数が尽きた角度こそが、
その人の身体と生まれを同じくし、
暗中に地上を眺めた角度だと考えてよい。
このようにして、あなたは動きの速い星々の中に
天の誕生と「時の見張り」の確かな昇りを探し求めねばならない。
かくして、第一の基点が確証をもって定まれば、
高い天の頂や素早い沈みの位置を見誤ることもなく、
最下部には天の基礎が鎮座して、
［惑星の昇りと沈みが正確に定まり、］
宮は然るべき役と力に落ち着くことだろう。

500

時の支配

さて今度は、宮それぞれに特別な時期を割り当てよう。
一二宮はそれぞれに特有の年や月、

510

日や日々のうちの時間にも振り分けられており、
それらの時期一つ一つのうちに格別の力を発揮する。
〔生涯の〕最初の年は〔誕生時に〕太陽が輝いた宮に属すが、
これは太陽が天を巡るのに一年の時を費やすことに因む。
次の年、またその先の年々は続く宮に従属する。
月は、一ヵ月でその道程を終えることに因み、〔暦の〕月々を与えてくれよう。[*63]
「時の見張り」は〔生まれた〕最初の日と時間を自らの庇護下に置き、
残りは後続する宮に委ねる。
このように、自然は年と月と日に加えて時間までもが
宮の内に算(かぞ)えられるように定めた。
そうして、すべての時期がすべての宮に分けられ、
宮の交替に応じて動向を変化させ、
円を描いて経巡る各宮の移り変わりに従うようにした。
それゆえ、歳月のうちに森羅万象はかくも錯綜する。
禍福は絡み合い、願いがかなえば悲涙があとに続く。
運は移ろいやすく、その進路は一定に保たれない。
運はかくも混沌たる様相で流転し、どこにもとどまることはなく、
あらゆる人のあらゆるものを変化させるので信用できない。

530
どんな場合にも、ある年が他の年に、ある月が他の月に
一致することはなく、日でさえも常に異なっていて同じものは存在せず、
去りゆく時間はどんな時間とも違っている。
これは、速やかに過ぎる歳月をなす各単位に分割された時が、
それぞれに固有の宮に従属しつつ相異なっているから、
またそうして生物の生の巡り合わせを、
自らも移り変わりつつ我々のありようを変化させる宮に対応させるからだ。
　他方、次のように考える人々もいる——昇り来る天の縁にあたる宮から、
すなわち一日に時間を割り当てる起点となることに因んで
〔占星術の〕創始者たちが「時の見張り」と呼ぶ宮から
540
時と宮にまつわるあらゆる種類の計算が行われ、
年と月と日と時間が一つの源から始まり、
後続する宮に委ねられていくほうがよいとされる。
その説に従えば、すべての時について出発点は共通だが、
交替の仕方は異なっている。その周期には遅いものもあれば
速いものもあるからだ。時間は一日に一度ずつすべての宮を訪れ、[*64]
日は一月に二度ずつ、月は一年に一度ずつ、
そして一年は太陽が一二回経巡って一度ずつ訪れる。

たやすいことではない、これらすべてが同じ時に合わさって、
一つの宮に等しく月と年と
〈日と時間が一度に集まるのは。周期それ自体のうちに不和があるのだ。
しばしば、穏やかな宮の年を授かった人が〉[65]
550 より苛酷な宮の月を過ごすことがあり、
月がより幸いな宮にあっても日の宮が不吉なこともある。
日の巡り合わせが好ましくとも、時間がより厳しいこともある。
それゆえ、これらのうちのどれ一つとして自分だけを頼りにすることは許されず、
年が宮にのみ、月が巡りゆく年にのみ、
日が月にのみ、すべての時間が日にのみ依拠するのも許されない。[66]
何となれば、あるものが急いで追い越す一方で別のものは遅れをとり、
またあるものの数が他のものに及ばないこともあれば近づくこともあり、
代わる代わる離れたり戻ったりしつつ、日々の配分が変動する煽りを受けて
時は乱され、他の時によって変化させられるからだ。[67]

宮の配分する年数

560 さて、一つ一つの時期について、任意の時に

570

どんな種類の生が訪れるのか、またそれぞれの年や月、日や時間が
どんな宮に属するのかを教えたので、
今度は人の生涯の総量に関係するもう一つの計算法を語らねばならない。
すなわち、それぞれの宮がどれほどの年数を授けるとされるかの計算だ。
一二宮の内に生の終わりを探求する場合、
あなたは必ずこの計算を考慮に入れ、その数に注意せねばならない。
白羊宮は一〇年と、一年の三分の二を与えるだろう。
牡牛〔金牛宮〕よ、あなたはさらに二年を付け加えて白羊宮にまさるが、
同じぶんだけ双子宮には引けをとることだろう。
次いで蟹〔巨蟹宮〕よ、あなたは一六年と三分の二年、
そしてネメアの獅子よ、あなたは一八年と三分の二年を与えるだろう。
エーリゴネー〔処女宮〕は一〇年を二倍に、三分の一年を二倍にし、
天秤宮の年数が処女宮を超えることはないだろう。
天蠍宮の賜物は獅子宮が授けるものに等しく、
人馬宮の恵みは巨蟹宮のそれと同じになるだろう。
山羊〔磨羯宮〕よ、あなたは、もし四ヵ月が足されたならば一五年を
与えることになるだろう。宝瓶宮は四年を三倍にし、
さらに生を八ヵ月だけ延長するだろう。

580
白羊宮に境を接する双魚宮は、年数の配分の点でもこれに並び、
太陽の巡り一〇回分と八ヵ月を割り当てるだろう。[68]

一二位の配分する年数

だが、寿命を求める際に計算を見誤らないためには、
各宮に定まった年数を知るだけでは充分ではない。
天の場所と位[69]は自らの務めを弁(わきま)えており、
惑星の並びがよい場合には、
各々の分配する数量にはっきりした違いが生じる。
だが、今は一二位のもつ権能だけを歌うとしよう。
それらの力の混合を余さず述べられるのは、
随所に細部を挟んでも混乱の生じる惧れがないくらいに、
この事柄の基礎がしっかり確認されたあとになるだろう。[70]
もし月が折よく第一の基点、すなわち天が地上に戻ってくるところに位置し、
上昇点を占めつつ昇るなら、
寿命は八の一〇倍から二を引いた年にわたるだろう。[71]
だが、もし月が天の頂に位置するならば、
590

その数から奪い取られるのは三年になるだろう。[*72]
下降点の場合には、もしオリュンピア紀一つぶんの不足がなければ、
太陽が四〇の二倍廻るだけの豊かさとなるだろう。[*73]
天の底に見積もられるのは、六〇年と、
さらに生涯に加わること一二回の収穫となる。[*74]
また〔「時の見張り」から見て〕三分関係にあるもののうち
先んじて昇る右側のものは、[*75]六〇年を割り当て、さらに四の二倍を加える。[*76]　600
他方、左側にあって先行する宮のあとにつく位は、
三〇年を二倍にし、そこへさらに三年を足す。[*77]
基点〔上昇点〕より昇る最初の宮の上方三番目にあたり、[*78]
天の頂に届かんとする位は、
二〇年を三倍にし、そこから三年を引く。[*79]
また〔上昇点の〕下方に同じだけの間隔を置いて離れた位は、
五〇回の冬を費やして自らの務めを全うする。[*80]
昇りくる「時の見張り」の下に服する位は、太陽の廻り一〇回ぶんを
四倍にし、そこに二年を付け足して、
人をなお若いまま置いていく。[*81]　610
だが、上昇点に先行する位が

生まれてくる者に与えるのは二三年ばかりで、
ほとんど味わわぬうちに花盛りの青春を奪い去る。[*82]
下降点の上にある位は三〇年を授け、
その一〇分の一にあたる三年を付け加える。[*83]
それより下にある位は少年の命を奪い、誕生日を一二回迎えると、
未成熟な身体を死に委ねることだろう。[*84]

転換宮

　しかしながら、とりわけ心によくとどめて知るべきものとして、
互いに向き合った位置で昇り、
620
等しい間隔を置いて天を保持する宮がある。
これらの宮は、その内で一年の季節が転換して
互いを繋ぐ結び目を緩めることに因んで、転換宮と呼ばれる。[*85]
これらは軸の回転に合わせて天全体を変化させ、
人々の仕事と世界の装いを新たにする。
　夏の環の頂に輝く巨蟹宮は、
昼を最大まで引き延ばし、それから少しずつ引き返して

その長さを減少させ、昼から奪ったぶんだけ
夜の時間を増加させる。時間の総量は全体を通じて一定のままだ。　630
この季節になると、人々は脆い茎から穀物を慌ただしく刈り取り、
マールスの野では身体も露わにさまざまな鍛錬に精を出し、
荒れた大洋も波が温んで弛緩する。
この時には、猛々しい軍神が血腥い戦争を起こす。
冬がスキュティア人を守ることはなく、今やゲルマーニア人は
干上がった土地から逃げ出し*86、ナイルは嵩を増して野に溢れる。
太陽が巨蟹宮で夏至を迎えて天の頂に位置する時の
世界の様子はこのようなもの。
　その反対側にある磨羯宮は、
昼を最小に縮め、夜を最大に延ばして不活発な冬を強いる。　640
その後は昼を長く、夜を短くしていき、
今度は逆に一方から時を奪い、他方に補充する。
このとき農地は隈なく凍てつき、海は閉ざされ、陣営は動きを封じられる。
水気を帯びた岩は真冬の寒さに耐えきれず、
自然は一所に硬直してしばしの間、活動を止めてしまう。
　昼夜を等しくする宮〔白羊宮と天秤宮〕の影響力は互いに近く、

もたらす変化も相似たものとされる。
巨蟹宮を目指す太陽は、
その帰路のはじめと終わりの中間で白羊宮に逗留し、
天を等分して昼夜の時を釣り合わせる。
そして今度は反対に、夏の巨蟹宮に到達するまで、
天秤宮以来劣勢にあった昼を優勢に転じさせ、　650
夜に屈従を強いる。
このとき初めて大洋は一面穏やかな波に覆われ、
大地ははりきって千紫万紅の花々を送り出す。
このとき獣や鳥の種族は豊かな牧草の間で
番(つが)い合って子を産むことに逸(はや)り、森の木々は皆
音吐朗々と言葉を発し、葉という葉が青々と生い茂る。
宮の力によって自然はこれほどまでに変動するのだ。
その反対側では、同じような役割を担う天秤宮が輝き、
昼夜の長さが等しくなるように取り決めている——
違っているのは、それまで劣勢にあった夜が　660
そこから冬の季節に達するまで巻き返していくよう促される点のみだ。
このとき、重みを支える〔添え木の〕楡(にれ)から実の詰まった葡萄が垂れかかり、

潰れた房からは豊かな果汁が泡を立てる。
また、秋の暖かさに緩んだ大地が懐(ふところ)に種子を受け容れるこの期間に、
人々は穀物を畝床に委ねる。
　これら四つの宮がこの技術〔占星術〕において重要なのは、
ちょうど季節を巡らせるのと同様に、それらが事物の命運を種々(くさぐさ)に転じさせ、
いかなるものにも最初の場所にとどまることを許さないからだ。
だが、こうした変転は宮の隅々にわたって一様なわけではなく、
一年の季節が宮全体によって変化するわけでもない。　670
天秤宮が秋を、白羊宮が春を作りなす期間のうち、
昼夜が等しくなるのは、どちらの季節においても一日限り。
巨蟹宮全体で昼が最も長くなるのが一度だけなら、
磨羯宮でそれに釣り合う長さの夜も一度だけ。
それ以外の日では、昼夜の時は順番に増減する。
したがって、転換宮の内で見極めるべき角度はただ一つ。
その角度だけが天を変動させ、自然界の季節を転じ、
なされたことを改め、計画を逸らして違ったふうに実を結ばせ、
すべてを反対方向へ曲げ、また逆に元へ戻す。
ある人々はこの力を第八度に定めるが、　680

第一〇度をよしとする人々もおり、他方で日々に及ぼす影響と支配を第一度に与える見解も有力だ。

訳注

*1 ガイア（大地女神）から生まれた巨人族とオリュンポスの神々との戦い（ティーターノマキアー）への言及。ヘーシオドス『神統記』六六四—七三五を参照。

*2 ホメーロス『イーリアス』（特に第二四巻）への言及。前行の「王侯の団結」は、トロイア遠征に向かうギリシアの王たちを指している。

*3 メーデイアの物語はエウリーピデース『メーデイア』にも綴られているが、ここではジャンル的にアポッローニオス・ロディオスの叙事詩『アルゴナウティカ』のほうが念頭に置かれているものと思われる。メーデイアの物語については、第五巻四六五行以下も参照。

*4 スパルタとメッセーニアの間で三次にわたって行われた戦争への言及。リアーノスという詩人が『メッセーニアカ』なる叙事詩にこの戦争のことを綴っている（パウサニアース『ギリシア案内記』四・六・一）。

*5 「七人の将帥」とは、テーバイを攻めたアルゴスの将たち。「雷によって火の手から守られた」とは、テーバイに火を放とうとしたカパネウスがゼウスの雷に焼かれて死んだこと、「勝利ゆえに敗れた」とは、テーバイを攻めて敗れた七将の息子たち（エピゴノイ）によってテーバイが落とされたことを言う。

*6 オイディプース王がその母イオカステーとの間にもうけた子供たち。

*7 アトレウスがテュエステースの子供らを殺し、食卓に供したことへの言及。そのおぞましい光景を前にして、太陽は来た道を帰って東に沈んだと言われる。

＊8　第二次ペルシア戦争の折にクセルクセースがアトス半島に運河を作らせ、ヘッレースポントス上に船橋を架けたこと（それぞれ、ヘーロドトス『歴史』七・二二―二四、三三―三七）。これを題材にした『ペルシカ』という叙事詩を、サモスのコイリロスという詩人が著している。

＊9　アレクサンドロス大王の事績を歌ったイアッソスのコイリロスへの言及と思われる（ホラーティウス『書簡詩』二・一・二三二以下を参照）。

＊10　黄道一二星座をなす星々。

＊11　「役」と訳した原語は sors で、ギリシア語の κλῆρος に相当する。以下に説明されるこの概念については、次のとおり（図表12も参照）。

第三巻の序歌が終わると、マーニーリウスは「役（sors）」と呼ばれる新しい概念を論じる。これは、ちょうど第二巻の最後で扱われた一二位のように、人間のさまざまな活動を一二の役に振り分けたものである。したがって、一二位の概念とは両立不可能なもののように思われ（実際、一二位では第一〇位にあてられていた結婚や友人関係を司る働きは第五の役に振り分けられているなど、役割の重複が見られる）、まるで第二巻までの議論を忘れ去ってしまったかのような印象を与えるが、詩人がこの点の整合性をどう考えていたかはわからない。ともあれ、『アストロノミカ』が伝えるこの「役」の概念の特徴を見ておく。

これまでに見てきた黄道一二宮や、観測者を基準として固定される一二位とは異なり、ここで扱われる一二の役の場合、第一の役（運の女神（フォルトゥーナ）の役）がどこに来るかは状況によって変わり、その第一の役に続いて第二、第三の役が決定される。そして、第一の役は、誕生時に「時の見張り」と呼ばれる東の地平線に位置する宮に割り当てられる決まりである。それゆえ、各役の間の相互関係は一定であるが、第一の役の配置は誕生の時に応じて異なるため、各役の割り当てられる宮もさまざまに変わりうるという性質をもつことになる。かくして、この第一の役の位置となる「時の見張り」を適切に算出するための計算が、第三巻におけるこのあとの主要な論題となっていく。

ところで、この「役（sors）」という語は、文字どおりには「籤」ないし「籤によって割り当てられたもの」を意味する。そして、それに相当するギリシア語の占星術文献の κλῆρος（こちらも同じく「籤」、「籤によって割り当てられたもの」を意味する）は、ギリシア語の占星術文献の中にたびたび現れる。しかし、ギリシア語の占星術文献に見える κλῆρος の数は一二ではなく七で、それぞれが惑星に対応し、特に第一のものは「運（Τύχη）」にあてられ、重要視される（プトレマイオス『テトラビブロス』三・一〇）。また、各々の位置も、『アストロノミカ』の場合のように一定の序列をなすのではなく、個別に算出されて誕生星位図に記録される。要するに、マーニーリウスが述べている一二の役なる概念は、他のどこにも見られない特異なものである。

さらにマーニーリウスには、この概念の呼称についても混乱がうかがえる。sors の他にも labor「労苦、労働」のような語を用いているほか、一六三行ではギリシア語の名前として「アートラ（アスラ）」なる語を示してもいる。athla という語については、これ以前にウァッローがヘーラクレースの一二功業を指すのに用いた例が確認されるが、ここで詩人がどのような典拠に基づいているかは不明である。「アートラ」の原語となるギリシア語の ἆθλα（単数は ἆθλον）は「（競技の）賞品、報酬」を主に意味し、占星術的な術語として用いられた例はギリシア語文献中には見られない。また、一六三行で詩人がこの語により表そうとしているらしい「労苦、労役」の意味には、むしろ ἆθλοι（単数は ἆθλος）のほうが適切なギリシア語と考えられる。いずれにせよ、詩人の用語法には「籤」、「割り当て」、「労働」といったものを相互に関連づけて捉えようとする発想がうかがえる。

以上の事情を踏まえ、(1)マーニーリウスがここで述べている sors の概念とギリシア語文献に見える κλῆρος は、名前の点で共通するものがあっても、数の点でも振る舞いの点でも異なっていること、(2)不正確な言葉遣いながら、詩人はこの概念を「労働」と関連づけようとしているように思われること、の二点から、「籤のように順番に割り当てられる役割」、そして「地上で人間が負う労役」という性質を考慮して、本訳書では「役」という訳語をあてた。

＊12　第二巻七八八行以下を参照。

＊13　現存するテクストには該当する箇所はなく、この詩人の約束は果たされていない。

＊14　ここで詩人がどのような典拠に基づいているのかは不明。前注＊11も参照。

＊15　以下の二つの方法については、次のとおり（図表13、14も参照）。

本文中でも述べられているとおり、春分点を起点として分割される黄道一二宮や、観測者を基準として固定される一二位とは異なり、ここで扱われる一二の役の場合、第一の役（運の女神（フォルトゥーナ）の役）がどこに来るかは状況によって変わり、その第一の役に続いて第二、第三の役が決定されるという性質のものである。したがって、第一の役を狂いなく確定することが重要となる。マーニーリウスは誕生が昼の場合と夜の場合で二通りの計算方法を紹介しているので、例に即しながら見ておく。

まず誕生が昼の場合。今、仮に太陽が巨蟹宮、月が処女宮にあり、「時の見張り」にあたるのが天秤宮であるとする（簡略化のため角度は省く）。太陽から月までの距離は宮二つぶんに相当するので、それと同じだけ天秤宮から進んだ人馬宮が第一の役を引き受けることになる（したがって、第二の役はその次の磨羯宮、第三の役は宝瓶宮、という具合に続いていく）。

次に誕生が夜の場合。先ほどと同じように太陽と月はそれぞれ巨蟹宮と処女宮にあるものとし、今度は夜であるため、「時の見張り」は逆の白羊宮にあたるとする。詩人の説明に従うと、今度は反対に月から太陽までの距離（宮一〇個ぶん）を測らなくてはならない。そして、それと同じだけ「時の見張り」から隔たった宮、すなわち宝瓶宮が、この場合には第一の役を引き受けることになる。

＊16　分点（春分点、秋分点）のこと。分点に近いほど宮はまっすぐに、離れるほど斜めに昇ってくる。

＊17　中間の宮は白羊宮と天秤宮、末端の宮は巨蟹宮と磨羯宮のこと。

＊18 下端の宮、上端の宮は、それぞれ磨羯宮と巨蟹宮のこと。
＊19 「月を反対にする」云々とは、六ヵ月（半年）後の対応する月を指す。例えば、すでに見たように巨蟹宮における夏至の昼の長さは磨羯宮における冬至の夜の長さに等しく、両者がその後減少していくペースも同じ。
＊20 天の赤道のこと。
＊21 本巻四四三―四八二行を参照。
＊22 これは詩人の誤りで、日中の最長時間が一四時間半となるのはロドスにおいて。プトレマイオス『アルマゲスト』二・六も参照。
＊23 「区画」の原語は stadium であり、マーニーリウスは特に説明なくこの概念を導入しているが、その意味するところとしては「天の赤道の一度の半分」である。これは昇るのに二分を要し、したがって一巡りは七二〇区画で二四時間となる。
＊24 前注で述べたように一区画が昇るのに要するのは二分なので、八区画なら一六分。これは四分の一時間（一五分）にその一五分の一（一分）を加えたもの。整理すると、白羊宮（四〇区画、一時間二〇分）、金牛宮（四八区画、一時間三六分）、双子宮（五六区画、一時間五二分）という具合に数値が変化していく。二七五―三〇〇行で説明されている各宮の上昇時間と下降時間については、図表15も参照。
＊25 螯とは蠍座のそれだが、この句はいずれも天秤宮を指して言っている。第二巻訳注＊48も参照。
＊26 天の赤道の下にある地域。
＊27 実際には赤道上でも黄道帯は天を垂直に昇ってくるわけではないので、天の赤道に近い処女宮、天秤宮、白羊宮、双魚宮は二時間より少なく、他方、離れた双子宮、巨蟹宮、人馬宮、磨羯宮は二時間より多くかかることになる。
＊28 赤道直下の地域では、昼夜の長さが等しいという春分ないし秋分のような状況が一年を通じて見られ

るため。

＊29　この行は、後世の竄入が疑われている。

＊30　つまり、二つの回帰線と赤道のこと。

＊31　ダーシのあとに訳出した二行は、原文ではその前の「大地」を説明する関係代名詞節だが、大地が球形であることを述べたあとに「それゆえに」から新規の文を開始して主文への復帰を放棄しているため、不整合構文（anacoluthon）が生じている。

＊32　例えば、赤道直下の地域から徐々に北へ進んでいくと、南方の星々が天に描く道筋はだんだん短くなっていく。

＊33　カッリストー、すなわち大熊座のこと。

＊34　以下の記述は、夏至が巨蟹宮のはじめに位置しているという想定に基づいている。以下の計算を実例に即して確認するため、仮に昼の最長時間と夜の最短時間がそれぞれ一五時間と九時間として訳注を続けることにする。三八五―四四二行での計算については、図表16を参照。

＊35　前注の計算を続けると、昼の一五時間を六で割った二と二分の一時間が、獅子宮の上昇時間となる。

＊36　同様に夜の九時間を六で割った一と二分の一時間が、金牛宮の上昇時間となる。

＊37　両者の差である一時間を三で割ると、三分の一時間。

＊38　金牛宮の上昇時間（＝一と二分の一時間）＋三分の一時間、すなわち一と六分の五時間が、双子宮の上昇時間となる。そして、その値に同じく三分の一を加えた二と六分の一時間が巨蟹宮、それにさらに同量を加えた二と二分の一時間が獅子宮の上昇時間になる。

＊39　三九八―三九九行で述べられた獅子宮の上昇時間と同数になることの確認。

＊40　計算を続けると、獅子宮の上昇時間である二と二分の一時間に、さらに三分の一時間を足した二と六分の五時間が、処女宮の上昇時間となる。

＊41　区画については、前注＊23を参照。
＊42　夏至の時の夜の長さを九時間とすると、それは二四時間に対して八分の三であり、今のケースで区画全体から取り去られるのは七二〇の八分の三、すなわち二七〇区画となる。
＊43　「取り去った残り」は、四五〇区画（720−270＝450）。その六分の一にあたる七五区画が獅子宮にあてられる。
＊44　すなわち、二七〇の六分の一で四五区画。
＊45　以下、四四三—四八二行で行われる計算内容については、図表17を参照。
＊46　以下の訳注では、冬至が磨羯宮のはじめに位置するものとして、その昼を九時間、夜を一五時間として計算する。
＊47　両者の中間にあたる一二時間との差分は三時間。そして、ここで求められているのはさらにその三分の一なので、一時間となる。
＊48　磨羯宮、宝瓶宮、双魚宮という三つの連続した宮の真ん中にあたる宝瓶宮のこと。
＊49　つまり、宝瓶宮は一時間、磨羯宮はそれより半時間少なく二分の一時間、双魚宮は半時間多く一と二分の一時間ずつ昼を延長していく計算となる。
＊50　したがって、累計すると三番目の双魚宮は、磨羯宮の二分の一時間と宝瓶宮の一時間に自分自身の一と二分の一時間を足した三時間だけ磨羯宮から増えることになる。
＊51　宝瓶宮での累積増加量は、一と二分の一時間。
＊52　双魚宮は、宝瓶宮までの累積増加量である一と二分の一時間に、自分自身の増加量として同じ一と二分の一時間を足す。
＊53　「六分の二」とは、四五〇行（前注＊47参照）で得た差分にあたる三時間の六分の一という意味。したがって、二分の一時間。

＊54　双子宮と磨羯宮。

＊55　金牛宮と宝瓶宮。

＊56　白羊宮と双魚宮。

＊57「遅き」とは、夏の太陽の動きの遅さを指す。

＊58　つまり、一五倍にするということ。仮に誕生の時が昼の第四時であるとすれば、ここで言われている数は四の一五倍で六〇になる。

＊59　宮一つは三〇度で、一五度上昇するのに一時間要するということは、各宮は二時間ずつかけて上昇すると言っているのに等しい。そして、以下で述べられるのは、詩人が二一八―二二四行で紹介して二二五―二四六行で斥けた方法と本質的に同じものである。

＊60　前注までと同様に誕生の時が昼の第四時、そして太陽が双子宮の第一〇度にあるとすると、先の六〇に一〇を足して七〇となる。

＊61　前注から計算を続けると、七〇度からまず三〇度を双子宮自身に、次の三〇度を巨蟹宮に、と割り振っていく。すると、この数は獅子宮で尽き、したがって獅子宮の第一〇度が、この例における「時の見張り」の位置となる。

＊62　四九七行のあとに欠落が想定され、そこには誕生の時が夜である場合の「時の見張り」の算出法が含まれていたと考えられる。底本の編者がまとめているその大意を記すと、「〈「時の見張り」を夜に求める場合、誕生の時を一五倍にせよ。その数に、太陽が宮の中で過ごした度数を加え、さらに一八〇度を足すがよい。そうすれば、その計算には昼の〉角度が含まれることになる……」となる。仮に誕生の時が日没後の第四時で太陽が双子宮の一〇度にあるとすると、六〇（すなわち四の一五倍）に一〇を足して七〇を得、それに今度は一八〇を足した二五〇度から順次割り当てを行うことになる。

＊63　誕生時に月が位置していた宮が最初の一ヵ月を支配し、その次の一ヵ月は次の宮に服する、という順

で続く。

＊64　ここで詩人はおそらく日中時間だけを考えていると思われる。あるいは、昼夜を含めた一日全体を一二の時間に割るシステムを念頭に置いている可能性もある。

＊65　欠落が疑われる箇所で、底本が採用する補綴を訳出した。

＊66　例えば、ある年と宮との対応だけを見て、その年の月や日や時間を考慮せずに全体の禍福を決するのは許されない、ということ。

＊67　詩人の時代のローマの暦では、一ヵ月の日数は月によって三〇、三一、二八（二九）日のいずれかとなる。一日の時間数、一年の月数は宮の数と同じ一二であるから、その周期は保たれるが、月当たりの日数は前述のように変化するため、日が同じでも割り当てられる宮がずれてくる。例えば一月一日が白羊宮にあたるとすると、一三日、二五日も白羊宮になるが、二月に入ると最初に白羊宮にあたるのは六日となる（そして、二月一日は天蠍宮となる）。

＊68　各宮に割り当てられる年数を整理すると次のとおり。白羊宮と双魚宮は一〇と三分の二年、金牛宮と宝瓶宮は一二と三分の二年、双子宮と磨羯宮は一四と三分の二年、巨蟹宮と人馬宮は一六と三分の二年、獅子宮と天蠍宮は一八と三分の二年、処女宮と天秤宮は二〇と三分の二年。図表18も参照。

＊69　一二位については、第二巻八五六行以下を参照。一二位に割り振られる年数については、図表19も参照。

＊70　おそらく惑星の影響が一二位の及ぼす力と合わさった場合のことを指しているが、該当する箇所は現存するテクストには存在しない。

＊71　第一位の年数は、八〇引く二で七八年。

＊72　第一〇位の年数は、八〇引く三で七七年。

＊73　オリュンピア紀は本来「四年間」を意味するが、ローマの詩人はしばしばこれを五年と算える。した

がって、第七位の年数は、八〇引く五で七五年。
＊74　第四位の年数は、六〇足す一二で七二年。
＊75　用いられている言葉が一二位ではなく一二宮について使われるべきものであるためわかりにくいが、ここで意味されているのは第九位。一二位は観測者に対して天に固定された領域であるため、「昇る」ことも「沈む」こともない。一二宮の場合には、ある宮よりも先に昇ってくる宮を「右側にある」とし、あとに昇るものを「左側にある」とする。上昇点（第一位）を頂点の一つとして一二位の間に三分関係を類推的に設定すると、その右にあたるのが第九位で、左にあたるのが第五位となる。
＊76　第九位の年数は、六〇足す八で六八年。
＊77　第五位の年数は、六〇足す三で六三年。
＊78　上昇点（あるいは「時の見張り」）は第一位で、そこから含み算で上方に三つ進むと第一一位。
＊79　第一一位の年数は、六〇引く三で五七年。
＊80　第三位の年数は、五〇年。
＊81　第二位の年数は、四〇足す二で四二年。
＊82　第一二位の年数は、二三年。
＊83　第八位の年数は、三〇足す三で三三年。
＊84　第六位の年数は、一二年。
＊85　「転換宮」の原語は signa tropica で、通常は「回帰宮」と訳されるもの。本来、この回帰宮とは、太陽が進む向きを変えて折り返す（回帰する）宮という意味で、巨蟹宮と磨羯宮の二つのみを指す。しかし、マーニーリウスは「季節の転換する宮」という意味でこれを捉え、白羊宮と天秤宮をも加えた四つをこの名で呼んでいる。そのため、ここでは「転換宮」の訳語を用いた。第二巻一七八行以下も参照。
＊86　沼沢地を守りとするゲルマーニア人は、夏にはその地の利を充分に活かせなかったため。タキトゥス

『年代記』二・五・三も参照。

第四巻

序歌

一体どうして我々は、かくも鬱々とした歳月を過ごして生を蕩尽し、
人の世の盲いた恐れや欲望に苦しめられ、
尽きぬ憂いに老い髐(さらば)えて、得ようと求めながら生涯を失い、
満たされてなお願いに際限を設けず、
いつも生の首途(かどで)を前にしながら決して生きることがないのか。
誰もがいっそうの豊かさを求めるがゆえにかえっていっそう貧しくなり、
己のもつものを勘定せず、もたないものばかりを希(こいねが)う。
本性が自らに必要とするものは僅かなのに、
我々が願いを重ねて大きな破滅の原因(もと)を築き上げ、
稼ぎを投じて贅沢を買い、奢侈を重ねて強奪を招き、
財産の最高の報酬として財産を失うのはなぜなのか。
死すべき人よ、精神を解き放ち、憂いを拭い去れ、
そしてこの生に満ちた空しい嘆きの数々を濯(そそ)ぐがよい。
運命は世界を支配する。万物を成り立たせる掟は揺るぎなく、
悠久の時には定まった出来事が割り当てられている。

我々は生まれると同時に死んでいき、終わりは始まりに左右される。[*1]
富や王権が花咲く元（もと）も、それ以上に数多い貧困が生まれる元も、この運命。
人々に生業（なりわい）や性格、悪徳や美点、
財の得失を授けるのも、この運命だ。何人（なんびと）たりとも
20　与えられたものを手放したり、許されないものを手にしたりはできない。
運が拒めば祈願によってこれを捕えることはできないし、
迫ってくれば逃げることもできないだろう。誰もが自らの定めを担わねばならない。
もし運命が生死の掟を定めるのでなかったら、
炎はアエネーアースを避けただろうか。トロイアがたった一人の英雄と共に
生き永らえ、ほかならぬその滅亡の日に勝利を約束されただろうか。[*2]
また、棄てられた兄弟〔ロームルスとレムス〕がマールスの雌狼に養われただろうか。
茅屋からローマが生まれただろうか。羊飼いたちが
カピトーリーヌス丘に雷神を導くことが、
ユッピテルがその城砦に囲われることがありえただろうか。
30　かつて征服された民が世界を征服しただろうか。ムーキウスが
傷から滴（したた）る血潮で火を鎮め、勝者となって都に帰還しただろうか。[*3]
ホラーティウスが迫りくる敵兵を前に孤軍奮闘して
橋と都を防衛し、[*4] 乙女〔クロエリア〕が条約を破り、[*5]

三人の兄弟が一人の武勇の下に斃(たお)れることがあっただろうか。[*6]
いかなる隊伍もこれほどの勝利を収めたことはない。世界の支配を
約束されながらも挫(くじ)けかけたローマの命運が、たった一人の勇士に託されていたのだ。
語るまでもないだろう、カンナエや城壁に迫る敵軍、
撤退戦の名手ウァッローや持久戦に優れたファビウス[*7]については、
38a 39b また、トラシメンヌスよ、あなたの湖畔での戦いのあと、勝利を目前にしながら
39a 38b 敗れたカルターゴーの城市が軛(くびき)を課されたことや、
40 ローマの繋縛を逃れえぬと悟ったハンニバルが
人目を忍んで生命を絶ち、一族の滅亡を償ったことについては。
加えて、ラティウムでの戦闘、自らの成員と干戈を交える
ローマ、[*8]さらには市民同士の戦争、
マリウスを前にしたキンブリー人の敗北と、幽囚となったマリウスの敗北[*9]について、
幾度も執政官を務めながら亡命者となり、亡命者から執政官に返り咲いた彼の、
リビュア[*10]の滅亡にも匹敵する零落について、
また、カルターゴーの瓦礫から這い上がり、ローマの都を掌握したことについても——
運命の許しがなければ、こうした事件[*11]が偶然に生じることはなかっただろう。
誰が信じたろうか、マグヌスよ、ミトリダーテースの軍勢を破り、
50 海の治安を回復して、世界中から三度も凱旋を果たした[*12]あと、

60

今や第二の〔アレクサンドロス〕大王になれるほどのあなたが、
ナイルの岸辺で滅ぶ定めを負い、
破船の上げる炎に亡骸を覆われ、
千々に砕けた浮木を火葬堆にしようとは。
運命の意向なしに誰がこれほどの波瀾万丈を被りえようか。
天より生まれ、天に迎えられた彼の人[*13]ですら、
内乱を鎮めた勝者として平和の法を敷いたにもかかわらず、
幾度も予言された凶刃を回避することは
できなかった。元老院の全員が見る中で
〔暗殺計画の〕証拠と〔首謀者の〕名前を右手に携えながら、
それらを己が血で塗りつぶした。かくて勝利を収めたのは運命だった。
算え上げるまでもないだろう、都の転覆や数多の王の零落を、
焚刑に処されるクロイソスを、トロイアの火に焚かれることすらかなわず
岸辺に横たわるプリアモスの軀幹を。海より大きな
クセルクセースの破滅を。奴隷から身を起こしてローマ人の上に立つ
王となった者を[*14]。火中から救い出された聖火を――
神殿を襲う炎が一人の男に屈従したのだ[*15]。
何としばしば壮健な者の身体を突然の死が襲い、

70

見よ、何としばしば死が躊躇して火中を徘徊することか。
葬られたにもかかわらず、ほかならぬその墓から甦った人々もいる。
二倍の寿命がある人もいれば、一生をろくに享受できない人もいる。
また微恙が命を奪うこともあれば、篤疾が癒えることもある。
医術が頽れ、理を尽くした処置が敗北し、
手当が災いとなる一方で、猶予が助けとなり、遷延が
患いを鎮めることもしばしばある。糧が害をなし、毒が労りとなることもある。
息子が父に劣ることもあれば、生みの親を凌ぐこともあり、
彼らの才能は彼ら自身のもの。運は人から人へと
次々に渡り歩く。恋に狂うあまり海を泳いで越えたり、[16]
トロイアを転覆に至らしめたりする者もいれば、

80

法律を書くのに適した頭脳をもつ人もいる。
見よ、子が父を弑し、親が子を殺めることもあり、
同胞が身を鎧って干戈を交え、互いに手を負わせることもある。[17]
斯様な戦は人間の業ではない。これほどまでに彼らを突き動かし、
四肢を引き裂く報いに至らせる力が存在する。
デキウスやカミッルス[18]、敗れてなお心挫けぬカトー[19]のごとき人々は
時代を選ばずに生まれたわけではない。

されば、実現のための素材は十二分でも、〔運命の〕掟がこれを肯(がえ)んじないのだ。　90
また貧しさゆえに寿命がいっそう短くなるわけでもなく、
途方もない富をもってしても運命が購(あが)えるわけでもない。
運の女神(フォルトゥーナ)は大廈(たいか)高楼(こうろう)からも屍を攫(さら)い、
栄華を極める人々を火刑に処して墓標を築く。
王侯すらも従えるこの王権はどれほどであることか。
さらにまた、美徳が不幸を、悪行が幸福を招き、
浅慮が報われる一方で、叡智が過ちを犯すこともある。
運の女神は事情を斟酌することもふさわしい者に追随することもなく、
見境なしにあらゆる人々の間を彷徨(さまよ)いまわる。
我々を操り支配して、浮世の事物を自らの掟に従わせ、
己から生まれ出る者に
然るべき寿命と運の変遷を授ける、　100
何かもっと強大なものが他にあることは明らかだ。時として
野獣の身体が人間の四肢と混淆することもある。[*20] そのような産物が種子に
由来することはあるまい。実際、我々と野獣の間にどんな共通点があろうか、
どのような姦通者の犯した罪がこの奇怪な罰を招くだろうか。
畸形を生み出すのは星々、姿を交雑させるのは天の所業。

つまるところ、もし運命の秩序がないのなら、その存在が語り伝えられ、
特定の時に起こる将来の出来事が予言に歌われるのはなぜなのか。
とはいえ、この理法は犯罪を擁護したり、
美徳から然るべき報酬を奪ったりすることを目指すものではない。
110 実際、死をもたらす毒草が勝手気ままに生じるのではなく
決まった種から生まれるからといって、それに対する嫌悪は減らないだろうし、
実りをもたらすのが意志ではなく自然だからといって、
甘美な食物に対する感謝が薄まることもないだろう。
願わくは、その栄誉が天に負うものであればこそ、
人間の功労にはいっそう大きな栄光があるように。罪を犯して罰を受けるべく
生まれたのであればこそ、害なす者への憎しみはいっそう大きくあるように。
大事なのは悪事の由来ではなく、悪事が悪事と認められること。
こうして運命を考量することもまた、その運命のなせる業（わざ）なのだ。
120 [以上のことを教えたので、次なる仕事は、
曲がりくねった道に歩みの遅れる詩人を星々の高みまで導くための
天の階梯を所定の順序どおりに作り上げることだ。[*21]]

一二宮の与える性格

さて今度は、一二宮が与える性格、
その特色、関心事と技術を順序に沿ってあなたに語ろう。

白羊宮

豊かな羊毛をふんだんに纏った白羊宮は、
刈り取られても新たな毛皮を再び生やし、絶えず希望を持ち続けるだろう。
不意の破滅と恵まれた財産の間にあって、
成長しつつも没落し、願望ゆえに損害を被るだろう。
そして、数多の技術によってさまざまな利益をもたらす羊毛という産物を
世の人々のために生み出すだろう。
刈りたての羊毛を丸めたり、解したり、
ほっそりとした糸状に撚ったり、経糸を紡ぎ出したり、
さまざまな衣類を売り買いして儲けに変えたりする。
これらの衣類なくしては、いかなる民族も存続できず、
贅沢も生まれなかっただろう。パッラスさえもがその領有を主張し、

自身にふさわしいものと考え、アラクネーへの勝利をもって
誇りとする[*22]——この仕事はそれほどのものなのだ。
この種の関心事や類似の技術を白羊宮は生まれてくる者に告げ、
落ち着きのないその胸中に不安な心を植えつけて、
絶えず賞賛を得ようと、わが身を売りに出させるだろう。

金牛宮

金牛宮は一途な農夫を田畑に従事させ、平和を享受する人々に
140 労苦をもたらし、栄誉の褒賞ではなく
大地の産物を授けるだろう。天においては、この宮自身、
頭（こうべ）を垂れて項（うなじ）に軛（くびき）をせがんでいる。
この雄牛は、日輪を角（つの）に載せて運ぶとき、
大地に戦争を布告し、気の抜けた田園を
かつての耕作に呼び戻して自らが労苦の導き手となる。
畝間に横たわることも、土埃の上に胸を休ませることもない。
セッラーヌスやクリウス[*23]のごとき人を生んで、
耕地に儀鉞（ぎえつ）を託し、その鋤からは独裁官を生み出した[*24]。
150 金牛宮に生まれた人は目立たぬ栄誉を好む。その心と身体は

160

力強いが動きが鈍く、顔の下には幼き愛神（クピードー）が宿っている。

双子宮

　双子宮がもたらす関心事はもっと気楽で、その生涯はもっと心地よいもの。
種々（くさぐさ）の詩歌や、歌声で調子をつけた語り口、
繊細な葦笛、絃の奏でる響きやそこに織り込まれた
詞藻がここにはあるからだ。彼らには労苦さえもが悦びとなる。
この宮に生まれた人々は干戈や〔戦の〕喇叭（ラッパ）、嘆かわしい老年を遠のけて、
色恋に耽りつつ平和と永遠の青春を過ごす。
さらには星辰に通じる道を見つけ出し、計算や測量を駆使して
天球を計り尽くし、星々を追い越してその先を行く[*25]。
自然はその才能に凌駕され、すべてにおいて彼らに傅（かしず）く。
双子宮が得意とする計画は、これほど多岐にわたるもの。

巨蟹宮

　転換点にある巨蟹宮は、最高潮に達した太陽が
折り返して廻る灼熱の標柱の傍らで輝いていて、
天の継ぎ目を保持しつつ、昼の長さを元に戻していく。

吝嗇（けち）な気質で、奉仕の心をまるでもたないこの宮は、
さまざまな金儲けや銭稼ぎの術を授ける。
外国との取引を通じて都市から都市に資財を運んだり、
穀物の激しい高騰に眼を光らせながら
己の資産を海風に託したり、世界中の産物を世界中に売り届けたり、
数多の未知なる土地に交易を通わせたり、　170
異なる陽の下に新たな獲物を探したり、
品物に高値をつけて瞬（また）く間に財産を築いたりする。
元金のために速やかな年月の経過を願いつつ、
公平なるユッピテルの厚意のもとに、利子の旨味で無為の時さえ金に換える。
その才知は巧妙で、自らの利益のためには戦いを惜しまない。

獅子宮

　恐ろしい獅子宮がどんな性質をもち、そこに生まれた者に
どんな業（わざ）を授けるかについて誰が疑いを抱くだろうか。
獅子は野獣どもを相手にする新たな格闘、新たな戦争の支度に余念がなく、
分捕り品と攫（さら）った家畜を糧とする。
この宮に生まれた人々を捉える関心は次のようなもの――　180

門柱を誇らしげに毛皮で飾ること、手に入れた戦利品を家屋に括りつけること、
恐怖で森を平定すること、略奪で生計を立てることだ。
同種の心性をもちながら、市中の規律すらものともしない人々もいる。
彼らは家畜の行列を引き連れて[*26]中心街を闊歩し、
屠(ほふ)った肉体を店先にぶら下げ、
贅沢のために殺戮を企て、生命を奪って儲けを得る。
その性分は短気を起こしがちだが、同様に治まりもつきやすく、
心根は純粋で考えには裏表がない。

処女宮

189　他方、誕生時にエーリゴネー〔処女宮〕から寿命を告げられた者の性格は
勉学に導かれ、その心には教養ある学芸が仕込まれることだろう。
191　彼女が与えてくれるのは、財産上の利得よりも
物事の因果を探究する力だろう。
華麗な弁舌や自在な話術に加え、
謎めいた自然の機序に隠されていても
森羅万象を見極めうる心の眼が作られるだろう。
ここからは速記者が生まれよう。この人は文字を単語として、

202 190 201 200

印でもって弁舌を追い越し、新奇な略号を駆使して
淀みない長広舌を書きとめる。
だが、こうした美質にも欠点はあり、羞(は)じらいが少年期の仇(あだ)となる。
処女宮は自然の授けた大きな恩恵を阻み、
その口に矯正の縛(いまし)めをかけて干渉する。
さらに（処女宮に何の不思議があろうか）この宮の子は子宝に恵まれないだろう。

210

天秤宮

一年を経て熟れた葡萄の新鮮な恵みがもたらされるとき、
昼夜の時を釣り合わせる天秤宮は、
測定の作法と物の計量を授け、
パラメーデース*27の能力で腕を競う子を生むだろう。
このパラメーデースこそは物に数を定め、数量に名前と
一定の尺度、固有の記号*28を定めた最初の人だ。
この宮に生まれた者はまた法律の表*29や難解な法文、
短い印によって表される言葉を理解し、
法にかなう行いと、違法行為に科せられる罰とを熟知し、
私邸の門戸を開いて絶えず国民の法務官(プラエトル)*30となるだろう。

220

法を解きほぐしつつ独自の法律を定めたセルウィウス[*31]が誕生するのに
これ以上ふさわしい星はなかっただろう。
要するに、白黒判然としない状態にあって裁定者を
必要とする事柄は何であれ、天秤宮が解消することだろう。

天蠍宮

太陽の馬車を自らの内に迎え入れる頃、
狂暴な針で武装した尾を振るって大地を掘り返し、
畝床に種を混ぜ込む蠍〔天蠍宮〕は、
戦争と軍務に熱中する気性や、
溢れる血潮に喜びを覚え、略奪よりも殺戮を楽しむ心の持ち主を
作りなす。さらにそうした人々は、平和の時を武装したまま
過ごしもする。山野を縄張りにして森を徘徊し、
人や獣を相手に激しい戦争を仕掛けたり、
時には闘技場での死も厭わず自らの生命を売り物にして[*32]、
戦争のない間に各々が対戦相手を工面したりする。
また模擬戦や干戈を交える見世物を好み――
戦いへの偏愛はそれほどまでに及ぶ――、

閑暇を費やして戦争やその種の技術に因む活動全般を学ぶ者もいる。

人馬宮

他方、二つの身体を併せもつケンタウルス〔人馬宮〕から　230
誕生の宿命を授かった者が好むのは、
馬車を操ること、逸る馬を柔軟な手綱に従わせること、
野に限なく広がって草を食む家畜の群を追い立てること、
調教師をつけてあらゆる種類の動物を飼いならすこと、
虎を手懐けること、獅子から獰猛さを奪うこと、
象と言葉を交わすこと、そして言葉を交わすことでこれほどの巨体を
人間の技に馴染ませ、多彩な見世物を披露させること。
現にこの宮では獣の身体と交じり合いつつも
人の身体がその上位に置かれていて、それゆえに獣どもを支配する。
さらにまた、撓む弓に番えた矢を引くその姿に因んで、　240
四肢の筋力、心の鋭敏さ、
素早い動き、そして疲れ知らずの気力を授けもする。

磨羯宮

258a 257a
257b 258b

250

　山羊〔磨羯宮〕よ、ウェスタはあなたの炎を神殿に擁して慈しむ。
あなたの技と仕事は、この女神に由来する。実際、何であれ執り行うのに
火を必要とし、その務めに新鮮な炎を求めるものは、
あなたに属すると考えねばならない。秘された鉱物を探り出すこと、
鉱脈の中に蔵された資源を炙り出すこと、
確かな手腕で金属素材を折り重ねて鍛えること――すなわち銀や金から
作られるものはすべてあなたに由来するだろう。
熱い炉が鉄や銅を融かし、
竈(かまど)がパンを仕上げるのも、あなたの賜物だろう。
またあなたは衣服や寒さを防ぐ品々に対する関心も授けてくれるが、
それはあなたが幾星霜にもわたって冬の領域を占めているからだ。
この場所で、あなたは頂点に達した夜の長さを引き戻し、
昼を延ばして新たな一年を呼び起こす。
何につけても落ち着きのない気性、しきりに変化し揺蕩(たゆた)う心模様は
ここから生じる。この宮の前半分はウェヌスに仕え、そこには欠点が
混じっているが、魚と繋がった部分にはよりよい老年がある。

宝瓶宮

甕を傾けて水を注ぐあの若者の姿をした宝瓶宮も
260
自身と縁のある仕事を授ける。
すなわち、地下の水源を見つけてそれを地上に引き上げること、
水の流れを転じさせ、星々にまで飛沫を散らすこと、
贅沢のために真新しい岸辺を拵（こしら）えて海を弄（もてあそ）ぶこと、
種々さまざまな人工の池や川を造ること、[*33]
遠方から流れてきた水を家々の上に架け渡すことだ。
この宮に宿る無数の技術は水の支配下にある。
なるほど、水は天の様子や星々の布置さえ動かし、
空を新たな球の内に廻らせることだろう。[*34]
〈いついかなる時も宝瓶宮の子が倦むことなく取り組むのは、[*35]〉
水を得るために生まれ、水源を目指す仕事。
270
この宮から湧き出るのは穏やかな性質のやさしい子で、
心根には汚れがなく、損害を被りやすい。
その財産には過不足がない。そんなふうに瓶からは水が流れ出るのだ。

双魚宮

最後の宮なる二匹の魚〔双魚宮〕が生み出す者の関心は
海原へ向かう。底深い海に生命を託し、
船や艤装をはじめ、何であれ洋上での活動に
欠かすことのできないものを準備するだろう。
ここから生まれる技術は数えきれない。小さな船にさえ
たくさんの部品があり、物に名前が不足しかねないほどだ。
さらには、星々を射程に収め、天と海を結びつける
280　航海術への関心もある。舵取りは地上や河川、港や天や風に加えて
次のことをよく心得ていなくてはならない——
あちらこちらへ素早く舵を切り、
浮木を操って波を散らす術や、
櫂を捌いて撓(しな)やかな篦(へら)を翻す術を。
その上さらに、網を曳いて穏やかな海を浚(さら)うこと、
海の民〔魚〕を虜(とりこ)にして浜辺に開陳すること、
餌に針を、筌(うけ)に詭計を仕込むこと、
また海戦や、足場の悪い船上での戦闘、
大洋の波を血潮に染める行いまでもが授けられる。
290　ここから生まれた者は子孫に富み、その気質は友好的、*36

動きは速やかで、何事につけても波乱に富んだ生涯を送る。
　それぞれが強みとする固有の素質をそなえた一二の宮は
生まれてくる者にこうした性格と技術を授ける。

一〇度域

　だがどんな宮も自分自身の隅々にわたって力を及ぼすわけではない。
どの宮も決まった宮と力を等しく分け合い共有していて、
いわば客人関係のごとく天において交流をもち、
自らの一部を他の宮の領有に任せている。
この部分のことをギリシア人は一〇度域（デカン）[37]と呼んだが、
これはその数に因んでつけられた名前だ。
つまり、三〇度から成る各宮は三等分され、
自身と関係のある宮に一〇度ずつを割り当て、
各宮が互いに三つずつ宮を宿し合っていることに因む。
このように自然は深い闇に蔽われ、
真実は紆余曲折の暗所に隠れる。
積むべき経験の道は倏遠（しゅうえん）にして、天は捷径（はやみち）を好まない。

けれども、宮は互いの陰に身を潜めて見かけを欺き、
自らの力を偽ったり、役割を匿(かく)したりする。
あなたはこうした暗雲を、肉眼の力ではなく深い知性によって払いのけ、
外面ではなくその深層において神を知らねばならない。
　さて今度は、ある宮が他所の宮を介して及ぼす力を見逃さないように、　310
どの宮がどの宮とどんな順序で結びついているのかを語ろう。
白羊宮はその第一の部分を自分自身のものとし、
第二の部分は金牛宮に、第三の部分は双子宮に従属する。
このように一つの宮が複数の宮に分割されていて、
迎えた主と同数の力をふるうだろう。
金牛宮では算(かぞ)え方が変わる。この宮自身はそのいかなる部分にも
属するとは見なされず、第一の部分は巨蟹宮に、第二の部分は獅子宮に、
最後の部分は処女宮に割り当てられる。とはいえ金牛宮の性質自体は
一貫して存続し、自らの力をそれぞれの宮と混淆させる。
双子宮の一〇度を最初に獲得するのは天秤宮、それに続く一〇度を　320
天蠍宮が得る。第三の部分は人馬宮に属するが、
数の点での違いは何もなく、ただ順番の点で他に譲るにすぎない。
巨蟹宮は向かい合う磨羯宮に最初の一〇度を

差し出す。巨蟹宮自身も他方の季節の節目に
属しているのだから、ふさわしいことだ。
実際、この巨蟹宮は昼の長さを冬の夜と等しくし、
反対側の基点にあっても同種の規則をもっている。
第二の部分に灯る火は宝瓶宮の水を浴び、
そのあとに続いて巨蟹宮の殿（しんがり）となるのは双魚宮だ。
それに対して獅子宮は、三分の掟に従う仲間を忘れず、　330
白羊宮を筆頭に迎え、次に四分を介して通じ合う
金牛宮を受け容れる。[*38] そして第三の部分は双子宮の管轄下となるが、
獅子宮は六分を介してこの双子宮とも繋がりをもっている。[*39]
処女宮は第一の部分を巨蟹宮に割り当て、
格別の栄誉を認める。その隣の部分は、ネメアの獅子よ、
隣り合うあなたに残されていて、他の宮からは所有が疎まれた
残る一つの部分が彼女自身に属する。
他方、天秤宮は先例の恩恵を受けて、反対側の季節で
自分と同じく昼夜を等分して治める白羊宮に追随する。
白羊宮は春の秤を調整し、　340
天秤宮は秋の昼夜を釣り合わせるのだ。

350

天秤宮は第一の部分を他の誰にも譲らず、次なる部分を
続く天蠍宮に委ね、第三の部分は人馬宮に属する。
天蠍宮は磨羯宮を第一の部分に据え、
その名を水に因む宮〔宝瓶宮〕を第二の部分の主とし、
最後の部分は双魚宮の管轄下に入るようにした。
弓弦を張って矢を射ろうと威嚇する人馬宮は、
三分の誼（よしみ）に従って最初の部分を白羊宮に委ね、
真ん中の部分は金牛宮に、最後の部分は双子宮に委ねる。
磨羯宮は、不名誉な忘恩の謗（そし）りを甘んじて受けることはせず、
巨蟹宮に贈物を返し、迎えてもらったのに応えて迎え入れ、
自身の最初の部分を与える。それに続く領域は獅子宮のもの、
そして最後の部分は処女宮のものとされる。
尽きることなく水を注ぐ瓶の持ち主〔宝瓶宮〕は
自らに対する最初の権利を天秤宮の手に委ね、
それに続く一〇度は天蠍宮がわがものとする。
この青年の宮の最後の部分を占めるのは人馬宮だ。
さて、残るは一二宮を締めくくる双魚宮だが、
この宮が自らの領域の使用を許す最初の相手は白羊宮で、

360 真ん中の一〇度には、牡牛〔金牛宮〕よ、あなたが迎えられる。[40]
残る部分は魚たち自身が占め、一二宮の最後尾を行くように
一〇度域の最後の部分も彼らが占めることになる。
　これが隠れた宇宙の力を露わにする理法だ。
この理法によって、天はより多くの部分に分けられ、〔宮の〕名前は反復され、
繰り返しが増えるほど一二宮の間の連携はいっそう強くなる。
馴染みの宮の名前に心を欺かれてはならない。
これらは宮の正体を偽装し、人間から隠してしまう。
明敏な心の眼をさらなる深奥に差し向けて、
ある宮の内に別の宮を探し、力同士の融合を考慮しつつ追求しなければならない。
370 誰かがある宮の一〇度域から生まれた場合、
その人はその宮に由来する性格をもち、またその宮の生まれとなる。
一〇度域に宿る性質は、このようなものとなるだろう。
同じ宮の下に多種多様な子供が生まれることや、
同一の宮から生まれたこれほど無数の生物に
その個体の数と同じだけ多くの性格が存在すること、
他所の宮を介して異質な本性が[41]もたらされ、
人も獣も分け隔てなく生まれてくることが、その証拠となろう。

一二宮はさらに多くの部分から成り、互いに繋がり合っていて、
めいめいが自らの名のもとに多様な掟をもたらすことは明らかだ。　380
白羊宮が羊毛だけを、金牛宮が鋤(すき)だけを、
双子宮が詩女神(ムーサ)だけを、巨蟹宮が商いだけを好むことはなく、
獅子宮が狩人としてのみ、処女宮が教師としてのみ現れることもなく、
天秤宮が計測にのみ、天蠍宮が戦事にのみ、
人馬宮が野獣にのみ、磨羯宮が炎にのみ、
宝瓶宮が己の水にのみ、双魚宮が海にのみ力をふるうこともないだろう。
むしろ各宮は交じり合い協同することで、より多くの力を及ぼすのだ。
「あなたが命じる仕事は繊細で、
私の心はまたしても大きな暗雲に包まれてしまう、
簡単な計算で光明を見出せると思っていたのに」——こんなふうにあなたは言う。　390
あなたが探求しているのは神、あなたが目指すのは天を登攀すること、
運命の掟の下に生まれながら運命を知ること、
自らの胸中を越えて宇宙を手中に収めることだ。
その労苦は得られる報いにふさわしく、これほどのものが無償でありはしない。
だから、九十九折(つづらおり)の道程と事柄の連鎖に驚いてはいけない。
道に入ることが許されただけでも充分で、残る仕事は我々がなすべきもの。

山々を掘り返さなければ黄金はあなたの手を逃れ、
覆いかぶさる大地がその富を隠したままにするだろう。
宝石を求めて人々は世界中を行き交い、
高価な宝珠〔真珠〕のために海をわがものにして倦むことがないだろう。
400 農夫が不安を胸に毎年あらんかぎりの願いを込めても、
不実な畑が返す酬いは何と僅かなものだろう。

我々は風を恃(たの)みに儲けを求め、分捕り品のために戦神(マールス)のあとを追うだろう。

儚い財産を得るためにこれほどの代償を払うのは恥ずべきこと。

贅沢のためにも戦争が起き、美食家は寝る間も惜しんで没落に向かう。

道楽者が重ねる太息の末には破滅が待ち構えている。

我々が天に何を与えられようか。森羅万象を購(あがな)う対価はいかほどか。

神が己自身の内に宿るよう、人はその身のすべてを捧げねばならない。

凶角度

こうした掟[*42]に従って、生まれる者の性格を見定めなければならないが、
一〇度域を介してある宮が他の宮に影響を及ぼすことや、
410 それぞれの宮にどんな宮が根づいているかを学ぶだけでは充分ではない。

420

個々の角度を観察することも忘れてはならない――
氷雪に凍てつく角度や火炎に焦がされた角度、
そのどちらからも免れてはいるものの、水気が過剰であったり
乏しかったりするために不毛で有害な角度がある。
実際、昇ってくるどの宮においても力は混ざり合い、さまざまに組み合わさっている。
均一なものは一つとしてない。大地や海の広がりを、
また変化に富んだ岸辺を流れる河川を見るがよい。
見劣りするところはどこでもめずらしくなく、短所は長所と相接している。
こうして肥沃な野に不毛の地域が割って入り、
僅かな差異で自然の掟に予期せぬ断絶が発生する。
先ほどまで海の港だったものが今や恐ろしい渦潮と化し、
褒め称えられた綿津見の優美はたちまち潰えてしまう。
河は時に岩場を、時に野辺を流れ、
道を作ったり探したりしながら、行きつ戻りつを繰り返す。
そのように天においても宮の角度には違いがある。
宮が他の宮と異なるように、宮自体の内にも相違があり、
僅かの差でその影響力や有益な働きは失われてしまう。
そうした角度から生み出されるものは実りを欠くか、

破滅するか、あるいはよい経験をするにしても多くの嘆きが交じることになる。　430
これらの角度を私は適切な詩で記さなくてはならない。
とはいえ、韻律に載せてこれほどの数をこれほどの回数述べること、
これほどの角度を繰り返し語ること、これほどの総量を言い表すこと、
同じ題目を扱いながら話の装いを変えることが一体誰にできようか。
〈真実を歌うかぎりにおいては、まさに今我々が対峙するような耳触りの悪い[*43]〉
言葉を並べるのも不面目とはならないが、
それでも魅力には欠けるだろうし、耳に蔑（なみ）されれば労苦は甲斐なく終わるもの。
しかし、詩によって運命の法と天の神聖な運動を語る私は、
命じられるままに言葉を紡がねばならない。
その姿形を拵（こしら）えるのではなく、ただ示すのでなくてはならない。
神を明らかにできたなら、それは余りある成果。ほかならぬ神自身が自らに
威光を与えるだろう。宇宙が言葉の手を借りて輝くというのは正しくない。[*44]　440
事柄そのものによって偉大さは弥増（いやま）すだろう。また、もし歌うべきことを
記すことさえできたなら、私の言葉の魅力も少なからぬものとなるだろう。
聞くがよい、宮のうちのどの角度が忌むべきものであるのかを。
　白羊宮の四度は害をなし、六度もまた然り。
七度と一〇度、一二度[*45]も同様で、

それから七と九の二倍の角度もだ。
二〇に一を加えた角度は害をなし、
続く五度〔二五度〕と、不吉な角度の末尾を飾る七度〔二七度〕も同様。
　金牛宮の九度は悪く、一〇度のあとの三番目もこれに等しく、
また一〇度に続く七番目も同様だ。 450
さらに二二度と二四度も害をなし、
一三を二倍にした角度と三〇から二を引いた角度、
そして三〇番目の角度よ、あなたもそうだ。
　双子宮では一度と三度が破滅をもたらす。
七度もそれに劣らず悪いもので、一五度の及ぼす害も同様。
二〇より一少ない角度と一多い角度も害をなし、
二五度も同様に害悪に属するだろう。
またそこに二を加えたり〔二七度〕、四を加えたり〔二九度〕する場合もだ。
　巨蟹宮の一度、三度そして六度は災いを免れず、
八度もまた然り。一〇度を越えた最初の角度〔一一度〕は暴威をふるい、 460
一五度の及ぼす影響もそれに劣らず無慈悲なもの。
一〇度のあとの七度〔一七度〕と二〇度も不幸をもたらし、
続く五度〔二五度〕、七度〔二七度〕、九度〔二九度〕もまた同じ。

ネメアの獅子よ、あなたもまた最初の角度において恐るべきものであり、
四度においても重圧をかける。一〇度と一五度は
健全な天から外れていて、二二度は害をなす。それに続く
三度の最後〔二五度〕と、さらに同数進んだぶんの最後〔二八度〕は有害で、
三〇度も最初の角度に劣らず悪い角度だ。
　処女宮の一度、六度、一一度、
一四度、一八度は益をもたらさない。　470
二〇度の次の角度〔二一度〕と四番目の角度〔二四度〕は恐るべきもの。
また三〇番目にあって宮を締めくくる角度も同様だ。
　天秤宮の五度と七度は益をなさず、
一一度に続く三番目〔一四度〕、一〇度に続く七番目〔一七度〕、
二〇度を越えた四番目〔二四度〕と七番目〔二七度〕、
それから数を締めくくる二九度と三〇度も同様だ。
　天蠍宮は最初の角度において咎められる。三度、六度、
一〇度、そしてあなたが一五番目に数える角度、
一一を倍にした角度と二五度、そして
八番目の角度〔二八度〕と九番目を占める角度〔二九度〕もこれに等しい。　480
　もし運命が選択を許すとしても、人馬宮の四度を

490 2.232

選んではならないし、八度も避けること。六の二倍、八の二倍、一〇の二倍にあたる天の領域は恐るべきものとされ、一二を二倍、一三を二倍、七を四倍にする場合、また一〇を三倍にする場合も同様だ。

　磨羯宮の七度は望ましからざるもので、九度もまた同じ。一〇度に続く三番目の角度〔一三度〕、そして二〇度よ、あなたから三を引いた角度〔一七度〕と一を引いた角度〔一九度〕、増えること五番目〔二五度〕と七番目にあたる角度〔二七度〕もだ。

　絶えず水を注ぐ宝瓶宮の最初の角度は害をなし、一〇度を過ぎてあとに続く一番目〔一一度〕、三番目〔一三度〕、五番目〔一五度〕、九番目〔一九度〕に置かれた角度、そして二〇度のあとの一番目〔二一度〕と二五度、それに加えて四度を付け足した二九度が忌むべき角度だ。

　双魚宮の内の三度、五度、七度、一一度、そして一〇度に続く七度〔一七度〕は恐るべきもの。また五を五倍にした角度〔二五度〕と、そこへさらに二を加えた角度〔二七度〕も恐るべきものとされるだろう。

　これらの角度は冷気や炎のために、あるいは乾燥や

水分の過剰のために不毛の気を帯びる――　500
猛烈な火星（マールス）がそこに炎を放ったり、
土星（サートゥルヌス）が自身の水を、〈あるいは月（ポエベー）が
そばの地球から引き取った水分を、〉あるいは太陽（ポエブス）が熱を放つ場合には。

各宮の特定の角度がもつ効果

だが、こうした宮の角度を知ったとしても、
注意を怠ってはならない。時に応じて変質し、
上昇する際に固有の力を得て、その後それを手放すある種の角度が存在する。
白羊宮が海面から浮上し、
角（つの）よりも先に曲がった首筋を擡（もた）げて進み出てくるときには、
自らの財産に満足しない心の持ち主が生まれるだろう。
その気性は略奪欲に呑まれ、慎みは失せてしまうだろう。
これほどまでに冒険が喜びとなるのだ。当の羊も角をぶつけて
命をかけた勝負を挑む。ゆったりとした平和の時が　510
彼らに穏やかな活動を楽しませて一所にとどまらせることはなく、
未知なる都市を渡り歩いて新たな海を探索し、

世界中で客人として迎えられることこそが
常に彼らの喜びとなる。白羊宮の羊自身がその証左となってくれる――
何となれば、硝子色の海を割いて、水面を毛皮の黄金に染め、
運命ゆえに妹〔ヘッレー〕を失ったプリクソスを背に乗せて
パーシス河の岸辺なるコルキスまで運んだのだから。

520

他方、昇りつつある金牛宮の最初の星々から生まれた者が歩む様子は
嫋々として女のよう。もしもその性質の由来を探ることが許されるなら、
その原因は遠からぬところに求められる。
この牛は背面から天へ進み出て、小さく丸まった
プレイアデスの星を携え、たくさんの娘らを連れているからだ。
さらに金牛宮の領分には田園の資源も加わって、犂で耕された畑のただなかで
子供たちに若い雄牛という相応の贈物を授ける。

だが、海が双子宮を半ば露わし半ば隠す時になると、
この宮は勉学への熱意を賦与し、教養ある学芸への導き手となるだろう。
沈鬱な気性ではなく、快活な機知の漲る心を生み、
歌声と、玲瓏たる竪琴の才を授け、
その胸には詩歌の天賦をそなわらせる。

530

他方、暗い雲を纏った光乏しき巨蟹宮が、

あたかも太陽の火に焼かれたかのように輝きを欠き、
厚い靄（もや）で星明かりを翳（かげ）らせて進むところでは、[*46]
子供たちの光〔視力〕も乏しくなるだろう。運命は彼らに
二度の死を与えるだろう。[*47] 誰しも生前からすでに闇に葬られている。
　貪欲なる獅子宮が海面に顔を覗かせ、
口を大きく開けて天に昇る時に生まれた者があれば、
その者は父からも子からも咎められ、自分が受け継いだ
財産を遺贈することなく、富を一人で食い潰してしまうだろう。
甚だしい飢えと食物に対するかくも悍（おぞ）ましい欲望に
540
心を奪われてしまうため、己が身を喰らってなお飽くことなく
葬儀と墓の費用さえ食事に変えてしまう。
　太初の時代を正義によって治めながらも、
その頽落を嫌って逃れたエーリゴネー[*48]〔処女宮〕は、
天に昇る際に、最上の権力を授けて至高の地位を与える。
法律と祭祀の掟を統（す）べ、
　恭（うやうや）しく神々の聖所を崇める人物を生み出すだろう。
　他方、秋に蠍の螯（はさみ）が昇り始める頃、
重みの釣り合った天秤宮の下に生まれた者は幸福だ。

550

生と死の平衡を定める裁定者となって、
坤輿に軛をかけ、法律を制定するだろう。
都市や国々はこの者を畏れ、たった一人の意向に服し、
地上に続いて天上の法が彼を待ち望むことだろう。[*49]
天蠍宮が輝く尾の先を擡げる時に
惑星の支持を得て生まれる者があれば、
その者は都市を興して地上を繁栄させ、雄牛を軛に繋ぎ、
衣を絡げて、曲がった鋤で城壁を画定するだろう。
あるいは、築かれた都市を平らげ、町を農地に戻し、
家屋の跡に豊かな穀物を実らせるだろう。
これほどの美質に加えて力までもがそなわるだろう。

560

人馬宮の衣の最初の部分が天に昇るとき、
この宮は戦に優れた気質を授け、盛大な凱旋で
目を引く勝者を祖国の砦へ導くだろう。
高く聳える城壁を築く人が同時にこれを覆しもするだろう。
けれども、過分なまでの好意を注ぐ運の女神も
容姿ばかりは恵んでやらず、その顔に冷酷無比な暴威をふるう。
あの恐るべき武将〔ハンニバル〕は、敗走に転じる前、

勝者としてトレビアとカンナエ、彼の湖を手にする代償にあのような姿となった。[*50]
磨羯宮の尾の先に位置する最後の部分が命じるのは、
海での荒仕事と、船に付ききりとなる
死と紙一重の苛酷な任務だ。
だが、もし清らかで信心深い真っ当な人間が望みなら、
宝瓶宮の最初の部分が昇る時に、そのような人が生まれてくれるだろう。 570
とはいえ、双魚宮のはじめの部分の昇りにまで期待を寄せてはいけない。
ここから生まれるのは憎たらしいおしゃべりや、絶えず悪口を
次々と新しい耳に伝える毒舌、二枚舌に載せて
人々の醜聞を人々に届ける行いだ。
ここに生まれた者には何らの信義も宿らず、
むしろ比類なき欲望は燃える心に火中を行くよう命じるだろう。
キュテーラの女神〔ウェヌス〕が、
翼の生えた肩と蛇の足をもつテューポーンを逃れて
バビュローニアの川に潜ったとき、自らの姿を魚に変えて、[*51] 580
鱗を纏う双魚宮に自らの情熱の火を付け加えたことは明らかだ。
双魚宮の下に生まれた者が独りきりになることはないだろう。
兄弟か愛しい姉妹が生まれるか、さもなくば母は双子をもうけるだろう。

590

地上世界の全体像

　さて、今度はさまざまな土地を支配する星々を知る番だ。
しかし、その前に世界の全体像を述べなくてはならない。
天球は四つの部分に分けられる――
すなわち、太陽の昇る方角〔東〕、沈む方角〔西〕、熱き日輪が正中する方角〔南〕、
そしてヘリケー〔大熊座〕よ、あなたの方角〔北〕だ。これらの方向から
それと同数の風が吹き出て、虚空の内で鬩(せめ)ぎ合う。
天の極北からは苛烈なボレアースが襲い、東からはエウルスが飛来する。
アウステルは太陽が南中するところを、ゼピュルスは太陽が去りゆくところを好む。
これらの間、その中間の方角から風が二つずつ、
名前を変えて同じような気流を吹かせている。
大地それ自体は浮かんでいて、環をなす大洋が
陸地を中心に擁しつつ波で周囲を取り巻いており、
その大地は懐(ふところ)に海を受け入れる。この海〔地中海〕は暗い西方から発し、
ヌミディアを右手に、灼熱のリビュアと
往昔(そのかみ)栄華を誇ったカルターゴーの城址(しろあと)に打ち寄せる。

600 そして、湾曲を繰り返す岸辺でシュルティスの砂洲を作ると、
流れをまっすぐに戻してナイルまで伸びていく。
この海は、左側にはヒスパーニアと、
その地の隣で境を接するガッリアよ、あなたを波で打ち、
洋上を右向きに湾曲したイタリアの諸市を洗って、
ついには、スキュッラよ、あなたの犬たちと貪欲なカリュブディス[*52]にまで及ぶ。
この海は険路をくぐるや否や〈開けた〉
イーオニア海へと泳ぎ出て、広々とした波間を漂うと、
これまでどおり左方に流れ込み、
その名をアドリア海に改めてイタリア全体を取り囲む。
610 それからエーリダヌスの流れを呑むと、海原を挟んで
イッリュリアとの戦を阻み、エーペイロスと名高いコリントスを洗って
ペロポンネーソスの幅広い岸辺を駆け巡る。
そして、再び左に流れを戻しつつ、大きく湾曲しながら
テッサリアの地とアカイア[*53]の野を過ぎる。
ここから海は、少年と波に呑まれた少女に因む
瀬戸[*54]に駆られてしぶしぶ進む。この水道をプロポンティスが
開けた黒海(エウクシーヌス)と、その背に繋がり

水源となるマイオーティスの海に接続する。
船乗りはここから狭い海峡の内に戻り、
再びヘッレースポントスの波に乗って外へ出ると、　620
イーカリア海やエーゲ海を割きつつ、左手には
輝かしいアジアの人々〔小アジアのギリシア諸都市〕や同じだけの戦勝碑、
数限りない異民族、海を脅かすタウルス山、
キリキアの人々、焼け焦げたシュリア、
海原を避けるように大きく窪んだ土地〔フェニキア〕に驚嘆する。
そして最後に、波に沿って曲がりくねった岸辺は、
エジプトに帰ってナイルの川岸で終わりとなる。
大地はこのような線を描いて地中海を囲繞し、
浜辺で積水の広がりを制限している。
広々としたこの海洋のただなかには、無数の島々が横たわる。　630
リビュアの海には足裏の形にサルディニア島が刻印される。
三角形の島〔シキリア〕とイタリアの間は紙一重。
ギリシアは向かい合うエウボイアの山々に驚嘆し、
雷轟(とどろ)かす神〔ユッピテル〕を国の一員とするクレタ島はエーゲ海の波に、
キュプロス島はエジプトの川の流れに打たれている。

〈この上なく名高いこれらの島々に加えて、〉
もっと小さな面積ながら海から覗く島々もある——
不揃いなキュクラデス、デーロス島にロドス島、
アウリス島にテネドス島、サルディニアの地に隣り合う
コルシカ島の岸辺、この地上世界に流れ込む大洋(オーケアノス)に
640 最初に打ち勝つエブスス島、そしてバレアーレースの島々だ。
その他にも海上には数知れぬ岩礁や山が突き出ている。
　また、大洋が海峡を引き裂いて陸地を拓き、
通い路を作り出した場所は一つだけではない。海神ポルキュスが
大洋を打ちつけた岸辺はもっと数多かったが、
陸地が海に征されるのを聳え立つ山々が遮(さえぎ)った。
北と、夏に日が昇る場所との間では[*55]
細長い水路を引いて海が内陸にまで到達し、
ついには広々とした野に拡がって
黒海にも似たカスピ海を作りなす[*56]。
650 同じように、南側では大洋が大地にもう二つの
戦を仕掛けた。一つ目の波〔ペルシア湾〕はペルシアの野を占め、
自身が潤すまさにその場所から奪い取った名を海の称号とし、

660

大きな環を描いて流れている。
また、その傍らなる柔弱なアラビア人の居所、嗜好品と
さまざまな根が生むめずらしい香料の故郷、
真珠豊かな岸辺を洗う海〔アラビア湾〕があり、
両湾の間に位置する土地と同じ名前を有している。

＊　＊　＊　＊　＊[57]

往昔（そのかみ）、カルターゴーが武力で覇権を握ったのは、
ハンニバルがアルプスの岩城（いわき）を炎で砕き[58]、
トレビアを永遠のものとして、カンナエを屍で埋め尽くし、
リビュアの鯨波（とき）がラティウムの諸市に迫った時のこと。
来るべき外寇に備えて牙を研ぐ自然は、この場所に
種々（くさぐさ）の悪疫と多彩な異形の獣（けだもの）を集結させた[59]。
そこには身の毛も弥立（よだ）つ蛇や、
身体に毒を宿して死を糧とし、大地を疵物（きずもの）にする生き物ども、
さらには巨大な象が巣食う。自身に害となるものを豊かに産する
この悍（おぞ）ましい大地は、獰猛な獅子を生み、

醜悪な猿の誕生を喜んで、
不毛の地よりもなお悪く、涸れた砂漠を荼毒(とどく)する。
670 果てはエジプト人の居住地まで触手を伸ばすのだ。
ここからは、あらゆるものに富み栄えるアジアの民の大地となる。
黄金の川が流れ、綿津見(わたつみ)は真珠に輝き、
香木の森は馥郁たる薬気を放つ。
それに続くのは人知を凌駕するインド、別天地の異名をとる
パルティア、天高く聳えるタウルスの岩壁、
スキュティアを流れて世界を分かつタナイス河[*60]に至るまでの、
その山の周囲に暮らす名前もさまざまな多数の民族、
そしてマエオーティス湖と黒海の荒波。
[その水面とプロポンティスの端なるヘッレースポントス。]
680 自然はこのようにアジアの境界を定めた。
残りの地域を占めるのはヨーロッパ。この地は海を渡る
ユッピテルを最初に迎え、雄牛の姿を元に戻して、
その恋の炎の的を置かせ、背負った荷と神を番(つが)わせた。[*61]
神は娘の名前をこの岸に授け、
自らの愛の記念となる地を彼女の名前で聖化した。

この土地は英雄たちの郷として最大で、著名な都市に
いちばん富んでいる。雄弁の王威に華やぐアテーナイ、
膂力に秀でたスパルタ、神々で名高いテーバイ、そして一家のうちの
ただ一人の王によって君臨するペッラ――この栄光はトロイア戦争の返礼だ。[*62]
テッサリア、力強きエーペイロス、その隣なる　690
イッリュリアの岸辺、軍神マールスを民とするトラーキア、[*63]
自らの子らに囲まれて仰天するゲルマーニア。
富にかけて比類なきガッリア、戦にかけて並ぶものなきヒスパーニア。
そして点睛をなすのはイタリア――世界に冠たるローマがこの地を
地上の主とし、自らは天に連なるのだ。[*64]
　陸地と海の諸領域は、このように呼び分けられるべきものだろう。
そして神は、この世界を個々の宮に分割し、
地上の王国をそれぞれの守護の下に与(あずか)らせ、
固有の民族と有力な都市を分配して、
それらの内に諸宮が特別な力を行使するようにした。　700
そして、ちょうど人間の身体が各宮に分配され、[*65]
それらの加護は全身に遍く行きわたりつつも、
めいめいが別々の部位に固有の関係をもっているように――

すなわち、白羊宮は頭を、金牛宮は頸を手放さず、
両腕は双子宮の所有となり、胸は巨蟹宮に属し、
ネメアの獅子よ、背中はあなたを、そして処女宮よ、腰はあなたを呼び、
天秤宮は臀部を司り、天蠍宮は鼠蹊部を治め、
人馬宮は大腿を、磨羯宮は膝を愛し、
宝瓶宮は脚を、双魚宮は足を守る――
710 そのように、宮によってわがものとする地域も異なっている。

多彩な諸民族

そのため、人類は風習や容貌をさまざまにして
分かれており、民族はそれぞれに固有の色合いで形成され、
人体に共通した機能と等しくそなわる素地に、
個別の掟に従って特徴が与えられる。
丈高い巨軀をもつゲルマーニア人は金髪だが、
ガッリア人は控えめながらそれに近い赤色に染まる。
いっそう苛酷なヒスパーニアは頑丈な身体を作り出す。
ローマの民に都の父〔ロームルス〕はマールスの面影を授け、

ウェヌスは軍神と交わって体つきを程よく調整する。
720 洗練されたギリシアが誇らしく顔に浮かべるのは、
日に焼けて色づく民の通う体育場と訓練場での激しい活動。
蟀谷（こめかみ）を覆う巻毛はシュリア人の目印となる。
エチオピア人は地上に染みを作り、暗黒色を
纏った民族をなす。インドが生み出す民の色は
725a 726b 焼け方が控えめだ。ナイルの水を冠（かぶ）るエジプトは、
727 湿潤な土地柄ゆえに身体の色合いもより穏やかで、
726a 725b いっそう我々に近く、比（ころ）おいよく整った色調をなす。
728 太陽は、砂多き地に暮らすアフリカの民を
塵（まみ）に塗れさせ乾上（ひあ）がらす。マウレタニアという呼称は
730 その容貌に因み、名前は色に由来する。*66
それに加えて、これらと同じだけの声の響き、同じだけの言語、
地域の区分に応じて同じだけの風習や慣わしが存在する。
さらにまた、よく似た種子から育ちながらも独自の類をなす作物や、
都市ごとに違う収穫を繰り返しもたらして、
種々さまざまな莢（さや）の実りを結ばせるケレース、
そしてバックスよ、多彩な贈物を大地に授け、

丘ごとに異なる葡萄を溢れさせるあなたに加えて、
生育の場所を選ぶ肉桂(シナモン)や、
多種多様な家畜、個性豊かな野獣の類、
地上の二つの領域[*67]に閉じ込められた象がいる。
世界の部分と同じ数だけ、それらの部分にも世界がある――
ちょうど輝く一二宮が決まった地域に割り当てられていて、
その下に位置する民に影響力を注ぐように。

740

各宮の支配する地域

白羊宮が自らの星をもつのは天の真ん中――
〈ここは太陽が昼と夜の長さを等しく釣り合わせ[*68]〉
巨蟹宮と凍える磨羯宮の中間で春の季節を過ごす場所――で、
この宮は自身が乗り越えた海をわがものとする。
娘こそ滑り落ちたが、その兄を岸へと送り届け、
荷を失って軽くなった背を嘆いた時のことだ。
さらに、そこに連なるプロポンティスからも崇敬される。
またシュリアの民や、ゆったりとした着物を纏い、

750

760

己が衣服に手足をとられるペルシア人、巨蟹宮の季節〔夏至の頃〕に
嵩(かさ)を増すナイルとその水を冠るエジプトの地も同様だ。
金牛宮が有するのは、スキュティアの山々、力強きアジア、
柔弱なるアラビア人と、森豊かなる彼らの王国。
スキュティアの弓のように湾曲した黒海は、
ポエブス[*69]よ、双子宮の下に坐(いま)すあなたを崇める。そして、双子の兄弟よ、
トラーキアと、インドの地を流れる最果てのガンジス河もあなたたちを崇める。
エチオピアが暑さ極まる巨蟹宮の下に燃え上がるのは、
ほかならぬ彼らの肌の色が示すとおりだ。ネメアの獅子よ、あなたは
イーデー山の母〔キュベレー〕の従者として、プリュギアと
獰猛なるカッパドキアの王国、アルメニアの峰巒(ほうらん)を支配する。
豊かなるビーテューニアと、かつて世界を征したマケドニアもあなたを崇める。
貞潔なる処女宮のもとで地にも海にも栄えるのは
ロドス島――やがて世界を統べる者の逗留地――で、
余すところなく太陽に捧げられたこの島は、カエサルの治世下で
大いなる天地の光を受け取ったとき、まさに太陽の家となったのだ。[*70]
また、イオーニアの諸都市[*71]やドーリスの田園、
古色蒼然たるアルカディア、噂に名高いカーリアの地も、この宮に属す。

もしも選択が許されるとして、他のどんな宮がイタリアを司るだろうか、
770　すべてを支配し、事物の重みを心得、
総体を画定し、等しいものと等しからざるものを分け、
季節を釣り合わせ、夜と昼を一致させる天秤宮を除いては。
天秤宮は然るべくヘスペリア[*72]〔イタリア〕を手にする。この星のもとに
坤輿を統べるローマは築かれ、万事にわたる決定権を握り、
諸民族を秤に載せて、その浮沈を決する。
このもとに生まれて今の都市を建て直したカエサルは、
自らの意向に懸かる世界を支配する。[*73]
それに続く天蠍宮は、敗れたカルターゴーの城址（しろあと）を、
リビュアを、エジプトの側面地[*74]を、
780　刺激性の根〔シルピオン〕から滲む樹液に恵まれたキューレーネーの地を
選び出す。しかしまたイタリアの海をも顧みて、
サルディニアと、洋上にちらばる島々をも手中に収める。
海に囲まれたクノッソスの地は人馬宮に従い、
自身も半人半獣なるミーノースの子は、半人半獣なる
この宮に属す。ここからクレタの地が速き矢をわがものとして、
人馬宮のもつ張りつめた弓の形を模倣するのはこのためだ。

802 806　800　790

三叉路の女神〔ディアーナ〕の権威に従って海に浮かぶ
姉妹なる島〔クレタ〕に続いて、シキリア島も同じ宮の下にある。[*75]
そのすぐそばにありながら細い海峡に隔てられた
イタリアの岸辺〔マグナ・グラエキア〕も同じ掟に服してこの宮と結びつく。
山羊〔磨羯宮〕よ、あなたは太陽の沈む下にあるすべてと、
そこから凍てつくヘリケーにかけての範囲、
ヒスパーニアの民族と、豊かなるガッリアの子らを支配する。
ゲルマーニアよ、母としては野獣にのみふさわしいあなたを
司るのは、地とも海ともはっきりしない磨羯宮だ。
これは、あなたが途切れない荒波と共に陸と海の間を浮動することに因む。[*76]
他方で、もっと華奢な肢体を露わにした姿の宝瓶宮は、
温暖なるエジプト〔フェニキア周辺地域〕やテュロスの城砦、それから
キリキアの民族とカーリア人に接する土地にとどまる。
双魚宮に与えられているのは、ユーフラテス河——ここでウェヌスは
彼らの助けを得、[*77]水の中に潜ってテューポーンを逃れた——や
ティグリス河、そして紅海の眩（まばゆ）い岸辺だ。
この大いなる岸に囲まれて広がるのは、大いなるパルティアの地、
そして幾世紀もの間パルティアに征服された民族——

バクトリアと〔アジアの〕エチオピア、[*78] バビュローニア、スーサ、ニノス、
805 無数の言辞を尽くしても満足に捉えられない名前の数々だ。
807 このように、大地は一二宮すべてに分割されていて、
これらの宮が各々の領域に影響を及ぼすように定められている。
実際、各地域は、宮がもつのと同じ交流を有し、
810 ちょうど各宮が互いに協調したり、憎しみから争ったり、
天球を挟んで対峙したり、三分関係で結ばれたり、
またその他の原因が個々の宮にさまざまな感情を懐（いだ）かせたりするように、
地域が地域に、都市が都市に、
岸辺が岸辺に、王国が王国に呼応する。
かくして、天の高みから地上のどこに生まれ落ちるかに従って、
誰にとっても避けるべき場所や目指すべき場所、
信義が望める場所や破滅を危惧すべき場所が生じるだろう。

蝕の宮

さて今度は、ギリシア語で言うところの「蝕の宮[*79]」がいかなるものかをも
知るがよい。この名は、まるでくたびれはてたかのように

820
宮が一定の年数にわたって効力を失い、だらけて停滞することに由来する。
悠久の時の内で渝(か)わらぬものは何一つなく、
花盛りをいつまでも同じままに保ち続けるものがないのは当然のこと。
むしろ、すべてのものは日々変化し、年々歳々移ろっていく。
肥沃な畑が実りをもたらさなくなり、
作り出すのに疲れて継続的な産出を拒むかと思えば、
反対にそれまで種を蒔いても甲斐のなかった土地が、
その後、誰に指図されるでもなく、にわかに作物を貢ぎ出す。
頑丈な組織をそなえてどっしりと構えた大地も揺り動かされ、
足元の地面が失われることもある。陸地が水を冠り、
大洋(オーケアノス)は海を吐き出したかと思えば、渇きを覚えて再び飲み込み、
830
自制を失ってしまう。往昔(そのかみ)デウカリオーン一人が人類の継嗣として、
たった一つの巌(いわお)の上で世界の主となったとき、
大洋はこのようにいくつもの都を沈めてしまったのだった。
またさらに、パエトーンが父の馬車の手綱に挑戦したとき、
人々は焼け焦げ、天は火災に慄(おのの)き、
光り輝く星々は慣れぬ太陽の炎から逃れ、
自然は一つの墓に葬られるのを恐れた。

森羅万象は長い時を経て斯様(かよう)なまでに変易し、
再び元の姿に回帰する。一二宮もまたそのように　840
一定の時を経て力を失い、また回復して取り戻す。
その原因は明らかだ——すなわち地球が間に入って太陽(ポエブス)の光線を遮(さえぎ)り、
月(デーリア)が輝きの元となる馴染みの光を得られなくなるとき、
兄を失って夜の闇に沈んだ月が
虧蝕(きしょく)する場所となる宮もまた
そこに宿る星〔月〕と一緒に衰弱し、
共に挫けて普段の力を奪われ、
まるで月の弔いを出すかのように喪に服すから。
この原因は、ほかならぬその名称に現れているとおり。古人はこれらを
「蝕の宮」と呼んだ。ただし、この苦難を受ける宮は二つで一組をなしており、　850
それらは隣同士ではなく向かい合って輝いている。
現に月の輪郭が欠けるのは、その真向かいの宮を駆ける
太陽の姿が見えなくなる時に限られるのと同様だ。
しかし、すべての宮の衰弱期間は一様ではない、
まる一年の間そうした状態が引き続くこともあれば、力を失う期間が
もっと短いこともあり、また没落状態が

太陽の周期〔一年間〕を超過することもある。
そして、めいめいに割り当てられた期間が終わり、
天を跨いで相対する二つの宮が
所定の持ち場で然るべき労苦を全うすると、
今度はそれらより先に地上に昇り、また沈む　860
隣接した二つの宮が、災いを引き継いで没落する。
そうして、星の輝く天球に逆らう向きではなく、
天が駆け巡る方向に自らも傾いていく。*80
それらの宮は力を失って授けなくなり、従前のような益や害はもたらさない。
こうした変化のすべては位置の近さから生じるものだ。

人間に運命を知る力があること

　しかし、もし各々の心が葛藤し、
恐れのあまり希望を失って、天に踏み入る道を閉ざしてしまうなら、
煌々（こうこう）と輝く天空をかくも精緻な計算で探ることに何の意味があるだろうか。
「ほら、自然は途方もない深奥に隠れ、
死すべき我々人間の眼からも心からも逃れてしまう。　870

880

どんな手を尽くしても運命を見ることができない以上、
すべてが運命の支配下にあるというのも無益なことだ」――このようにその人は言う。
己自身を卑しめる罵詈雑言に、
ほかならぬ神の施す財産を棄てる自欺に、
自然から授かった心眼の放擲に何の益があるだろうか。
天を見極める我々が、どうして天の賜物をも見極めないだろうか。
〈人の心には可能なのだ、本来の居場所を離れることが、〉
ほかならぬ宇宙の財産の奥深くへ降りていくことが、
これほどの構造物〔宇宙〕をその種子から組み立てることが、
天より生まれた身をその揺籃に運ぶことが、
海の果てを目指し、地球の裏側に降(くだ)って、
世界中に生活の場を拡げることが。
［また夜に残される分け前がどれほどかを導く計算法を学ぶことが。］
今や自然に隠れる場所はない。我々はその全貌を見渡し、
天を捕えて手中に収め、自身もその一部でありながら己が親を見極めて、
自らの生まれの元たる星辰に肉迫する。
我々の胸裡に神が宿っていることに、
魂が天から来て天に帰ることに疑いの余地があるだろうか。

大気、至高なる火、地、水という
全元素から構成された宇宙が、
遍く拡がって森羅万象を支配する〔神的〕知性の宿であるように、　890
我々にあっては地上的な性質の肉体と血の通う魂とが、
すべてを支配し人体を統御する精神にとっての宿だということに
疑いの余地があるだろうか。自らの内に宇宙を蔵し、
一人一人が小さな姿をした神の似像たる人間に
宇宙を知る力があるとして、何の驚きがあるだろうか。
人間が天以外の何者かの子だと考えるなど
道理にかなうことだろうか。生物は皆、地に伏すものもあれば、
水底に潜むものもあり、空中に浮かぶものもある。
そのすべてにとって、ただ休らうことと食べること、〈交わることだけが喜びで、
図体のみを強さの尺度として〉体格により評価され、
思慮を欠くため言葉ももたない。　900
ひとり万物に君臨するこの人の子のみが、
事物を考究し、弁舌の能力を身につけ、幅広い才能を授かって、
多彩な技術を獲得する高みに至る。人間のみが、都市に籠もり、
土地を手懐(てなず)けて実りを得、動物たちを従わせて、

海に道を拓いた。人間のみが、頭という城砦を戴いて
直立し、勝者として星のごとき目を星々に差し向けて、
天空をひときわ間近に眺め、
ユッピテルを探究する。ただ神々の外面だけでは
飽き足らず、天の臓腑を検(あらた)めて、
自らの骨肉を尋ねて星の林に己が姿を模索する。　910
重大な事柄にあたって我々はこの天にこそ、
鳥どもや〔犠牲獣の〕胸の内に震える臓物がしばしばもつような信を求める。
聖なる印[*81]を手がかりに推測することが、
よもや獣の屍や鳥の囀(さえず)りに注意を向けることに劣るだろうか。
神は自ら天の様子を地上に惜しみなく見せつけ、
自らの貌と身体を絶えず巡らせつつ露わにし、
我とわが身をさらして印象づける。
そのようにして、己が姿をしかと知らしめ、
運動の様子を見る者に教え、その法則に注意を向けさせる。
宇宙はすすんで我々の精神を星々の高みに招き、　920
自らの法を明らかにすることで、それが隠れたままになるのを許さない。
見ることが許されるのに、知ることが許されないなどと誰が考えようか。

930

小さな胸の内にあるからと己の力を蔑(なみ)してはならない。
そこに宿る力は計り知れないもの——ちょうど僅かの量の黄金が
　堆(うずたか)く積まれた多量の銅の値打ちを凌ぐように、
たった一粒でも金剛(アダマス)が金より高価であるように、
蕞爾(さいじ)たる睛眸(せいぼう)が大空を隈なく見渡し、
最大のものを見ながらも眼がその視覚を最小のものに負うように、
細(こま)かな心の内にある精神の座が
その狭隘な領域から全身を統御するように。
物質の規模を問うてはならない。目方ではなく
理性がもつ力を見極めよ。理性はすべてに勝利する。
人に神を見る力があることを疑ってはならない。
今や人自身が神々を作りなし、神霊を星々の高みへ送る。[*82]
そして元首なるアウグストゥスのもとで天の威光は弥増(いやま)すだろう。[*83]

訳注

＊1　この詩行は『ラテン碑文集成』二・四四二六、一一・三三七三にも見られる。

＊2　「たった一人の英雄」とは、トロイアから逃げ延びてローマの礎を据えたアエネーアースのこと。トロイアを逃れる際、アエネーアースの行く手からは戦火が退いたという。ウェルギリウス『アエネーイ

ス』二・六三二―六三三を参照。
*3　第一巻七七九行を参照。
*4　第一巻七八一行を参照。
*5　第一巻七八〇行を参照。
*6　第一巻七七八行以下を参照。「三人の兄弟」とはクーリアーティウス兄弟、「一人」とはホラーティウス兄弟のうち生き残って勝利したプブリウスのこと。
*7　第二次ポエニー戦争の際、カンナエの戦いでハンニバルに敗れながらも善戦したとされるガーイウス・テレンティウス・ウァッローと、同じくハンニバルを相手に慎重な戦略を駆使したクイントゥス・ファビウス・マクシムス。ファビウスについては、第一巻七九〇行も参照。
*8　前九一年から前八七年にかけてローマとイタリアの同盟諸市の間で行われた同盟市戦争のこと。
*9　ガーイウス・マリウスは、ローマ共和政後期の軍人で、前一〇一年にキンブリー族を破った。ただし、ここで言われているのは、彼がスッラから逃れてミントゥルナエの沼に身を潜めた際、彼を殺すために派遣されたキンブリー族の奴隷が本人を前にして、その迫力に剣を取り落としたという逸話か（ウァレリウス・マクシムス『著名言行録』二・一〇・六）。マーニーリウスは、ルーカーヌスと同様、マリウスが獄中で死んだと考えているようである。ルーカーヌス『内乱』二・七二以下も参照。
*10　ここではカルターゴーのことを指す。
*11　ローマ共和政後期の軍人グナエウス・ポンペイウス・マグヌスのこと。以下は、ミトリダーテース戦争の勝利、海賊掃討への言及。
*12　ポンペイウスの勝利は、アフリカ、ヨーロッパ、アジアにわたる。ウェッレイウス・パテルクルス『歴史』二・四〇・四を参照。
*13　ガーイウス・ユーリウス・カエサルのこと。ウェヌスの子孫と考えられ、死後は神格化された。

＊14　ローマ第六代の王セルウィウス・トゥッリウスのこと。

＊15　前二四一年に、ルーキウス・カエキリウス・メテッルスが火災に見舞われたウェスタ神殿から神像を助け出したことを指す。第一巻訳注＊130を参照。

＊16　それぞれ、ヘーローへの恋心からヘッレースポントスを泳いで渡ろうとしたレアンドロス、ヘレネーへの恋心からトロイア戦争を招いたパリスのこと。

＊17　それぞれ、父ラーイオスを殺したオイディプース、二人の子を殺したメーデイア、兄弟同士で殺し合ったエテオクレースとポリュネイケースのこと。

＊18　デキウスとカミッルスについては、第一巻訳注＊117、＊123を参照。

＊19　ウティカのカトー（小カトー）。第一巻七九七行も参照。

＊20　この種の怪異については、リーウィウス『ローマ建国以来の歴史』二七・一一・五、三一・一二・八も参照。

＊21　第四巻冒頭の序歌では何か具体的な技術が教えられたわけではないのに「教えた」と言われるのは不自然であるため、この三行は直前までとの繋がりの悪さから削除すべきと考えられ、底本もそれに従っている。しかし、一方で内容・文体の点では詩人のそれに沿っており、後世の竄入ではなく詩人本人に由来するものと考える編者もいる。

＊22　パッラスは、アテーナーのこと。機織りの技に優れた娘アラクネーは増長して女神と腕を競い、敗れて蜘蛛に変えられた（オウィディウス『変身物語』六・一―一四五）。

＊23　畑で種を蒔いているところを顕職に任ぜられたガーイウス・アティリウス・レーグルス・セッラーヌス（大プリーニウス『博物誌』一八・二〇）と、質実の気風で名高いマーニウス・クリウス・デンタートゥスのこと。後者については、第一巻七八七行も参照。

＊24　畑を耕している時に独裁官に選ばれたというルーキウス・クインクティウス・キンキンナトゥスなど

が念頭にあるか。キケロー『老年について』五六も参照。

＊25　天文学に熟達することで星辰の動きを予測することを意味していると思われる。

＊26　底本どおり mandris と修正を入れて読んだが、仮に写本の membris を採れば「家畜の四肢を携えて」となる。

＊27　エウボイア王ナウプリオスの子パラメーデースはトロイア戦争に従軍した武将で、彼にはアルファベットの一部や賽子、貨幣、暦法の発明が帰されている。

＊28　「名前」とは ἕν, δύο, τρία すなわち「一、二、三」のような数詞、「記号」とは数に対応した文字（A＝1、B＝2、Γ＝3）を指していると思われる。

＊29　特に法律用語に関して発達した略号や略記法（RP = res publica「国家」、PR = populus Romanus「ローマ国民」など）を念頭に置いていると思われる。

＊30　「国民の法務官」とした原語は populi praetor で、特定の官職というより法律家ないし法学者一般を意味していると考えられる。法務官などの告示と並んで学者の回答もローマ国民の法をなす要素であることについては、ガーイウス『法学提要』一・二、七も参照。

＊31　キケローによって最も偉大な法律家と賞賛された（『ブルートゥス』一五一―一五三）ローマ共和政末期の法学者セルウィウス・スルピキウス・ルーフスのこと。

＊32　剣闘士には奴隷だけでなく金銭や刺激を目的とした自発的な自由人もいたと考えられ、ここで言われているのが特に剣闘士として雇われた自由人だとすると、「生命」と訳した caput（文字どおりには「頭、首」）は「(自由人）身分、市民権」と捉えたほうが適切かもしれない。

＊33　ここで言われているのは、貯水槽と水路のこと。アグリッパによって造られたとされる貯水池については大プリーニウス『博物誌』三六・一二一、種々の水路についてはウィトルーウィウス『建築書』八・六・一を参照。

＊34　ここで言及されているのは、水を動力とする天球儀のことだと思われる。アレクサンドリアのパッポス『数学集成』八・二（フルチュ版、一〇二六頁）やキケロー『神々の本性について』二・八八、『国家について』一・二一、『トゥスクルム荘対談集』一・六三も参照。

＊35　詩行の欠落が想定される。底本の編者がおおよその意味を補ったものを訳出した。

＊36　底本の採る読み voluntas に従ったが、voluptas という異読もあり、その場合は「快楽を好み」となる。

＊37　原語は decanica で、デカンは本来はエジプトの暦において一〇日ごとの目印に用いられた「旬日星」のことだった。ここでは、以下の記述からもわかるとおり、黄道帯を一〇度ずつに分割した三六の区域を指している。宮一つは三〇度から成るので、一つの宮には三つのデカンが含まれることになる。図表20も参照。

＊38　白羊宮は獅子宮の三分宮の一つで、金牛宮は四分宮の一つ。第二巻二七九―二八〇行および六六四―六六六行を参照。

＊39　第二巻三六八―三七〇行を参照。

＊40　ここで詩人はこれまでの一〇度域の配分規則から外れている。ここまでの順番どおりならば双魚宮の一番目と二番目の一〇度域はそれぞれ磨羯宮と宝瓶宮に割り当てられなくてはならないはずである。

＊41　人の宮から人だけが、獣の宮から獣だけが生まれるわけではない、ということ。

＊42　二九四―三八六行にかけて示された一〇度域に関する教えを指している。

＊43　欠行が推定される箇所で、底本の編者が試みに埋めた文章を訳出した。

＊44　「歌うべきこと」の原語は canenda だが、写本には異読として cavenda「警戒すべきこと」（＝以下に述べられる凶角度）もある。

＊45　「一二度」と訳した原語は decimae secunda で、今はこれを duodecima と同じ意味に捉えたが、ハ

ウスマンはこれが「一一度」を指す可能性も示唆している。以下、凶角度の一覧は、図表21を参照。

＊46 蟹座にあるプレセペ星団のことを言っていると考えられる。なお、巨蟹宮と盲目については、第二巻二五六行以下も参照。

＊47 目が見えることと生きていることを特に強く結びつけて、盲目・失明を「第二の死」と表現している。

＊48 乙女座はこれまでイーカリオスの娘エーリゴネーとして言及されてきたが、ここではアストライア（正義女神ディケー）と混同されている。乙女座の起源をアストライアとすることは、他にアラートス『パイノメナ（星辰譜）』九八以下にも見られる。

＊49 これらの詩行はアウグストゥスを暗示していると考えられる。スエートーニウス（『皇帝伝』「アウグストゥス」五）によると、彼は前六三年九月二三日（もしくは二二日）の日の出前に生まれたとされ、そのとき太陽が位置していたのは天秤宮であるから、彼の誕生時に「時の見張り」を占めたのはこの宮となる。もっとも、この詩行だけでは第四巻執筆時にアウグストゥスが存命だったかどうかを決するだけの根拠にはならない。

＊50 「湖」とは、トラシメンヌス湖のこと。ハンニバルが隻眼だったことを指す（リーウィウス『ローマ建国以来の歴史』二二・二・一一）。なお、人馬宮と隻眼については、第二巻二六〇行も参照。

＊51 ウェヌスとクピードーは、ユーフラテス河の岸でテューポーンに遭遇して川の中に逃れ、魚に姿を変えたとされる。ヒュギーヌス『天文書』二・三〇も参照。

＊52 メッシーナ海峡のこと。

＊53 ペロポンネーソス半島北西部のことではなく、テッサリアの一地域であるアカイア・プティオーティスのこと。

＊54 ヘッレースポントス。「少年」と「少女」とは、プリクソスとヘッレーのこと。

＊55　夏に太陽の昇る東北東（カエキアース）と真北の間なので、北北東（アクイロー）。

＊56　マーニーリウスは、ストラボーン（『地誌』二・五・一八）同様、カスピ海が世界を取り囲む大洋（オーケアノス）と繋がっていると考えていた。

＊57　一つまたはそれ以上の詩行の欠落が疑われる。その内容は、世界がリビュア、アジア、ヨーロッパの三地域に分かたれていることへの言及だと推定される。

＊58　ハンニバルが火と酢を用いて岩を砕いたことについては、リーウィウス『ローマ建国以来の歴史』二一・三七・二―三を参照。

＊59　リビュアの土地の苛酷さが外敵に対する守りとなることについては、他にサッルスティウス『ユグルタ戦記』八九・五も参照。

＊60　現在のドン河で、ヨーロッパとアジアを分かつ境界。

＊61　ヨーロッパの名の元となったエウローペーは、テュロス王アゲーノールの娘。彼女に恋したユッピテル（ゼウス）は、白い雄牛に姿を変えて近づき、彼女を背に乗せて海を渡り、クレタ島で交わったという。

＊62　「王」とは、アレクサンドロス大王のこと。マケドニアのパイオネス人がトロイア戦争の折にトロイア側に援軍を送ったことに対する神々からの褒賞である、という意味（第一巻七七〇行も参照）。

＊63　トラーキアは、マールス（アレース）と特に結びつけられた。ホメーロス『イーリアス』一三・三〇一参照。

＊64　都市ローマそのものが神格化されている。

＊65　第二巻四五六―四六五行も参照。

＊66　マウレタニアという名前がギリシア語の μαῦρος「黒い」に因むという考え方。イシドールス『語源』一四・五・一〇も参照。

＊67　インドとアフリカのこと。イシドールス『語源』一二・二・一四も参照。
＊68　一行ぶんの欠落が推定され、底本が採用する補綴を訳出した。
＊69　ポエブス（アポッローンの別名）は、双子宮を支配する神。第二巻四三九行以下も参照。
＊70　「やがて世界を統べる者」はティベリウスと考えられる。彼は前六年に公的生活を退いてロドス島に隠棲し、のちの後二年にローマへ帰還した。なお、ここでは「カエサル」をアウグストゥス、「大いなる天地の光」をティベリウスと捉えたが、この「カエサル」を在位中のティベリウスと捉える解釈もある。
＊71　原文のとおりに音引きをつけると「イーオニア（イタリアとギリシアの間の海）の」となるが、ここでは明らかに小アジアのイオーニア（ー）と混同されている（同種の混乱は、例えばオウィディウス『祭暦』四・五六五以下を参照）。また、今それが指す範囲には、小アジア沿岸地域とそこの島々に加え、アッティカも含まれる。直後の「ドーリス」も、ペロポンネーソス半島を含めた範囲を指すものと考えるべきだろう。
＊72　ローマは、月が天秤宮にあるとき建設されたと伝えられる（キケロー『占いについて』二・九八）。
＊73　ここで言われている「カエサル」についても、アウグストゥスと捉えるかティベリウスと捉えるかで解釈が分かれる（これについては「訳者解説」を参照）。とはいえ、「ローマの再建者」という表象は、アウグストゥスにこそ合致するように思われる。
＊74　エジプトそのものは白羊宮に属するので、ここではカタバトモスとエジプトの間にあるリビュアの一地帯を指すか。
＊75　ディアーナが人馬宮を支配することについては、第二巻四四四行も参照。
＊76　北海では大きな波が地を洗うため海と陸の区別が曖昧であるという考えは、大プリーニウス『博物誌』一六・二やルーカーヌス『内乱』一・四〇九以下も参照。
＊77　つまり、魚に変身して、ということ。

＊78　ヘーロドトス『歴史』三・九四・一、七・七〇・一を参照。
＊79　「蝕の宮」の原語は ecliptica（ギリシア語の ἐκλείπω「欠ける」から）で、蝕の際に月が位置している宮とその真向かいの宮が影響を受けるという考え。
＊80　例えば白羊宮と天秤宮が蝕の宮の期間を終えると、次は双魚宮と処女宮に移る。
＊81　星々のこと。「印」の原語 signa は、これまでも「星座」や「宮」を表してきた語の一つ。
＊82　前四四年に現れた彗星は、同年に没したガーイウス・ユーリウス・カエサルが天界に迎えられた証と解釈され、彼は前四二年に公式に神として祀られた。
＊83　ここでは、アウグストゥスがまだ存命で、彼の将来の神格化が暗示されているものと解釈して訳した。しかし、アウグストゥスがすでに没しているとすれば、前行の「神々」には後一四年に神格化されたアウグストゥスも含まれることになる。前注＊70も参照。

第五巻

序歌

他の詩人であったなら、ここを旅路の終わりとしただろう。
一二宮と、その内を逆らって進む五つの神々しき惑星や、
四頭立ての馬車を駆る太陽(ポエブス)と二頭立ての馬車を御す 月(デーリア) を
語りおおせて仕事をその先にまで進めはしなかっただろう。
そして天空から踵(きびす)を返して、途中にある土星(サートゥルヌス)[*1]、木星(ユッピテル)、
火星(マールス)、太陽、それらの下なる金星(ウェヌス)、マイアの子、そして月よ、
彷徨(さまよ)えるあなたの星明かりをくぐり抜け、下り道を行くことだろう。
だが、果敢にもひとたび高天を往く車駕に乗じ、
勾配を登って穹窿の頂に達した以上、
10 私は宇宙の命に従って、星の林を隈なく巡り、
天のすべてを周流する旅路を急がねばならない。
こちら側〔南天〕から呼ぶのは、大空にいちばん大きく広がるオーリーオーン、
今もなお星々の海を航(くね)行する英雄たちの船〔アルゴー座〕、
広くあちこちに流れを曲らせる河[*2]、
鱗と恐るべき顎をそなえた怪獣ケートス[*3]、

20

ヘスペリデスと黄金の果実の不寝番[*4]、
宇宙の隅々まで火災をもたらす犬〔大犬座〕、
オリュンポス〔の神々〕が誓いを果たした神々の祭壇[*5]。
あちら側〔北天〕から声をあげるのは、二頭の熊の間を過(よぎ)る蛇〔竜座〕、
車を忘れぬ馭者、荷車〔大熊座〕を見張る牛飼い、
天から贈られたアリアドネーの冠、
湾刀を携えて忌まわしきメドゥーサに勝利を収めたペルセウス、
アンドロメダーを犠牲にしようとした父ケーペウスとその妻、
星鏤(ちりば)められた馬の翔ける領域、速き矢と
競い合う海豚(いるか)、白鳥の姿に身を俏(やつ)したユッピテル、
そしてその他の、全天を所狭しと滑空する星々だ。
これらすべての特性を私は歌わねばならない、
それらが昇る時に、また海に沈む時にどんな力を及ぼすか、
また一二宮の内のどの角度がそれぞれの星座を天に導くのかを[*6]。

一二宮と共に昇る星座（パラナテッロンタ）

白羊宮と共に昇る星座

群の雄にして海の制覇者〔牡羊座〕は、身体の一部を失うのみならず　32
毛皮さえも奪われたが、担(かつ)いだ荷をその名とともにこの海に与えた。[*7]
さらにはイオールコスの男たちをコルキスの魔女メーデイアのもとに向かわせ、
彼女の毒薬を世界中に知らしめた。
今もこの牡羊は、さながら海を往くごとく、
星空の右側〔北側〕で傍(そば)なるアルゴー船の艫(とも)を先導する。[*8]
ところでこの艫は、角(つの)の生えた白羊宮が第四度まで姿を現すと、
初めて明かりを灯して天に昇ってくる。
この星座が昇るとき地上に生まれる者は誰であれ　40
船を操る者となるだろう。動じることなく舵を握りしめて
海を陸地の代わりとし、風に乗って幸運を追い求め、
船団を連れて大海の隅々を[*9]航行することや、
異質な気候と底深きパーシス河[*10]を見ること、
打ち合い岩に邁進するティーピュスを凌ぐことを望むだろう。

50

このような星に生まれた人々を取り去ってみるがよい。
するとトロイア戦争と、艦隊の血塗られた出港と上陸[*11]を
取り去ることになるだろう。クセルクセースがペルシアの軍勢を洋上に
繰り出すこともなく、海を作ったり覆い隠したりすることもないだろう[*12]。
サラミースの勝利がシュラークーサイで覆り[*13]、アテーナイが撃沈することもなく、
カルターゴーの船嘴が海原一面に漂うこともないだろう。
アクティウムの湾で世界が二つの陣営に分かれて対峙し、
天の命運が海上で揺れ動くこともないだろう。
彼らの手で船は未知なる海に導かれ、
陸地の間には連絡が生じ、さまざまな物資の必要に駆られながら
全世界が風を頼りに取引をするのだ。

60

　さて〔白羊宮の〕第一〇度の左側に昇るのは
大空を懐(いだ)く最大のオーリーオーン[*14]。
この星座が天を曳きつつ地平線の上に輝くとき、
夜は漆黒の翼を畳み、あたかも昼間と見紛うばかり。
この星座は、才気溢れる精神と素早い身のこなし、
活発に務めを果たす頭脳、どんな仕事にも
疲れることのない力をそなえた機敏な心を作りなすだろう。

この星に生まれた者は一人で群衆に匹敵し、都市の隅々を居場所にして、
朝方に戸口という戸口を飛び回り、
たった一言挨拶を述べて皆の友人となるだろう。
　他方、白羊宮が地上にその身を第一五度まで
昇らせ終えると、初めて馭者が馬車を
水平線から擡（もた）げ、凍てつくボレアースが苛烈な北風*15を吹かせて
70 襲う穹窿の底から車駕を出発させる。
この星座は、自らのもつ関心と、かつて地上では馭者として熱中し、
今でも天空でその手に握る技術を授けるだろう——
馭者は泡立つ馬銜（はみ）で抑えられた四頭の口元を操り、
軽快な馬車に乗る。並外れた馬の力を捌（さば）き、
ぐるぐると旋回させて押しとどめる。
また、囲いが開いて檻から抜け出すや
猛（たけ）る馬を駆り立てて、駿馬のさらに先を行くかのように前傾し、
軽やかな車輪で地表を掠（かす）め、
馬脚をもって風をも追い越す。あるいは一団の先頭を切りつつ
80 斜めに意地悪な進路をとり、
速度を落として行く手を阻み、走路をすっかり塞いでしまう。

90

あるいは、馬群の中ほどにあって、道幅を頼りに
コースの外を回ったり、尖った標柱を掠めて
勝負の帰趨を最後の一瞬まで分からぬものにしたりする。
さらに曲乗師となって馬の背中を次々に乗り換え、
その背に足裏を揺るぎなく据えることもできようし、
飛び跳ねる獣の背を飛び回りながら馬芸を披露することもあるだろう。
はたまた今度は一頭のみに乗って武器をふるってみせたり、
広い競技場にちらばる賞品を走りながら拾い集めたりするだろう。
この星に生まれた人は、何であれこの種の関心から生まれるものを手にするだろう。
思うにサルモーネウス[*16]はここから生まれたと考えられよう——
この人物は地上にありながら天を模倣した。
ブロンズの橋の上に四頭立ての馬車を走らせて天空の音〔雷鳴〕を表現し、
ほかならぬユッピテルを地上に引き寄せたものと思い込んだが、
そうして雷を作り出しているうちに本物をその身で味わった。
天から放たれた火のあとを追い、自らの命を代償にユッピテルの存在を思い知った。
また星々の間を翔け抜けて天空に道を拓いた
ベッレロポーン[*17]も、この星座から生まれたと考えられよう。
彼は天空を廣野（ひろの）となし、大地も海も足下にして、

100
走るあとには何らの跡も残さなかった。
馭者の姿はこうした人々を連れて昇ると心得よ。

　白羊宮が第二〇度まで昇ると、
そのときようやく仔山羊たち[*18]が震える顎を覗かせて、
右なる北風（ボレアース）が吹くところからもじゃもじゃとした背中を
地上に見せ始めるだろう。この星から厳格な面持ちの人々が——
すなわち堅苦しい顔つきをしたカトーのような人々や
峻嶮なトルクワートゥス、またホラーティウスの所業が[*19]——
作られるなどとは考えないように。それはあまりに荷が重すぎる。
110
やんちゃ盛りの仔山羊たちにそんな大仕事は適さない。
彼らは軽きを楽しみ、奔放な心を特徴とする。
他愛のない戯れや活発な運動に汗を流し、移り気な愛のうちに青春を過ごす。
勲功のためではなく愛欲のためにしばしば傷を負い、
褒められたものではない悦びの報いとして命を落とすことさえある。
彼らの勝利が悪事による以上、その破滅は災いとして取るに足らぬもの。
さらにまた仔山羊たちは、生まれ来る者に家畜を世話する仕事を与え、
自分たちを率いる牧人を生み出し、
その首元に葦笛を掛けてやり、いくつもの歌口（うたぐち）から次々に音色を生ぜしめる。

　他方、白羊宮が第二七度まで進むと
ヒュアデスが昇ることだろう。[20] このときに生まれた者は
120 休息を好まず、閑暇の果実を享受しない。
むしろ群衆や雑踏、世の中の混乱を求める。[21]
暴動や騒擾を喜び、グラックス兄弟が演壇を占め、
聖なる山に人々が退き、市民がまばらになることを望む。[22]
平和裏の戦争〔内乱〕を支持し、心配事の種を蒔（ま）く。
また、みすぼらしい田舎で汚れた家畜の群を駆りもする。
ラーエルテースの子[23]の忠実なる豚飼い〔エウマイオス〕を生んだのも、この星々。
ヒュアデスの星々が昇る時には、このような性格がもたらされる。
　白羊宮の最後の角度が――つまりこの宮をすっかり地上に示し、
水平線から露わにする角度だ――天に送り出されるとき、
130 大神ユッピテルの養母を務めて星となった
オーレノスの山羊[24]が、先を行く仔山羊たちを見守りつつ、
右側なる凍てつく北天から昇ってくる。この雌山羊は雷神に
頼もしい糧（かて）を与え、口を開けて乞う児の腹を乳で満たし、
雷霆をふるうにふさわしい力を授けてやった。
この星から生まれるのは気が小さくびくびくした心の持ち主。

騒音に不安を覚え、些細なことをきっかけに取り乱す。
この星はまた未知なる物への好奇心をも植えつける。
ちょうど雌山羊が新しい藪（やぶ）を探して山々を巡り、
嬉々として草を食（は）みながらどんどん遠くへ向かうように。

金牛宮と共に昇る星座

140 牡牛〔金牛宮〕は、頭を垂れて後ろ前に昇るとき、
輝きを競い合うプレイアデス姉妹を
その第六度に率いてくる。彼女らの息吹を受けて恵みの光の内に
生まれ出るのは、バックスとウェヌスの信奉者、
宴席や食卓で勝手気ままに振る舞い、
辛辣な機知をきかせて心地よい笑いを狙う心の持ち主だ。
彼らはいつも自分の身嗜（みだしな）みや外見の魅力を
気にかけるだろう。髪の毛を巻いて波立たせたり、
長髪を紐で綰（たが）ねたり、厚く頭頂部にまとめ上げたり、
毛を継ぎ足して頭の装いを変えたり、[*25]
150 もじゃもじゃの身体を穴の空いた軽石で磨いたり、
男っぽさを嫌ってすべすべした腕に憧れたりする。

160

女物の衣服や、実用ではなく見栄え重視の履き物、
わざとらしく嫋々とした歩き方を好む。
もって生まれた性を恥じ、心には盲目的な虚栄心を宿し、
己が病に美徳の名をつけて、ひけらかす。
恋するだけでは決して満足せず、恋していると見られることをも望むだろう。

双子宮と共に昇る星座

さて、双子〔双子宮〕が同胞の星を天に擡げ、
大洋の水面に浮かぶとき、
その第七度と共に昇るのは兎だ。この星から生まれた人々は、
自然から翼と飛行の力を授かると言っても過言ではない。
疾風を思わせるその四肢には、それほどの活力がそなわるだろう。
ある者は出走する前に競走場の覇者となるだろう。
またある者は素早い動きで固い拳打を躱し、
軽やかに相手の拳を避けたかと思えば、こちらから繰り出す。
またある者は逃げていく毬を敏捷な足裏で蹴り返し、
足を手の代わりに用いて体の支えを遊ばせ、
よく動く腕を駆使して素早い一撃を連打する。

またある者は、降り注ぐ毬をその身に浴びせ、
掌を自由自在に体中へ振り分けて、
これほどの数の球を取り零(こぼ)すこともなく、自分自身を遊び相手にして、　170
あたかも予め教え込んだかのように手玉を自らの周囲に飛び交わせしめる[*26]。
この星に生まれた人は夜を徹して関心事に打ち込み、熱意が睡魔に打ち勝って、
快適な余暇をさまざまな遊びに費やす。

巨蟹宮と共に昇る星座

さて、今度は蟹〔巨蟹宮〕のそばの星々を歌おう。その左側には
ユグラエ[*27]が昇る。その影響下に生まれた者は、
メレアグロス[*28]よ、あなたを大切にする。遠く離れた炎に焼き尽くされ、
死をもって母に〔生命という〕贈物を返したあなたは、
まだ生命尽きぬうちから少しずつ弔いの火を味わった。
また彼らは、アタランテーの課した難行に挑んだ者[*29]や、
カリュドーンの岩場で狩りに参戦して　180
丈夫(ますらお)たちをも圧倒し、乙女には見るだけでも余りある野獣を
最初の一撃で仕留めたその娘[*30]自身をも慈(いつく)しむ。
また、いまだ猟犬たちの新奇な獲物になる前のアクタイオーン[*31]に

森が驚嘆のまなざしを注いでいた所以たる業(わざ)に
彼ら自身も惹かれ、網で廣野(ひろの)を、脅し羽根[32]で山を囲繞する。
彼らは落とし穴や纏わりつく罠を用意し、
逃げ回る獣の足下に括りをかけて絡めとったり、
犬や槍で仕留めた獲物を持ち帰ったりする。
他方でまた、形もさまざまな海洋生物を捕まえたり、
190　見えない深みに潜(ひそ)んだ怪魚の姿を浜辺に展(ひろ)げたり、
波立つ荒海に戦いを挑んだり、
河の流れに網を下ろして漉(さら)ったり、
足跡一つ残さぬ捕え難い獲物を狙ったりする——
そうしたことに熱意を傾ける者もいる。
何となれば、陸(おか)の贅沢は物足りず、胃袋は地上世界に退屈し、
食道楽にはネーレウスさえもが海産の糧を供するからだ。

　他方、巨蟹宮の第二七度が水平線から
天に姿を現す頃になると、犬の先駆け(プロキュオーン)が昇る。[33]
この星から生まれた者が享けるのは狩猟そのものではなく
200　狩猟の手立て。すなわち、仔犬を利発に育て上げること、
血筋から等級を、また産地から性質を見積もること、

網や、丈夫な穂先を取りつけた狩猟槍、
節目を均した撓りのよい槍を作ること、
そして狩猟の仕事が必要とする習いのものを何であれ
作って売りに出し、利益をあげること——こうした力を授かるだろう。

獅子宮と共に昇る星座

さて、ネメアの獅子が巨大な口を開けて昇ってくると、
白熱した犬[*34]が姿を現す。烈火のごとく吠え立て、
己が炎に荒れ狂い、太陽の火焔を倍増させる。
この星が地上に火を灯し、熱線を吐き出すと、
世界は灰燼に帰することを悟り、終焉の時を予感する。
ネプトゥーヌスは洋上に力なく萎え、
森の草木からは緑の血液が消え失せる。
あらゆる生物は別天地を求め、世界がもう一つ
必要になる。並外れた暑さに逃げ場を失った自然は
自らの熱病に苛まれ、生きたまま荼毘に付される。
星辰の間に拡がるのはこれほどの猛火であり、
すべての星がただ一つの光のうちに活動を止めてしまう。

この星は海面に姿を現すや——
大洋の波でさえ昇りくるこの星の火勢を鎮めることはかなうまい——
御し難い気概と乱暴な心を作り出し、　220
迸(ほとばし)る怒りと、見境なく人々に向かう憎悪と恐怖を
授けるだろう。言葉が話す人を追い越し、
気持ちが口に先走る。些細な刺激に興奮して
胸は高鳴り、ものを言っても舌は荒ぶり吼えるばかり、
しきりに牙を鳴らして声に歯噛みの音を残す。
酒が入るとその悪徳は熱を増し、力は酒神(バックス)に煽られて、
荒ぶる怒りが烈火のごとく燃え上がる。
森や岩山、恐ろしい獅子や泡吹く猪の牙、
野獣の武器にも怖(おじ)けることなく、
手頃な標的の身体に瞋恚(しんい)の炎をぶちまける。　230
こうした技能がかかる星に属することは驚くには及ばない。
当の星そのものが星々のうちでいかに狩りを行うかは知ってのとおり。
先を進む兎を捕まえようと走っているのだ。
　大いなる獅子宮の最後の角度が上がってくるとき、
天に昇るのは黄金色の星々で彫刻を施された混酒器(クラーテール)。*35

この星から生まれてその性質を授かった者は誰しも
田舎のよく潤った野原や河、湖を追い求めるだろう。
また、バックス〔葡萄〕よ、あなたを楡（にれ）の木に寄り添わせて番（つがい）にしたり、
横木を用いて整列させ、その葉で歌舞隊（コロス）を模したりするだろう。
はたまた、特有の頑丈さを誇る樹枝を腕状に伸長させて、
240 あなた〔葡萄〕のことはあなたに委ね、母から切り離されたことに因んで
夫婦の契りからは常に離しておくだろう。[*36] また葡萄の間に穀物を蒔き、
その他にも地上に存在する数知れぬ栽培法を地域に合わせて
実施することだろう。そして得られた葡萄酒を
惜しみなく酌み、収穫した実りを自ら享受し、
生（き）の酒を楽しんで、分別を酒盃に溺れさせるだろう。
また、毎年願を掛けて大地に期待を込めるだけでは飽き足らず、
租税を取り立てたり、ことに湿気に育（はぐく）まれて
水にゆかりの深い商品[*37]を扱ったりするだろう。
250 潤いを好む混酒器（クラーテール）からは、このような人々が生まれてくるだろう。

処女宮と共に昇る星座

さて、次に昇ってくるのは処女宮だ。この宮の第五度が大洋から

257 260　261

姿を現すとき、波間からは往昔（そのかみ）アリアドネーが戴いた冠、
輝かしい記念の品が立ち昇り、
優美な技芸を授けるだろう。一方には少女への贈物が輝き、
他方には少女自身が現れる。
この星から生まれた者は、煌（きら）びやかな花々に彩られた庭園と、
オリーブの蒼々（あおあお）とした丘や芝草の緑なす丘を手入れするだろう。
淡黄色（うすきいろ）の菫（すみれ）、緋紫のヒヤシンス、
百合、眩（まばゆ）いテュロス染めと見紛う罌粟（けし）、
赤い血潮の色に咲き誇る薔薇を植え、
天然の色彩で草地を染め上げることだろう。
あるいはまた千紫万紅の花々を編み合わせて花環に仕立て、
自身の星の形を作り、さながら〈アリアドネーの冠に
並ぶものを作るだろう。また茎を〉[*38]重ねて潰したものを
煎じつめ、アラビアの薫りをシュリアの風味でまろやかにし、
程よい加減の匂いを漂わせる香油を作り、
配合によって香水の魅力をいっそう高めるだろう。
この星に生まれた者が大事にするのは瀟洒な装いや身嗜み、
着飾りの技、憧れを誘う生活、一時の悦び。

乙女の年齢と冠の花々が求めるのは、これらのことだ。

他方、毛羽立つ麦穂（スピカ）が〔処女宮の〕第一〇度と共に昇り、*39　270
身を守る芒（のぎ）を見せるとき、
生み出されるのは畑や田園を耕す熱意、
畝溝をつけた地面に利息を見込んで種を託すこと、
数えきれないほどの収穫を受け取り、元手以上の
利子を手にして、穀物倉に事欠くほどの刈入れを得ること*40――
死すべき人間が知るにふさわしいのはこの金属だけだった、
さすれば地上には何らの飢えも欠乏もなかったろうに。
豊かな財産が満ち足りた人類のもとにはあったのだ、
地上から〈金や銀の鉱脈が隠されていた往時には〉。
また、偶（たま）さか労苦のために鈍った人があれば、パンや
穀類から得られる益に不可欠の技術が授けられる――　280
すなわち、穀物を砕くために石臼にかけること、
ぐらつく円盤〔上臼〕を碾（ひ）くこと、穀粉を水に浸すこと、
竈で焼き上げること、人々の糧（かて）を用意すること、
このたった一種類のものをさまざまな形に変化させることだ。
さらにまた麦穂（スピカ）は、技巧みに配された種を内に宿して

建屋よろしく整然たる結構をもち、
己が穀粒に蔵や倉庫をあてがうさまに因んで、
聖殿の羽目板天井に彫りを施す者や、
雷神ユッピテルの館の中に新たな天を拵(こしら)える者を生み出すだろう。
290
かつては神々にのみ許されたこのような装飾が、
今は贅沢の一部と化している。食堂が神殿の向こうを張り、
黄金の屋根の下で我々は黄金を啖(く)らう[41]のだ。

天秤宮と共に昇る星座

他方、天秤宮の第八度が昇ってきたなら、矢の姿に
目をとめよ。この星が授けるのは、腕をふるって槍を投げ、
弓弦で矢を、弩(いしゆみ)で土塊(つちくれ)を放つこと、
宙を舞う鳥を捕獲すること、
油断した魚を三叉の矛で貫くこと。
テウクロス[42]に与えるのにこれ以上の星や出生があるだろうか。
はたまた、ピロクテーテース[43]よ、あなたを〔他の〕どの角度に委ねたものだろうか。
300
前者は、数多(あまた)の軍船に非情な炎を放とうとしていた
ヘクトールの松明(たいまつ)をその弓で追い払い[44]、

後者は、トロイア戦争の命運がかかる箙を携え、
武装した敵兵以上の強敵として、追放の身のまま鎮座していた。
さらにまた、あの父親もこのような星から
生まれたのだろう[*45]——
横たわる息子の顔にのしかかり、眠るその子の命を啜ろうとする蛇を、
不運な父は果敢にも弓矢で射殺した。
父であることが技をもたらした。本性が危険を克服し、
若児を死の眠りから助け出した。
かくして息子は、夢見るうちに死の定めから救われ、再び生を享けたのだ。
　他方、向こう見ずな仔山羊[*46]が、ちょうど人里離れた洞穴を
徘徊するように、兄弟の足跡を探して
群のあとを遠く離れて昇ってくるとき、
才気溢れる精神と、
さまざまな仕事へ駆り立てられて気苦労に事欠かず、
家居をよしとせぬ心が生み出される。
こうした人々は民衆の奉仕者となり、行政や司法の公職を歴任する。
この者がいるところでは、競売の槍が買い手の挙げる指に事欠くことはなく、
没収財産に落札者が不足することもないだろう。罪人が

320
罰を免れることもなく、国庫に債務を負う者が祖国を欺くこともないだろう。
この人は都市の代理人なのだ。それに加えて、さまざまな色恋沙汰に
節操なく熱中し、リュアイオス[47]に唆(そそのか)されて公務を疎かにする。
その踊りは軽やかで、身のこなしは舞台役者をも凌ぐ。
　さて、竪琴(リュラ)が昇ってくると、
死後に初めて後継[48]の手で音を奏でた亀の甲羅の姿が波間に浮かぶ。
往昔(そのかみ)、オイアグロスの子オルペウスがこの楽器を奏でると、海神(わたつみ)は微睡(まどろ)み、
巌(いわお)は感興に打たれ、森は耳を傾け、冥府(ディース)の神は涙を零(こぼ)し、
果ては死すらも分限を弁(わきま)えた。
330
この星から生まれるのは、歌声や絃楽の才、
多彩な形をした賑やかな笛、
手捌きに応えてものを言い、呼気を受けて鳴り響くすべての道具。
この星から生まれた者は、甘美な歌で宴席に華を添え、
調べで酒をまろやかにし、夜の長さを忘れさせるだろう。
さらには煩(わずら)いの最中にあってすら、
声を落として密かに呟(つぶや)きながらこっそり詩(うた)を口遊(くちずさ)み、
一人きりでも自分自身の耳を相手に歌うだろう。
天秤宮の第二六度が昇るとき、竪琴(リュラ)は天に腕木を伸ばして

このような使命を授けるだろう。

天蠍宮と共に昇る星座

天蠍宮が第八度をかろうじて覗かせたかという時に、
そのそばに昇る、香の火を模した星を灯す祭壇はどうだろうか。
340 往昔（そのかみ）、ここでなされた誓いによって巨人族（ギガンテス）は滅び、
ユッピテルは荒ぶる雷霆を武器として右手に執る前に、
神々の前に立って自ら神官を務めた。
この星が生むのは、神殿[*49]の世話係、
三番目の位に就く神職、
聖なる呪文を唱えて神威を崇める者、
神々さながらに未来を見る力の持ち主にほかならない。
ここからさらに四度進むと〔天蠍宮の第一二度〕ケンタウルスの星が現れ、
生まれてくる者にその性質を賦与する。
350 突き棒で驢馬を駆り立てたり、
雑種の四足（よつあし）を軛（くびき）に繋いだり、車に乗って高所を進んだり、
武器を纏って騎乗し、馬を戦場に向かわせたりするだろう。
またこの者は、獣の身体を癒す業（わざ）に通じ、

360

物言わぬ動物を言葉にならない病苦から救う術を心得ている。[*50]
彼らが苦しみ呻(うめ)くのを待たず、
むしろ病の自覚に先んじて身体の患いを見抜くのが、この技術のなせる業。

人馬宮と共に昇る星座

これに続くのが、弓携えた射手〔人馬宮〕。その第五度は
輝く大角星[*51]を海上に示す。このとき生まれた者に
運の女神(フォルトゥーナ)はことさらに自らの財を委ねる。
かくて彼らは王に傅(かしず)く王として、また国家の奉仕者として、
君主の財産や不可侵な国庫の富に目を配り、
民衆の後見役を務めたり、あるいは家計を取り仕切る目付役として
他家の面倒にかかりきりになったりもする。
　波間から人馬宮がすっかり姿を現すと、
この獣人の第三〇度と共に、星に象(かたど)られた羽毛を纏う白鳥が
輝く翼を広げて天に飛颺(ひよう)する。
この白鳥が昇る時に光を享け、母の胎から出ずる者は、
空の住人〔鳥類〕や天を縄張りとする有翼の族(うから)を
関心の的にして、そこから財を得るだろう。

この星からは無数の技術が生じるだろう——　370
天空に宣戦を布告し、宙を行き交う鳥を捕獲したり、
雛鳥を攫(さら)ったり、枝木に止まるところや
食事をしているところに網を被せて捕えたりする。
しかも、こうした営みは贅沢のため。今や人々は、かつての戦地よりも
なお遠くへ胃袋のために通い、我々はヌミディアの地やパーシスの森を糧とする。
未知なる海を越えて金羊毛皮が運び出された場所から
市場の品々は輸入される。
さらにまた、この星から生まれた者は、
飛禽に人語とその意を教えて奇怪なやり取りを行わせ、
自然の掟が許さなかった言葉を指南するだろう。　380
当の白鳥そのものも自らの内に神を蔵し[*52]、声はその神に由来する。
もはやただの鳥ではなく、胸中静かに自己と語らうのだ。
それから、屋根の頂でウェヌスの鳥〔鳩〕を飼い、
それらを空に解き放ったり、決まりの合図で呼び戻したりするのを
楽しむ者や、言いつけを聞くように仕込んだ鳥を
籠に入れて都中を連れて回る者、
ちっぽけな小鳥に全財産を注ぎ込む者も忘れてはならない。

400 399 532 531 398　390

黄金に輝く白鳥は、こうした技術やそれに準ずる技術を授けるだろう。

磨羯宮と共に昇る星座

　大きな蛇の蜷局（とぐろ）に巻かれた蛇使いは、
山羊よ、あなたの星座のそばに昇るとき、
自らの子を蛇の身体に親しませる。
ゆったりとした外衣の襞に蛇を迎え入れ、
害を受けることなく恐ろしい毒牙と口づけを交わすだろう。
　さて、魚〔南の魚座〕が故郷なる海から姿を現し、
天に昇って馴染みのない領域を進むとき、
この時に生を享ける者は誰であれ、
海辺や川岸で歳月を過ごすことだろう。
見通しのきかない海中を揺れ動く魚を捕え、
また曇りなく澄んだ礫（つぶて）〔真珠〕を手に入れようと
渦巻く海のただなかに飽くことのない眼を沈め、
水中に潜って、貝殻に隠れた真珠を棲家（すみか）もろとも
暴き出すだろう。これ以上の冒険は他にない。
利得は難船の危険を冒して求められ、

410

海に沈んだ屍も当の獲物と同じように探索される。
これほどの労苦に対する報酬は時に大きなものとなる。
真珠の値打ちは財産にも匹敵し、この宝玉の輝きの前では
金持ちがほとんど消え失せ、*[53] 陸は海の重荷に拉（ひし）がれる。
このような定めを享けた者は海岸で自身の業（わざ）に従事するか、
さもなくば姿もさまざまなる海産物の行商人となり、
他人の成果に値をつけて売り買いをする。
「竪琴」*[54]をなす星々が大空に昇るとき生まれてくるのは
犯罪の審問者や罪人の懲罰者だ。
論証を重ねて過ちの真相を究明し、
沈黙に偽られた秘密を明るみに出すだろう。
また、この星からは無慈悲な拷問者や刑罰の執行人、
真実を支持し、悪事を憎むすべての人、
人心から諍（いさか）いを根こそぎ取り去る者も生まれる。
　黝（あおぐろ）い海豚（いるか）が海から天に昇り、
鱗模様の星を纏って出てくると、
陸と海の両方に属する子が生まれる。
ちょうど当の海豚が素早い鰭（ひれ）を駆使して

420
水面や水底を割きつつ海原を滑らかに行き、
体の撓（しな）りで推進力を得て波の形を描き出すように、
誰であれこの星から生まれる者は、水中を飛ぶように進むだろう。
ある時は、ゆったりした動きで腕を交互に運び、
〈海面を切り拓いて泡立つ泳跡を残し、人の目を引くだろう。[55]〉
そして水を叩く音を響かせるだろう。またある時は、
目立たない二本櫂の舟のように海中に沈めた手を押し広げ、
またある時は、直立した格好で水に入って歩くように泳ぎ、
まるで浅瀬を踏むかのごとく海上に平地を作るだろう。
はたまた、四肢を動かさずに背や横腹を下にして、
水に重みをかけることなく、波上にその身を横たえ、
430
漕ぎ手を要さぬ帆船のように全身をぷか[56]ぷかと揺蕩（たゆた）わせるだろう。
また、海の上でさらなる海を探し求めることを楽しむ者もいる。
波間に身体を沈め、洞窟の奥に潜む
ネーレウスや海のニンフたちを訪ねようとする。
海の略奪品や水底に攫（さら）われた船の残骸を
運び出し、海底の砂地を飽くことなく探索する。
別々の、しかしよく似た関心がどちらの職種にも共通し、

同一の起源から枝分かれして生まれてくる。
さらにまた、同流の技術をもつ次のような者も
算(かぞ)えられるだろう。頑丈な跳躍板*57で弾みをつけて飛び上がり、
先に跳んだ者が今度は下に来て、　440
一方の落下が他方を宙に浮き上がらせる互替(かたみが)わりの運動をしたり、
燃え盛る炎の輪をくぐり抜けたりする体軀の持ち主だ。
彼らはその身のこなしで宙を舞う海豚(いるか)を思わせ、　444
まるで水の中にいるかのようにふんわりと着地して、　443
翼もたずに飛颺(ひよう)し、空中に戯れる。　445
とはいえ、仮にそうした技術を欠く場合でも、
ふさわしい素質が残るだろう。自然は彼らに活発さと
元気いっぱいの脚力、広野を飛び回る体軀を与えることだろう。

宝瓶宮と共に昇る星座

他方、水滴(したた)る宝瓶宮のそばに昇るケーペウスは、
遊興向きの性格を与えないだろう。この星が作りなすのは、　450
厳格な表情を浮かべた顔、荘重な気風を湛えた容貌だ。
彼らは物思いを糧(かて)とし、古人の師表を懐かしみ、

昔日のカトーの言葉を称え続けることだろう。
ケーペウスは、幼子の養育係も作り出す。　455
この人物は、年少服の決まりに従って主（あるじ）に随行する主となり、[*58]
実体のない権限に眼が眩（くら）み、自分の仕事を　457
後見人の厳しいまなざしや伯父の頑固さだと思い込む。　454
さらにまた、この星から生まれた者は悲劇の舞台に言葉を提供するだろう。　458
紙上にありながらもその筆は血に濡れ、
紙そのものもそれに劣らず犯罪の光景や人の世の波瀾に　460
喜びを覚えるだろう。生身（いきみ）の墓[*59]に葬られた亡骸（なきがら）や
息子を平らげて噯気（あいき）を吐く父、後退（あとじさ）りする太陽、
雲もないのに姿を晦（くら）ます日輪を好んで綴り、
骨肉相食むテーバイの戦争[*60]や、兄弟にして父なる男、[*61]
さらにはメーデイアの子供や弟、その父のこと、[*62]
衣裳として渡されたあと炎と化した贈物、
天翔ける逃走、火中からの若返り[*63]を喜んで語るだろう。
他にも数限りない人の世の情景を詩歌に仕立てることだろう。
ケーペウス自身が舞台上で演じられることもあるかもしれない。[*64]
また、ものを書く熱意をもちながらもっと穏やかな者が生まれれば、　470

楽しい催しのために喜劇の見世物を作るだろう。
すなわち、愛に燃える若者や、恋に落ちて攫(さら)われる娘、
欺かれた老人に、何でも活発にこなす奴隷。
こうした見世物で己が生を幾星霜にもわたって永らえさせたのが、
弁舌の花咲く自身の都を博識で凌ぐメナンドロス[65]だ。
彼は生きた人々に人生を見せ、書物によって聖化した。
また、もし自分の力でそれほどの作品を創り上げられなくても、
他人の作品に適性を発揮するだろう。時に声を、
時に声なき身ぶりと情感を駆使して詩人の言葉を再現し、
語ることを通じて作品をわがものとするだろう。平服(トガ)のローマ人や
偉大な英雄を舞台上で演じるだろう。たった一人で
あらゆる役柄に成り替わり、身体一つで群像を表して見せるだろう。
五体を駆使してあらゆる有為転変の表情を描き出し、
身ぶりで歌舞隊(コロス)に肩を並べ、歴々(ありあり)としたトロイアの姿や
臨場感溢れるプリアモスの最期を見せるだろう。
　さて今度は鷲を語ろう。この星は雫滴(したた)る若人〔水瓶座〕[66]——
彼を地上から攫ったのがまさにこの鷲なのだ——の左側に昇り、
翼を広げて獲物のまわりを飛んでいる。[67]

この鳥は、神の放った雷霆を持ち帰り、天に仕える兵であって、
490 河なす宝瓶宮の第一二度の目印となる。
この星座が昇るとき地上に生まれた者の気質は、
殺しさえ厭わず、分捕り品や略奪物を得ることに向かい、
494 戦争と平和、同胞と敵を区別せず、
493 人間の殺戮に事欠けば、その矛先を野獣に向けることだろう。
495 自分自身を掟とし、どこであれ気分の赴くままに
力いっぱい驀進する。一切を蔑(なみ)する態度こそが賞賛の的と映るのだ。
もしもそうした衝動がたまたまよい事業に向かえば、
短所は美徳と化すだろう。戦争を終わらせて
壮大な凱旋式で祖国を賑わせる力をもつだろう。
500 また、この鳥が武器を自分では扱わず供与するのみで、
放たれた炎を持ち帰り、雷霆を取り返すことに因んで、
この星から生まれた者は、戦場で王や立派な将軍の手下となり、
己が力を発揮して多大の便益をもたらすだろう。
　他方、宝瓶宮[*68]が第二〇度まで進み、その右側に
カッシオペーが現れてくるとき、そこから生み出されるのは
金細工師だ。彼らは自分の仕事を数限りない形に転じさせ、

貴重な素材にさらなる価値を上乗せして、
そこに鮮やかな色彩の宝石を配う（あしら）腕前をもつ。
聖なる神域に輝くアウグストゥスの捧物も[*69]、この星に由来する―― 509
すなわち、太陽の輝きにも比肩する黄金の光と、 511
暗闇にあって光明を放つ宝玉の煌（きら）めきだ。
ポンペイウスによるかつての凱旋の記念品[*70]や 513
ミトリダーテースの姿を帯びた戦勝碑[*71]も、この星に由来する。 510
これらは月日に毀（こぼ）たれることなく今なお新鮮な輝きを放っている。 515
この星からは、姿形の見栄えをよくし身体を飾る工夫が発見された。
黄金で外見の魅力を獲得したり、
頭や頸や手指に宝石を連ねたり、
真っ白な足に黄金の鎖が輝いたのも、この星のおかげ。
この婦人〔カッシオペー〕が、自分自身の益となること以外の
一体何に子供たちを携わらせるだろうか。 520
そして、こうした仕事に必要な素材が欠けることのないように、
地下に黄金を求め、ひそかに隠れた自然の産物を
根刮（ねこそ）ぎ掘り起こし、収奪のために大地を覆し、
土塊（つちくれ）の狭間の財宝を捕え、あまつさえその意に反して

馴染みのない白日の下にさらすことすら言いつける。
この星に生まれた者は、飽くことなく黄色い真砂を算え上げ、
濡れた岸辺に新しく大水を注ぎかけたり、
微々たる欠片のために小さな錘（おもり）を作ったり、
530　黄金混じりの泡を立てるパクトールス河[*72]の宝を集めたりするだろう。
533　あるいは、銀を含んだ土塊を火にかけ、隠れた鉱脈を取り出して、
鉱物を奔流のように熔かすだろう[*73]。
あるいは、この両者の手になる金属の商人となり、
一方を他方の価値に合わせて交換するだろう[*74]。
カッシオペーが作りなす子供たちの心性は、このようなものとなるだろう。

双魚宮と共に昇る星座

これに続くのはアンドロメダーの星。双魚宮が
第一二度まで昇ったとき、天の右側〔北側〕には黄金に輝く彼女の姿が現れる。
540　往昔（そのかみ）、彼女は忌まわしき父母が犯した罪の報いを受けた。
大海が四方八方から一斉に牙をむいて押し迫り、
大地が難破船のように浮動して、
514　王国であったものが海原と化した時のことだ。この災いに対して

差し出された唯一の償いが、荒れ狂う大海にアンドロメダーを委ね、　543
若い身体を怪物に喰（く）らわせることだった。
これが彼女の婚礼となった。皆の苦痛を自分の苦痛で埋め合わせ、
涙に暮れながら償いの贄（にえ）として身を飾り、
このような供物となるはずではなかった衣裳を纏う。
生ける乙女の、屍なき葬礼が匆々（そうそう）と執り行われる。
殺気の漲（みなぎ）る海岸に到着するや、
たちまち柔らかな腕は武骨（ぶこつ）な断崖（きりぎし）に押し広げられる。　550
足は巌（いわお）に固められ、鎖がかかり、
死にゆく娘が架かる乙女の磔台が完成した。
責め苦に苛（さいな）まれつつも慎みある表情は保たれたまま、
受難さえもが彼女を飾る。真っ白な頸をそっと後ろへ凭（もた）せかけた様子は、
まるでその身を縛るものなど何もないかのようだった。
襞なす衣裳は肩から滑り落ち、着物は腕を離れ、
背中には乱れ髪が纏わりついた。
翡翠（かわせみ）の群はあなた［アンドロメダー］のまわりを飛びながら
羽搏（はばた）きで哀悼の意を表し、憐れを誘う歌であなたの不運を嘆き、
翼を重ねて日陰を作ってやった。　560

570

大海はあなたを取り巻く光景を眺めて荒波を鎮め、
馴染みの絶壁を濡らすのをやめた。
海面からはネーレウスの娘らが姿を現し、
あなたの不運を憐れんで波間に涙を零した。
風さえもが、宙吊りにされた身体を優しい息吹で元気づけ、
絶壁の頂には哀切なこだまが響きわたった。
だが、幸運にもその日、ついに怪物ゴルゴーンを倒して帰還する
ペルセウスがその岸辺を訪れた。
絶壁に架けられた娘を目にすると、
あの強敵の姿にさえ石化することのなかった彼の身体は凍りつき、
危うく戦利品〔メドゥーサの首〕を手から取り落とすところだった。
メドゥーサに勝った男がアンドロメダーに負けたのだ。今や彼は断崖さえも羨み、
彼女の身体にかかる鎖を果報者と言う。
そして、この責め苦の原因を娘本人から聞き知ると、
結婚を賭けて、迫りくる第二のゴルゴーンの姿[*75]にも恐れをなさず
大海と一戦を交える臍を固める。
宙を翔け抜けると、娘の命を助ける約束をして、
嘆きに暮れる両親を励ましてやり、婚約を取りつけて

岸辺に舞い戻る。今や大海は怪物を孕んで膨らみ始め、
襲いかかる異形の巨体に追われた鯨波が長い隊伍をなして　580
押し寄せた。波濤を割いて怪物の頭が現れ、
水塊を吐き出す。その歯のまわりには潮（うしお）が響動（どよめ）き、
口腔（くち）の中には怒濤が溢れる。
他方からは輪形（わなり）の巨軀が途方もない螺旋を描いて迫（せ）り上がり、
その背は積水を覆い尽くす。海神（わたつみ）は隈なく轟音を響かせ、
襲いかかる怪物に岩山さえもが恐れをなす。
不幸な乙女よ、かくも頼もしい味方に守られていたとはいえ、
そのときあなたの顔にはどんな表情が浮かんだことか。どんなに息が
空気中に抜け出てしまったことか。絶壁の狭間から
自らの死の運命を垣間見たとき、巨濤を寄せて洋上を迫りくる　590
報いの魔物を見たとき、体中からどんなに血の気が失せたことか――
何と小さな海の餌食だろうか。ペルセウスは翼を羽搏（はばた）かせて
高翔すると、天空から敵を目がけて突撃し、
ゴルゴーンの血に濡れた剣を突き刺す。
片や怪物もこれに応じて身を起こし、頭を返して海面から擡（もた）げ、
巻いた蜷局（とぐろ）の弾みを頼りに

飛び跳ねて、全身を高々と持ち上げる。
だが、怪物が深い海から勢いよく肉薄すると、そのぶんだけ
ペルセウスは必ず飛び退いて、縦横無尽に宙を翔けつつ挑発し、
迫る魔物の頭に刃をふるう。
それでもなお怪物は英雄に屈せず、猛り狂って虚空を嚼齧するも、
その牙は傷を負わせることなく空しい音を立てるのみ。
水塊を天に吐き出し、宙を翔ける英雄に
血の滲む波を浴びせかけ、海水を星のように滴らせる。
戦いの原因たる王女は、この戦いを眺めていたが、
もはやわが身も忘れ、この勇俠の守護者を案じて
嘆息しながら恐れおののき、身体以上に心までもが動揺する。
ついに怪獣は、刺し貫かれた体中に海水を湛えて頽れ、
再び波間へ還ると、
大海原を巨体で覆った――
それでもなお乙女の眼には見るに堪えないものだったが。
勝利を収めたペルセウスは、澄みわたる海で身体を雪ぎ清めると、
洋上に聳える断崖へ飛来し、
絶壁に磔にされた娘の縛めを解いてやる――

600

610

戦いに臨んで契りを交わした彼女は、救われた命を嫁資として妻となる。
かくして、ゴルゴーンにも劣らぬ怪物を倒し、
大海を重荷から解放したペルセウスは、
激戦の報いたるアンドロメダーに天空の座を授け、彼女を星で聖化した。
このアンドロメダーが海から昇ってくる時に生まれる者は誰であれ、
容赦のない性格の持ち主で、刑罰の執行者や
620
苛酷な牢獄の看守となるだろう。この者が居丈高に立つそばで、
憐れな囚人の母親は敷居にひれ伏して嘆願し、
父親は夜も眠らず最後の口づけを求め、
わが子の魂を己の髄に移そうとする。
また、命を奪い、火葬堆に火を灯すことで銭を得る死刑執行人も
この星から姿を現す。この者は、しばしば抜き身の斧をふるって下す責め苦を
儲けの源とするだろう。つまるところ、巌（いわお）に掛けられた娘〔アンドロメダー〕を
眺めることすら厭わぬような者なのだ。
罰するべき罪人の身柄を見張るため、
囚人の主でありながら鎖を分かち合う伴となることもある。[*76]
630
双魚宮が昇って、その第二一度が地平線を
際立たせ、地上に輝きを放つとき、

有翼の馬〔ペガサス〕が生まれて天空を翔けるだろう。
このような時に誕生するのは、
どんな仕事にも機敏に応じる身体をもった動きの速い子供たち。
ある者は馬をぐるぐると旋回させ、誇らしげにその背に乗って、
騎手と兵士の一人二役を演じつつ馬上戦を行うだろう。
またある者の力量は、競走路の本当の長さを忘れさせ、
目も眩(くら)む駿足を飛ばしてコースの距離を無に帰すように見えるほど。
実際、誰がこれ以上速く世界の果てから報せを持ち帰り、　640
足取り軽く世界の果てに届けることができるだろうか。
さらにまた、ありふれた草木の汁で馬の傷を癒し、
獣の体に効きめのある薬草や、
人間に有益な性質をもつ薬草を知るだろう。
　ギリシア語で「エンゴナシン」と呼ばれる跪(ひざまず)いた姿――
その起源については何ら確証がないが――は、
双魚宮の最後の角度が昇るとき、天の右側〔北側〕に光を掲げる。
この星から生まれた者が享けるのは逃走や悪巧みや謀略であり、
都市の中心で恐れられる破落戸(ごろつき)も、ここから生まれる。
もしそうした気質が運よく職業向きに成長すれば、　650

死と隣り合わせの仕事を目指す熱意を授かり、危険を冒して
自らの才能を売り物にするだろう。果敢にも幅のない細い道に立ち向かい、
ぴんと張った索を確かな足取りで踏みしめるだろう。
そして上空へ向かう綱渡りの稽古を積み、危うく足を
踏み外すかという素振りで、宙に浮きつつ観衆の心を宙吊りにするだろう。

660

　双魚宮の終端が昇るとき天の左側〔南側〕に現れるのは、
海でも空でもアンドロメダーのあとを追うケートス〔鯨座〕の星々だ。
この怪物の影響下に生まれた者の心は、洋上での殺戮や
鱗族の群を屠ることに向かう。彼らは深みに網で罠を仕掛けたり、
海を縛って締め上げたりすることに熱狂する。
広々とした海中にいるつもりで安心しきったアザラシを
荒目の檻で囲繞し、自由を奪って絡め取ったり、
不用心な鮪を網目の糸にかけて曳き寄せたりするだろう。
しかも捕えただけでは飽き足りない。纏れと格闘する魚体に
新たな攻撃を加え、凶器をふるってとどめを刺す。
かくして綿津見は己が血に塗れて汚される。
その後さらに獲物が浜辺いっぱいに横たえられると、
殺戮に次ぐ殺戮が行われる。魚はばらばらに解され、

一つの体が切り分けられて、さまざまな用途に供される。
670
汁気を搾るほうがよい部位もあれば、含ませたままのほうがよい部位もある。
一方からは高価な膿汁(うみじる)が流れ、至高の血雫(ちしずく)が
溢れ出る。そこに塩気が加わって、口に合うまろやかな味わいとなる。*77
他方、鯘(あざ)れた魚類の残骸が余すところなく綯(な)い交ぜにされ、
各部が崩れて跡形もなくなるまで混ざり合うと、
広く料理に用いられる調味液が出来上がる。*78
あるいはまた、黝(あおぐろ)い海のごとき鱗族の雲集が
動きを止め、数の多さゆえに立ち往生しているところを
大網がぐるりと囲んで引き揚げ、
大きな水槽と酒甕に満載する。
680
すると、魚体に等しく含まれる水分が滲み出て混合し、
髄まで蕩(とろ)けた液状の醢(しおから)が流れ出る。*79
さらにまた、この星から生まれた人は、広大な塩田を賑わせ、
海水を煮立てて、そこから鹹気(しおけ)を分離する力をもつだろう。
固い地盤を押し広げ、丈夫な堤(つつみ)で囲いをつけると、
海原から引き込んだ水流を呼び入れて、
出口を塞いで閉じ込める。こうして波を受けとめた浜床(はまとこ)は、

太陽の熱に水分を吸われてきらきらと輝き始める。
乾いた潮と、食卓に供すべく刈り取られた
底深き海神（わたつみ）の白い生毛（うぶげ）が寄せ集められ、
凝（こご）れる泡粒が堆（うずたか）く積み上がる。鹹（から）い汁で　690
水の用途を損なうこの海の毒素は、
彼らの手で生命に欠かせない塩と化し、健康に資するものとなる。

沈まない星座

さて、決して海に浸かることなく常に円を描いて回る
熊〔大熊座〕が天の北極を巡り終え、
その鼻先と共に間断ない歩みを元の地点に戻すとき、*80
〔あるいは、小さなキュノスーラ〔小熊座〕が明け方に昇り、
同じようにして恐ろしい獅子や獰猛な蠍が
夜の終わりに昼の支配の訪れを予告するとき、〕
そのような時に生まれた者は、野獣から敵視されることがなく、
これらの種族を馴らして支配することを商売にするだろう。　700
この星に生まれた者は、恐ろしい獅子を手ぶり一つで制禦したり、
狼を愛撫したり、捕えた豹と戯れたりする能力を得るだろう。

血の繋がった星であればこそ、屈強な熊を避けることなく、
人間の技や本性に反した芸当を仕込みもするだろう。
また象の背中に乗って突き棒でこれを駆り立てるだろう——
これほどの図体がみっともなくも小突かれるまま従うのだ。
また、虎から獰猛さを拭い去って、大人しくなるよう手懐(てなず)け、
地上を脅かすその他の狂暴な獣どもと
友誼を結び、利発な仔たちを……*[81]

＊　＊　＊　＊　＊

30 こうした特別な力と活動の時期とを、
31 往昔(そのかみ)大いなる天の創造者は惑星に定めたのだ。

＊　＊　＊　＊　＊

星々の等級

710 三等級の星がプレイアデス姉妹に授けたのは、

赤銅色[82]に紅潮した女らしい顔つきだ。
そして、キュノスーラ〔小熊座〕よ、あなたの下にも同じ明るさの輝きがあり、
また、海豚(いるか)が四つの灯火から放つ火や、
三角座が三つの灯火から放つ火に加え、
鷲[83]や、つるつるした背を曲(くね)らせる蛇たち[84]も同じ明るさで輝いている。
これに続いて、残るすべての星々から識別されるのは四等級と六等級、
そしてその両階位を繋ぐ間の等級〔五等級〕だ。
いちばん数の多い部分が、いちばん低い等級に属している。
これらの星々は広大で底深い天の彼方にあり、
どんな季節のどんな夜でも輝いているわけではない。　720
明るい月(デーリア)が進む道を逸らし[85]、
惑星たちの光が地平の下に隠れるとき、
また黄金に輝くオーリーオーンの燃える火が沈み、
一二宮を巡り終えた太陽が季節を新たにするとき、
これらの星々は暗闇の中で発光し、黒々とした夜空に火を灯す。
そのとき、天の聖域が〈微細な〉火粉(ひのこ)に埋め尽くされて光を放ち、
星の林の天蓋が隅々まで闌干(らんかん)と輝くさまが見られる[86]。　727
その数たるや、野の花々や、　729

730

曲がりくねった岸辺に拡がる乾いた真砂にも劣らぬほど――
いや、むしろ、絶えず新たに生まれて水面を通う波の数や、
森の木々から舞い落ちる幾千の木葉（このは）の数を凌ぐほどの
星明かりが天の穹窿に浮かぶ様子が見られるのだ。
ちょうど巨大な都市に暮らす民衆が階級ごとに分かれるように――
すなわち筆頭格を元老院が、次なる地位を
騎士階級が占め、騎士階級の次には平民階級が、平民階級の次には
伎倆に乏しい大衆と名前ももたない人群が見られるように――
大いなる宇宙にも一つの国家が存在し、

740

それは天空に都を築いた自然の手になるものだ。
指導層に相当する惑星や、その筆頭格に続く恒星があり、
高位の者が占める地位や相応の特権すべてがある。
けれども、最も数が多いのは、穹窿の頂[*87]を巡りゆく民衆だ。
もしも自然が彼らの数に見合った力を授けたならば、
さしもの高天も自らの炎に耐えきれず、
大空は火に包まれて、宇宙全体が燃え上がることだろう。

訳注

＊1　メルクリウス、つまり水星のこと。
＊2　エーリダヌスのことか、あるいは水瓶座から流れる水か。第一巻訳注＊56も参照。
＊3　鯨座のこと。鱗のついた魚の尾と陸上生物の頭部を併せもつ怪物としてイメージされた。
＊4　マーニーリウスは、ここで南天の海蛇座（Hydra）を指しているようだが、ヘスペリデスと共に黄金の林檎を守っていたラードーンは北天の竜座（Draco）であり、両者を混同しているものと思われる。
＊5　第一巻四二〇行以下も参照。
＊6　実際に以下で歌われるのは黄道一二宮の特定の角度と共に昇る星座（paranatellonta）のみで、沈む星座のほうは扱われない。
＊7　「荷」とはヘッレーのことで、ヘッレースポントスは彼女の名に因む。「身体の一部」とは角で、ヘッレーが転落する際には羊の左角を握っていたという。オウィディウス『祭暦』三・八六九を参照。
＊8　これは詩人の誤り。そもそも牡羊座はアルゴー船から遠く離れていて一緒には昇らない。また、アルゴー船は南天の星座であるため、黄道の南側（左側）に昇ってくる。アルゴー船が後ろ向きに昇ることについては、アラートス『パイノメナ（星辰譜）』三四二―三四四も参照。なお、これまでの巻と違って、第五巻では天の「右」が北を、「左」が南を表している。第一巻訳注＊41も参照。
＊9　黒海に注ぐコルキスの河。東の果てを意味する。
＊10　ティーピュスは、アルゴー船の舵手。「打ち合い岩」とはボスポロス海峡から黒海に至るところにあった二つの巨岩（シュンプレーガデス）で、間を通り抜けようとする船を挟み砕いたという。アルゴー船がここを通り抜けて以来、この岩は活動をやめた。
＊11　ここで言われているのは、イーピゲネイアとプローテシラーオスのこと。前者はトロイア遠征に際して順風を得るための犠牲にされ、後者は上陸直後にヘクトールに討ち取られたギリシア軍最初の戦死者。

＊12　クセルクセースが作らせた運河と船橋については、第三巻訳注＊8を参照。
＊13　「サラミースの勝利」はペルシア戦争でギリシア艦隊がペルシア軍を破ったこと、「シュラークーサイで」云々は、ペロポンネーソス戦争でアテーナイが大敗を喫したシケリア遠征への言及。
＊14　これも詩人の誤り。オーリーオーン座は白羊宮と共には昇らない。
＊15　「北風」と訳した原語はaquiloで、正確には「北北東（の風）」を意味する。白羊宮の一五度と共に馭者座は北北東の空に姿を現す。
＊16　アイオロスの息子。兄弟シーシュポスに憎まれてテッサリアを去り、エーリスにサルモーネー市を築いた。ユッピテルを真似て青銅の道を馬車で行き、松明を投げて雷に見立てたため、神の怒りを買った。
＊17　ペガサスに乗って怪物キマイラを倒した英雄。その後、天馬を駆って神々の座に加わろうとしたため、ユッピテルの雷に打たれた。
＊18　仔山羊については、第一巻三六五行を参照。
＊19　ティトゥス・マンリウス・トルクワートゥスは、軍令に背いた息子を（リーウィウス『ローマ建国以来の歴史』八・七・一四以下）、ホラーティウス兄弟の生き残りであるプブリウスは、許嫁であったクーリアーティウス兄弟の死を悼んだ妹を殺した（同書、一・二六・三）。第一巻訳注＊112も参照。
＊20　ヒュアデスは牡牛座の星団なので、これは詩人の間違い。
＊21　おそらくヒュアデスが嵐と関連づけられる星であることによる（大プリーニウス『博物誌』一八・二四七）。
＊22　リーウィウス『ローマ建国以来の歴史』三・五二・五―七を参照。
＊23　ウリクセース（オデュッセウス）のこと。
＊24　馭者座のα星カペッラ（雌山羊）のこと。アラートス『パイノメナ（星辰譜）』一六四参照。「オーレノス」という呼び名の由来は明らかでなく、馭者の腕（ὠλένη）の上にいるためか、この雌山羊（名をア

マルテイアと言う）の父がオーレノスとされたためか、あるいはアカイアの都市オーレノスに因むか。

＊25　鬘のことを言っていると思われる。

＊26　特にボールを扱う曲芸師（pilarius）のこと。ハウスマンによると、この仕事をする人のうちで最も傑出していたとされるプブリウス・アエリウス・セクンドゥスの技をマーニーリウスは自身見たことがある可能性がある。

＊27　オーリーオーン座の異称。ただし、この語が具体的に何を指すのかは明らかでない。アラートスは蟹座と共に昇る星としてオーリーオーンの「革帯」に言及しており（『パイノメナ（星辰譜）』五八七以下参照）、この星座の中でも目立つ三つの星（δ星、ε星、ζ星）を指しているか、あるいは「鎖骨」を意味する iugulum と関連づける解釈もあるが（ウァッロー『ラテン語考』七・五〇。ただし、そこでの形は lugula）、オーリーオーン座の両肩にあるα星（ベテルギウス）とγ星の間には目立った星がない。いずれにせよ、詩人がこうした異称を用いざるをえなかったのは、五八行で誤ってオーリーオーンが白羊宮と共に昇ると述べてしまったことによると思われる。

＊28　メレアグロスは、カリュドーンの王オイネウスとアルタイアーの子。短命の定めで、彼の生命は炉の木片が燃え尽きるまでと言われたが、母アルタイアーはその木片を大事にしまって彼を生き永らえさせた。その後、国を荒らす巨猪退治に加わった際、倒した猪の毛皮の分配をめぐって母アルタイアーの兄弟と諍いが生じ、彼らを殺したため、怒った母によって生命の木片を燃やされ、息絶えた。オウィディウス『変身物語』八・四五一以下も参照。

＊29　アルテミスの崇拝者で狩猟に長け、自身もいつまでも処女でいることを望んだアタランテーは、求婚者に競走を挑み、勝てば相手を殺した。アプロディーテーの援けを得て彼女を破って妻としたのがメイラニオーン（あるいはヒッポメネース）だとされる。

＊30　カリュドーンの猪狩りに加わったアタランテー本人のこと。

＊31　アリスタイオスとアウトノエーの子。狩りの名手だったが、キタイローン山中でアルテミスの水浴を見たため鹿に変えられ、連れていた猟犬五〇匹に嚙み殺された。

＊32　紐に色のついた羽根を取りつけた狩猟道具で、標的の獣を脅かし、追いつめるのに用いた。

＊33　小犬座のこと。プロキュオーン（Procyon）は、そのα星。

＊34　大犬座、とりわけそのα星シリウス。

＊35　今日のコップ座。第一巻訳注＊52も参照。

＊36　「母から切り離された」云々は、バックス（ディオニューソス）がゼウスの雷に打たれて死んだ母セメレーの胎から取り出されたことによる。また「夫婦の契りからは常に離しておく」云々は、添え木に頼らないこの栽培法を指して比喩的に言ったもの。

＊37　例えばパピュルスや海綿などをハウスマンは挙げている。

＊38　底本に従って、ハウスマンによる補綴を入れて訳出した。

＊39　スピカは、おとめ座のα星。ただし、その位置は処女宮の一〇度ではなく、二六度四〇分だとされる（プトレマイオス『アルマゲスト』七・五も参照）。

＊40　穀物のこと。ここでは土地を耕して収穫を得るさまが、大地を掘り返して稀少な鉱物を得るさまに準えられている。

＊41　高価で贅沢なものを食べるという意味か、あるいは黄金の器から食事を摂るという意味か。

＊42　テウクロスは、テラモーンの子でアイアースの異母弟。トロイア戦争では優れた射手として活躍した。

＊43　ピロクテーテースは、トロイア遠征に加わった弓の名手。しかし、その途上で毒蛇に咬まれて負傷したため、レームノス島に置き去りにされた。一〇年ののち、トロイアを陥落させるには彼の弓が必要との予言を受け、ネオプトレモスとオデュッセウスが彼を迎えに行く。

＊44　ホメーロス『イーリアス』八・二六六―三三四および一五・四三六―四八五を参照。
＊45　アルゴナウタイの一員で、アテーナイの外港パレーロンの名祖となったパレーロスの父アルコーンのこと。彼は幼い息子が大蛇に襲われかけたところ、弓矢で蛇を射殺したという。ただし、クレタ島出身で同じく弓の名手である同名のアルコーンなる人物も伝わっており（セルウィウス『ウェルギリウス「牧歌」注解』五・一一を参照）、両者の関係は不明。
＊46　「仔山羊」と訳した原語はHaedusだが、ここで詩人がどの星座を念頭に置いているのか、はっきりしない。「仔山羊たち」（複数でHaedi）と呼ばれる馭者座の一部をなす星々（ζη Aur）があり（一〇二行以下を参照）、これを指して時に単数のHaedusが使われることがあるため、詩人は両者を異なる星（星座）と勘違いしたか。
＊47　「（憂いからの）解放者」という意味で、酒神ディオニューソスの別名。ここでは葡萄酒そのものを指す。
＊48　メルクリウス（＝ヘルメース）のこと。亀の甲羅を竪琴にする発明は彼に帰せられる。これをメルクリウスがアポッローンに、アポッローンがオルペウスに与えたとされ、はじめ七本だった弦の数も九本に作り変えられたという（エラトステネース『星座起源譚』二四も参照）。
＊49　ハウスマンによれば、神官（sacerdos）と神殿番（hierophylacus）に次ぐ者として、神殿で働く奴隷ないし解放奴隷のことと考えられる。『学説彙纂』三三・一・二〇・一も参照。
＊50　こうした獣医術がケンタウルス座に帰されるのは、この星座がケンタウルスの一人で医術をはじめとする種々の学に通じて英雄たちを教育したケイローンと同一視されたことによる。エラトステネース『星座起源譚』四〇も参照。
＊51　牛飼い座のα星アルクトゥールスのことで、ここでは牛飼い座そのものを指すために代表的に用いられている。

＊52　ユッピテルが白鳥に変身したことに由来する。第一巻三三九行以下、本巻二五行以下も参照。

＊53　金持ちが皆こぞって真珠を得ようと財を投じるという意味か。宝石や贅沢品のためにローマの富が外国へ流出することについては、タキトゥス『年代記』三・五三・五、大プリーニウス『博物誌』一二・八四も参照。

＊54　「竪琴」の原語は Fides で、これは琴座（この意味では通常 Lyra が用いられる）を指すこともあるが、その星座については、すでに三二四行以下で取り扱われていた。琴座が山羊座（磨羯宮）と共に昇るという誤った記述自体は他にも見られ（例えば、オウィディウス『祭暦』一・三一五以下では、琴座の朝の昇りが一月五日とされている）、ここでは詩人が異説を同時に取り込んだために混乱が生じている。その上で、以下に描かれる人々の仕事から察するに、詩人は、「竪琴（Fides）」を類義語の fidicula（fides の指小形で、これも琴座を指すのに使われることがある）と同一視し、これが拷問器具の一種をも意味することを踏まえて解釈したものと考えられる。

＊55　底本に従い、ハウスマンの補綴を入れて訳出した。

＊56　海の深くへ潜水していくこと。

＊57　「跳躍板」と訳した原語は petaurum（ギリシア語の πέταυρον あるいは πέτευρον に由来する）で、おそらく高い跳躍を可能にするシーソーのような装置だと考えられるが、あるいは空中ブランコのようなものかもしれない。

＊58　「年少服」と訳した原語プラエテクスタ（praetexta）は、紫の縁取り刺繡を施した市民服（トガ）のことで、成人前のローマ市民の子供が身につけたもの。成人前の子供は教育係の監督下に置かれ、その教育係は通例奴隷の身分だった。ここでは主人の子供の目付役となった奴隷が自分の本来の立場を忘れて偉そうにする様子が言われている。

＊59　この箇所は本文が乱れており、底本どおりベントリーの修正（vivi bustum … sepulcri）に従って訳

出した。「生身の墓」と次行の「父」とはテュエステースのことで、彼の子供をアトレウスが殺して食膳に供した話を指す。この凶事に太陽は恐れ慄いて逆行したと言われる。

＊60　オイディプースの子エテオクレースとポリュネイケースによるテーバイの王位をめぐる争い。

＊61　オイディプースのこと。母イオカステーを妻としたため、わが子に対して兄弟でもある、という意味。

＊62　メーデイアの弟はアプシュルトス、父はコルキス王アイエーテース。

＊63　ここで詩人の記述は時系列を無視した自由なものとなっているが、いずれもメーデイアに関連する物語。コルキスの王女メーデイアは、金羊毛皮を求めてきたイアーソーンに恋し、彼の冒険の手伝いをする。彼女はイアーソーンと共に逃れる際、父の追跡を逃れるため弟アプシュルトスを八つ裂きにして殺し、海に投じた。また、イアーソーンとその父アイソーンを苦しめたペリアースに復讐するため、巨釜でアイソーンを煮て若返らせる魔術を見せ、それをペリアースの娘たちに真似させて、父殺しを行わせた。しかるのち、二人はイオールコスからコリントスに移るが、そこでコリントス王クレオーンが娘クレウーサをイアーソーンと結婚させようとする。それに怒ったメーデイアは、毒を塗った衣裳を送って花嫁を焼き殺し、夫への復讐として二人の子を殺したあと、空を飛ぶ戦車に乗って逃れたという。

＊64　エウリーピデース作の悲劇『アンドロメダー』を念頭に置いたものか。

＊65　喜劇詩人メナンドロスは、ギリシア新喜劇を代表する作家。彼については、ビューザンティオンのアリストパネースによる「メナンドロスと人生よ、お前たちのどちらがどちらを模倣したのか」という有名な評がある。

＊66　これは詩人の誤り。鷲座は北天の星座なので黄道の右側（北側）に昇る。本巻における天の左右については、前注＊8も参照。

＊67　水瓶座は瓶から水を注ぐ若者の姿でイメージされる。ここで詩人は、その若者を、鷲の姿のゼウスに

攫われた美少年ガニュメーデースだと考えている。

＊68　マーニーリウスは、この箇所以外では「カッシエペイア」という名前を用いている。カシオペア座のこと。

＊69　初代ローマ皇帝アウグストゥスは、多数の神殿を修復再建し、カピトーリウムのユッピテル神殿には多量の黄金や宝石を奉納したと伝えられる。スエートーニウス『皇帝伝』「アウグストゥス」三〇・二を参照。

＊70　大ポンペイウスがポントス王ミトリダーテース六世を破り、三度目の凱旋式を挙げた際のもの。その時にはミトリダーテースの宝石箱がカピトーリウムの神殿に奉納されたという（大プリーニウス『博物誌』三七・一一）。

＊71　凱旋の場にミトリダーテースらの像があったことについては、アッピアーノス『ミトリダーテース戦争』一一六以下を参照。

＊72　リューディアの河で、砂金がとれることで知られる。

＊73　ハウスマンの採用する解釈に従って訳出したが、「迸る流水で鉱物を洗い清めるだろう」という別解もある。ただし、その場合、前行から続く作業の流れと噛み合わないように思われる。

＊74　原文が曖昧で解釈が困難な行。サルマシウスの見立てに従って、両替商のことが言われていると捉えて訳出した。

＊75　底本どおりハウスマンの修正 illa を読んだが、写本の ira であれば「その怒りに」となる。

＊76　警護兵が時に囚人と同じ鎖に繋がれることがあった。セネカ『倫理書簡集』五・七も参照。

＊77　ここで言われているのは魚の内臓などを塩漬けにした「ガルム（garum）」と呼ばれる魚醬のこと（大プリーニウス『博物誌』三一・九三などを参照）であり、特にその上等な品は「ハイマティオン（αἱμάτιον）」と呼ばれたらしい（『ゲオーポニカ』二〇・四六・六を参照）。

*78　前注のガルムが高級品であるのに対して、より庶民的な「ハッレーク」(hallec あるいは halec, allec, allex などとも綴られる）と呼ばれる調味料のことか。大プリーニウス『博物誌』三一・九五では、これはガルムの澱だとされている。

*79　小魚から作られる魚醬の一種で、「リクワーメン（liquamen）」と呼ばれる。『ゲオーポニカ』二〇・四六・一も参照。

*80　大熊座を構成する星々は周極星であるため、北半球では「昇り」も「沈み」もないことになる。しかし、ここで詩人は、天の北極の周囲でそれらの星がいちばん低い位置に来る時（つまり最も地平線に近くなる時）を昇り始めと見なし、他の星座と同じように扱っている。

*81　以下の箇所には欠落が推定され、底本の校訂者によると、その規模は現存写本の元となる原型の八頁ぶん（一七六行相当）に及び、その内容は、竜座から生まれた人の授かる才能、惑星の及ぼす影響、恒星の等級のうち第一等級と第二等級にあたるものについての記述だったと考えられる。そのうち惑星について述べた箇所の一部が本巻三〇―三一行として誤った位置に配されたものと見られる。

*82　銅と金の合金のことで、原語は pyropum（ないし pyropus）。あるいは、これは柘榴石と解すべきかもしれない。ルクレーティウス『事物の本性について』二・八〇三を参照。なお、プトレマイオスがプレイアデスを構成する星として挙げている中には三等級のものは含まれていない（プトレマイオス『アルマゲスト』七・五（ハイベア版、第二部、九〇―九一頁））。

*83　鷲座にはアルタイル（α Aql）があり、プトレマイオスはこの星自体を「鷲と呼ばれる星」として二等級より大きいものと見なしている（『アルマゲスト』七・五（ハイベア版、第二部、七二―七三頁））。マーニーリウスがその星を差しおいてこの場所で鷲座に言及しているのは意外に思える。

*84　「蛇たち」が指しているのは竜座（Draco）と蛇使い座（Ophiuchus）だと考えられるが、ひょっとするとそこに海蛇座（Hydra）も含めるべきかもしれない。

＊85　地平線の下に沈んで我々の視界から見えなくなる時のこと。
＊86　このあとの七二八行として、第一巻一四一行と一四二行が混ざった詩行が差し挟まれているが、一般に削除が妥当と考えられている。
＊87　天の川（銀河）への言及。

訳者解説

I　マーニーリウスとその年代

詩人と作品の成立年代について

　ここにその全体を訳出した『アストロノミカ』の作者として伝えられるマルクス・マーニーリウスの人物や時代について、作品外には何一つ証拠が残されていない。大プリーニウス『博物誌』(三五・一九九)には、アンティオキアのマーニーリウスなる人物が「占星術の創始者」として言及されているが、これはとうてい同一人物とは考えられない。プリーニウスは、このアンティオキアのマーニーリウスを、ローマにおけるミーモス(物真似)劇の創始者とされるプブリリウスの従兄弟としており、そのプブリリウスの活躍時期が紀元前一世紀中頃であることを考えると、このマーニーリウスの活動時期も同じ頃に設定せざるをえない。しかし、それは後述の『アストロノミカ』中の記述から推定される年代と食い違う。そのため、本作の詩人マーニーリウスがこのアンティオキアのマーニーリウスの息子である可能性を云々する学者もいるが、これは根拠のない推測と言わざるをえない。この他、詩人マーニーリウスの名に直接言及した古代の文献は現存しないため、詩人とその時代について知るには、我々は作品そのもののうちに含まれる記述に目を向けなくてはならない。

幸いにして、『アストロノミカ』の中には、詩人の同時代の人物や出来事が直接・間接に触れられており、それらから本作のおおよその制作年代を推定することができる。その第一は、第一巻八九三行以下で描かれるウァールスの戦い（これは「トイトブルクの森の戦い」とも呼ばれる）である。これは後九年にウァールスの率いる三個軍団がゲルマーニア人のアルミニウス率いる軍によって壊滅させられた事件である。したがって、『アストロノミカ』の上限年代はここに置かれることになる。しかも、この事件が近い過去の出来事として記述されていることを考えると、本作（の少なくとも一部）の執筆年代は、当時の初代ローマ皇帝アウグストゥス治世下に設定されることになるだろう。第二の手がかりは、『アストロノミカ』中に散見される、本作の献呈対象である「皇帝（カエサル）」への言及である。ただし、その内容はしばしば暗示的なものにとどまる。そのため、それぞれの箇所での「皇帝」が誰を指すのかについては異なる解釈が存在し、それに伴って本作の年代についても複数の可能性が推定されている。すなわち、

①アウグストゥス説
②ティベリウス説
③アウグストゥス・ティベリウス説

の三つである。このうち、③の説は、マーニーリウス研究において重要な仕事を果たしたハウスマンによって主張されたこともあって長らく支配的だったが、近年では①の説への回帰も見られる。もとより最終的な決着の困難な問題であるが、ここではこの問題に関係する詩句を概観しつつ、③の説の主要な根拠とその問題点を確認しておこう。

『アストロノミカ』中で直接・間接に年代決定と関わる箇所は、第一、二、四巻に見られる。それらを列挙すると次のようになる。

(1)第一巻七—一〇行　呼びかけられている「カエサル」は、「尊厳なる法に従う地上を統べ」(regis *augustis* parentem legibus orbem) という暗示的表現からアウグストゥスだと推測される。

(2)第一巻三八四—三八六行　北半球と南半球（の対蹠人）を分ける大きな違いとしてアウグストゥスの名が明言される。

(3)第一巻七九八—八〇四行　地上で大きな貢献をなして天の座を約束された英傑たちのカタログの掉尾を飾る者として、アウグストゥスの名が挙げられる。

(4)第一巻九二五—九二六行　「祖国の父 (pater patriae)」が誰であるのか明示的には語られていないが、本巻の他の箇所での言及も踏まえると、アウグストゥスだと考えるのが妥当と思われる。

(5)第二巻五〇七―五〇九行　磨羯宮（山羊座）が、アウグストゥスの生誕時に輝いた星として称揚される。
(6)第四巻五四七―五五二行　磨羯宮に代わって、天秤宮（天秤座）が地上を統べる支配的な地位に置かれている。
(7)第四巻七六三―七六六行　一時ティベリウスの隠棲したロドス島が、「やがて世界を統べる者」の逗留地として言及される。同時に、「カエサル」の治世下にこの島が「大いなる天地の光」を手にした、という暗示的な記述が見られる。
(8)第四巻七七三―七七七行　ここでも、支配的地位を与えられた天秤宮がイタリアとローマに関連づけられている。また、ローマ建設時に月が輝いた宮として天秤宮が挙げられ、ローマの再建者として「カエサル」への言及が見られる。
(9)第四巻九三三―九三五行　アウグストゥスの神格化についての言及があるが、詩句そのものからはアウグストゥスが存命か否かを完全には確定できない。

これらの箇所のうち、『アストロノミカ』の制作年代の一部をティベリウス時代に関連づける根拠となりうるのは、(7)に見られるロドス島への言及と、(5)、(6)、(8)に見られる磨羯宮と天秤宮の間に生じている役割の変化である。実際、ハウスマンはこれらを根拠として、第四巻以降をティベリウス時代の作と結論づけた。しかし、この解釈にはいくつかの問題点がある。まず、一二宮のうちで特に優遇された地位にあるのが磨羯宮から天秤宮へ変化していることをアウグストゥスからティベリウスへの変化を示唆するものと解釈する際には、磨羯宮をアウグストゥスの、天秤宮をティベリウスのシンボルとして扱う一対一対応が前提されている。確かにアウグストゥスは自らのシンボルとして積極的に山羊座を用いている（その理由については、山羊と魚の姿を併せもつことが陸と海での勝利を象徴するからといった解釈をはじめ、種々の説が提示されている）。しかし、この問題に関する事情は必ずしも簡単ではない。スエートーニウスの記述に基づいて彼の誕生日を九月二三日と推定すると、そのとき月は磨羯宮に位置していたことになるが、太陽は天秤宮に位置していたわけであり、二つの宮と彼の関係を簡単に決することは許されない。加えて、ウェルギリウス『農耕詩』（一・三二―三五）には、蠍座の螯（はさみ）を新たに天秤座としてアウグストゥスに関連づける記述があり、このことを思うと、『アストロノミカ』第四巻以降の天秤宮の台頭は、それだけをもって「皇帝」の変化を推定する根拠とはし難いものと言わざるをえない。

(7)の箇所についても、ハウスマン以前には「カエサル」をアウグストゥス、「光」（＝太陽）をティベリウスとする解釈があった。しかし、ハウスマンは、もしこの時点で在位しているのがティベリウスでないとしたら、後継者として二番手であるはずの彼が「太陽」に準（なぞら）えられるのは不可解だと考え、この箇所は本作がティベリウス時代に成立したことを示唆するものである、と推定した。この推論自体にすでに少なからぬ飛躍があるように思われるが、加えて言えば、直後の(8)中に現れる「ローマの再建者」としての「カエサル」がアウグストゥスにこそふさわしい称号であることを思うと、わずか十数行程度の間で「カエサル」

が異なる人物を指すことになるという不都合も生じる。以上からわかるように、『アストロノミカ』の全部ないし一部をティベリウス時代の作とする説は決して自明なものではなく、むしろかなり危うい解釈を重ねて導き出された推測にすぎない。こうした点が認識されるに従って、近年では本作全体をアウグストゥス治世下の作と見なす考えが再び支持を集めるようになっている。

ローマ世界と占星術

さて、ここまでに見たように『アストロノミカ』が書かれたのはローマ帝政初期という時代だったわけだが、本作が主題とする占星術という技術もこの時代状況と深い関わりをもつものである。そこで次に、この時代に至るまでの占星術の歴史を概観しつつ、ローマ社会でこの卜占術がもった文化的・社会的意義を確認しておこう。

占星術の歴史　今日、天文学（astronomy）と占星術（astrology）は、科学と占いという相反する存在として捉えられている。しかし、それぞれの元となるラテン語（astronomia, astrologia）およびギリシア語（ἀστρονομία, ἀστρολογία）は、いずれも「星々の研究」という意味で大きな違いなく用いられていた。そうした「星々の研究」は、古代人にとって、天体の動きや法則の探究だけでなく、それが地上に及ぼす影響の研究という領域にも及んでいた。今日なら非科学的な迷信として扱われる後者もまた、天に関する学問の扱う範疇だったという点に注意したい。実際、二世紀の天文学者プトレマイオスは、「天文学書」たる『アルマゲスト』だけでなく「占星術書」に相当する『テトラビブロス』をも著している。両領域のマーニーリウスにおける扱いはのちに詳しく見るが、星々の外観の探究とその影響の探究とは、古代においていずれも学問的研究の領域に属していたのである。

バビロニアからギリシアへ　ギリシア・ローマ世界において、占星術は「カルダイアー人の技術」と称される。この「カルダイアー（Χαλδαία, Chaldaea）」はユーフラテス河下流域、また広くバビロニア全体を表す語であり、西洋古代において、すでにこの地域が占星術の故郷として認識されていたのである。実際、バビロニア人の星辰に対する関心の深さは前二〇〇〇年頃の粘土板からも確かめられる。また、彼らは天空に起きた事象だけでなく、それに対応する地上の現象をも合わせて記録し、そうしたデータの集積を『エヌマ・アヌ・エンリル』のような予兆集に結実させた。それと共に、天における星々の位置を正確に捉えるためのシステムとして黄道を一二等分した「宮（sign）」という座標概念も発達した。このような点からも、占星術と天文学がその起源において分かち難く結びついていることがわかる。

さて、一口に占星術と言っても、星や天象に基づく予言にはいろいろな種類がある。星が力を及ぼす対象として自然環境や国家ないし社会といった人間集団が考えられることもあれば、一個人が問題にされることもある。そして、この個人に焦点をあてた占星術（誕生占星術）に欠かすことができないのが、ある人物の生まれた時点における星の布置を記録した誕生星位図（ホロスコープ）である。個人の誕生時における星の位置関係を記した史料は古くから存在しているが、バビロニアのそれには記録内容に対する解釈がついておらず、実際にそうした記録がどのように理解されていたのかについては不確かな部分が多い（最古のバビロニアのホロスコープは、前四一〇年四月二九日まで遡る）。他方、ギリシア世界において現存するホロスコープは、年代的にかなり新しいものとなる（ギリシア最古のホロスコープとしては、前六二年七月七日のものが残されている）。この史料の時代的懸隔は、ヘレニズム時代におけるバビロニア天文学・占星術の受容とその発展の具合を詳細に知ることを妨げるものである。ともあれ、ヘレニズム時代に至って誕生占星術は隆盛を迎えることになる。

正確な時期の特定は困難であるが、ある頃からバビロニアの天文観測記録はギリシア世界にも知られるようになった。バビロニアの天文学が関数的性格を強くもつのに対して――言い換えれば、この宇宙が実際にどのような構造をしているのかといった幾何学的問題意識をもたなかったのに対して――、ギリシア世界には多くの哲学者たちによって培われた幾何学的宇宙モデルが存在していた。とりわけ球形の大地（地球）を中心に球形の宇宙（天球）がその周囲を取り囲むという、プラトーンとアリストテレースによって権威づけられた宇宙像は支配的であり、ギリシア人はこれを土台にしてバビロニアの天文学を受容していくことになる。したがって、宇宙の中心に位置する地球に、周囲を取り巻く星々から影響力が及ぶというイメージは、なおいっそう自然なものとして受け入れられた。このような思想基盤との融合も誕生占星術の発達に一役買ったと考えられるだろう。

ローマ社会における役割　「征服されたギリシアが野蛮な勝者を征服した」（『書簡詩』二・一・一五六）と歌ったホラーティウスの言葉に集約されているように、ローマ社会はギリシアから文学や思想を輸入していく。そうした新来の文化に、この占星術も含まれていた。ラテン文学の歴史を繙くと、すでにプラウトゥスの喜劇でも前口上でアルクトゥールス（大角星）が観客に語りかける場面があり（『綱曳き』一—二九）、星が地上の人々と交流するイメージは夙（つと）に民衆の間に広がっていたものと思われる。共和政期の文学の中には、プロペルティウス『詩集』に現れるホーロスという名の辻占い師的存在が見える（四・一・七一—一五〇）。また、「その日を生きよ（カルペ・ディエム）」の言葉で有名なホラーティウスの詩は、「バビロニアの算法」（＝占星術）を試そうとする女性に宛てられたものである。

> レウコノエーよ、尋ねてはいけない——それを知るのは掟に背くことだから——、
> 私や君に神々がどんな最期を定めたのかを。バビロニアの算法を試すのも
> 駄目だ。（ホラーティウス『カルミナ』一・一一・一—三）

この詩は、レウコノエーという女性に、占星術を頼って未来のことをいろいろ思い悩むのではなく今日一日を享受せよ、と語りかける内容になっている。当時のローマ人にとって、

占星術はかくも身近なものだった。

占星術がローマに受容されていった道筋を正確に追跡するのは難しいが、その広がりは一般大衆だけでなく知識階級にも及んでいたものと考えられる。初期においては、大カトーのようにこの新来の占いに対して懐疑的態度をとる人がいたほか（大カトー『農業論』五・四）、前一三九年には占星術師の追放が行われるなど、反発も見られたが、共和政期後半には社会の上層、とりわけ政治家たちにも、この占いは浸透していった。カエサルやポンペイウスといった人々もまた占星術を利用したと言われる（キケロー『占いについて』二・九九）。もちろん、それ以前のローマ社会に卜占の類がなかったわけではなく、むしろ鳥占いや内臓占いは古くから行われていた。しかし、そうした従前の占いがもっぱら国家や共同体の命運に関わるものだったのに対して、新来の誕生占星術は一個人の運命に焦点をあてるという違いがあった。この点で、占星術は、それまでローマ社会の意思決定の中心にあった元老院の権威が徐々に陰りを見せ、有力な政治家個人が台頭してくるという共和政末期のローマの時代状況とも符合していた。つまり、転換期の社会のニーズに沿うようにして、占星術はローマ社会の隅々にまで受容されていったのである。

アウグストゥスとティベリウス　このように占星術がローマ世界に浸透していく中で、この占いを政治的な戦略の一つとして活用したのが、オクターウィアーヌス（初代皇帝アウグストゥス）だった。スエートーニウスの記述によると、アウグストゥスが生まれた日に彼の父オクターウィウスが元老院に遅れてやって来ると、占星術師プブリウス・ニギディウス（・フィグルス）は、その理由と誕生の時とを聞いて「地上世界の主が生まれたと確言」したとされ（『皇帝伝』「アウグストゥス」九四・五）、のちにアグリッパと共に占星術師テオゲネースの占いを受けた際にも、この占星術師から驚嘆され、「程なく運命に大変な自信をもち、自らの誕生星位を世間に公開して自身の誕生星座である山羊座の図像を銀貨に刻印するに至った」という（同書、九四・一二）。

さらにまた、この時代の天文現象と政治の関係を見るにあたって無視できない現象が、前四四年に現れた彗星である。スエートーニウスによると、カエサルが暗殺された同年、アウグストゥス（＝オクターウィアーヌス）が追悼のための見世物を行った際、七日間にわたって彗星が現れたという（『皇帝伝』「カエサル」八八）。一般的に凶兆と捉えられることの多い彗星だが、このとき観測されたものについては、アウグストゥスが主導する形で、カエサルが死後神となって天に迎えられた印である、と解釈された。こうしたカエサルの神格化は、後継者である自身の権威を確かなものとするのに資するものだったことだろう。

このように、アウグストゥスは、占星術（ないし天文現象の解釈）を単なる相談先としてではなく、自らの権威づけやイメージ形成という広報戦略手段の一つとしても存分に活用した。しかしながら、こうした占星術の恩恵は、これを排他的に利用することができて初めて充分に享受できるものである。個人の誕生に基づいてその人の生の浮沈や寿命を占うことが誰にでも許されてしまえば、他人の中傷や失脚を意図してこれを用いる者が出てくることは想像に難くない。実際、ディオーン・カッシオスによると、アウグストゥスは後一一年に勅令を発し、たとえ個人的にであっても人の死を占うことを禁じたという（『ローマ史』五六・二五・五）。このような政界における権謀術数の一つとしての占星術は、次のティベリウス帝の時代にも見ることができる。禁を犯して占星術を利用した嫌疑をかけられて自殺に追い込まれたリボー・ドルーススの事件がそれである（タキトゥス『年代記』二・二七—三二）。

このようにローマ共和政末期から帝政初期という時代にあって、占星術は強い関心の対象であると同時に、扱いに注意を要する両刃の剣とも言うべき技術だった。

II 『アストロノミカ』を読む

以上、本作の成立年代やローマ社会で占星術がもった意味を概観したので、ここからは『アストロノミカ』という文学作品をいくつかの切り口から見ていきたい。

『アストロノミカ』の「新しさ」

すでに見たように、占星術という主題設定は、ローマ帝政初期という時代にあって一定の必然性をもつ題材選択だった。この新来の占いを主題に設定する「新しさ」を詩人は繰り返し強調している。しかし、その一方で、古代人の星辰への強い関心を念頭に置くと、単に

「星についての学」を詩にするだけではそれほどの新機軸にはならないのではないか、という疑問が生じうる。実際、ヘーシオドス『仕事と日』には季節を知るための星々が記されているし、この詩人に帰されるものの湮滅した『アストロノミアー』ないし『アストロロギアー』なる作品の存在も伝えられる。ヘレニズム時代の詩人アラートスの『パイノメナ（星辰譜）』は大変な人気を博して、ローマではその翻訳が行われ、キケローもこれを試みている。こうした同時代に至るまでの文芸情況は、マーニーリウスが強調する「新しさ」の正体を問い直す契機となる。

そこで、まずは本作第一巻冒頭一〇〇行余りにわたって展開される序歌の流れを追ってみよう。この序歌は、主題の提示に続いて、占星術の起源と、さまざまな技術の案出による人類の文明史という脱線を経て、詩人の挑戦の成就を願う言葉で締めくくられている。その中で詩人の企図に関する部分を詳しく見ると、一種の階層設定が読み取れる。

〔…〕太虚の中をも通り抜け、
生きた身ながら果てしない大空を巡ること、そして星座や
逆行する惑星の動きを知ることは喜ばしい。
だが、これらの知識だけでは不充分だ。大宇宙の心臓部さえも知悉すること、
それが星座を介して生物を生み出し支配する方途を
認識すること、そしてアポッローンの調律に従い

それを詩に語ることはいっそう激しい喜びとなる。(第一巻一三―一九行)

ここには「見かけ」と「働き」という対比が設けられている。詩人は星座の分布や天体の動きといった外面に関する知識にのみとどまるのでは不充分であり、それがどんな力をもって働きかけるのかという問題にまで踏み込んでいく必要を説いている。あえて現代風の区分をあてはめれば、「天文学的」な知から「占星術的」な知へ、という趣旨だと言えようが、ここで両者は「星についての学」の異なる部門として捉えられるべきものであることは言うまでもない。そして、マーニーリウスは、この次なる領域に詩人として踏み入る点で、従前の詩人たちとは異なる一歩を踏み出しているのである。

再び第一巻の序歌冒頭に立ち返ろう。ここには、占星術という題材だけでなく、それを語るために採用された詩という手段についても語り手が重要な意味を見出していることがうかがえる。のちに見るように、西洋古代文学にはさまざまな専門的知識を韻文で綴った「教訓詩」と呼ばれる作品群があり、『アストロノミカ』もまたその系譜に属しているが、マーニーリウスにおける「韻文であること」へのこだわりは、単に専門的語彙を韻律に載せる手腕の誇示にとどまらない。実際、この詩の最初の一語は「天空」でも「星辰」でもなく「詩にのせて」(直訳は「詩によって」という手段の奪格)という言葉で始められている。

詩にのせて、神秘の技術(わざ)を、そしてまた、運命に与り(あずか)

人間の巡り合わせをさまざまに転じさせる星々を――
すなわち天の理法の作品を――空の高みから引き下ろすことに
私は挑む。いかなる先人も語っていない
異国の供物を携えて、緑の梢揺らすヘリコーンの森を
新しい歌の調べで動かすことに私は初めて挑戦する。（第一巻一―六行）

本作が韻文であることの意義への言及は他にも見出される。詩人が目指すところには占星術的知を「アポッローンの調律に従い」叙述することが置かれているし、詩人が祈りを捧げるのは詩と題材という二つの祭壇だった。さらに詩人は自らの歌う詩に施された調律を、大宇宙を取り巻く天球が奏でる音楽と重ね合わせてもいる（第一巻二二―二四行）。この箇所に見られる「天球の音楽」やマーニーリウスの宇宙観についてはのちに詳しく見るとして、さしあたっては、占星術という題材選択が韻文であることの必然性を確保しており、この内容と形式の密接な結びつきという点にマーニーリウスの強調する新しさが存していると考えられるだろう。

「教訓詩」の伝統

ところで、ギリシア・ローマ文学史における『アストロノミカ』の位置づけを考える際には、「教訓詩（didactic poetry）」という分野について触れる必要がある。西洋古代の文学

には、農業や天文などの専門知識を韻文で語り教える一連の作品群が存在し、それらはしばしば「教訓詩」という名前で呼ばれる（もっとも、古代の人々がこれらの作品群を明確なジャンルとして意識していたかどうかについては議論がある）。その興りと見うるヘーシオドス『仕事と日』は、詩人が兄弟ペルセースに農作業や航海の時期や作法を教えると共に、有名なパンドーラーの物語など種々の寓話をも取り入れた作品である。その後、ヘレニズム時代に入ると、伝統的な叙事詩の韻律にめずらしい専門語彙を多数取り入れることで、いわば「古い革袋に新しい酒を注ぐ」新味を狙った作品が登場する。そうしたヘレニズム期の作品として、すでに触れたアラートスの『パイノメナ（星辰譜）』や、ニーカンドロスの『毒物誌』と『有毒生物誌』が伝えられている。しかし、この分野を大きく発展させたのは、ギリシア文学よりもむしろラテン文学のほうだった。エピクーロス哲学を綴るルクレーティウスの巨編『事物の本性について』やウェルギリウス『農耕詩』、オウィディウス『愛の技術』といったラテン教訓詩群の中に、マーニーリウス『アストロノミカ』も位置づけられる。

『アストロノミカ』の宇宙観・運命の支配

本作の思想的背景　すでに見たように、占星術が西洋世界に受容されていったのは、ヘレニズム・ローマ時代のことだった。そして、この時代の主要な思想流派の一つであるストア哲学は、その厳格な運命観や摂理による支配という考えもあり、占星術との親和性が比較的高いものだった。同じヘレニズム時代の代表的な思想の一つであり、ストア派とは対照的な面を多くもつエピクーロス哲学がローマの詩人ルクレーティウスによって韻文で伝えられていることもあり、マーニーリウスはしばしばルクレーティウスの対抗馬のように位置づけられることがあった。しかし、本作の内容は「ストア哲学の教授」ではなく、あくまで「主題となる占星術の効果的文芸化」に力点が置かれていることには注意を要する。そして、そうした記述意図に沿う形で、我々の詩人はストア哲学に限らず、さまざまな思想流派を柔軟に（悪く言えば節操なく）取り入れながら自作に活かしている。そこで、以下では、本作が汲んでいる思想潮流を先行研究に従いつつ概観しておこう（詳しくは、参考文献中の Volk 2009 を参照されたい）。

ストア哲学　教養あるローマの上層市民の間には前一世紀以来ギリシアの哲学諸流派の学説が浸透していき、その中にはストア派やエピクーロス派といったヘレニズム時代の思想潮流が含まれていた。おおまかに言って、アウグストゥス時代の知識階級に属するローマ人にとって、ストア派の世界観や思考方式はかなりの程度馴染みのあるものであり、それらはマーニーリウスをはじめとする詩人たちにとっても利用可能なものだった。したがって、マーニーリウスについてもおおよそ同じような状況を設定することが可能である。

宇宙の構造　まずは『アストロノミカ』の宇宙観に注目しよう。第一巻冒頭で主題を提示したあと、詩人はこれから取り組む題材たる宇宙の全容を記述することに着手する（第一巻一一八行以下）。詩人は、当時知られていた宇宙生成論（cosmogony）の諸説をいくつか紹介したうえで、自らの採用する学説に話を移す。そこでは、地、水、大気、火といういわゆる四元素が世界を構成していく様子が詩的言語で綴られており、それに続いてそうした世界が「理性（ratio）」によって整えられていることが説かれる。森羅万象は神的な「理性（λόγος, ratio）」によって設計されており、またそれは能動的な力として万物に浸透して働く「息吹（πνεῦμα, spiritus）」でもあるというストア派の唯物論的汎神論は、マーニーリウスの展開する宇宙論とおおむね一致する。また、「共感（συμπάθεια, consensus）」のような個別の語彙の面でも、この学派の言葉遣いに通じていたらしいことがうかがえる。

第四巻に見える運命論と理性讃歌　さらに、神的摂理に支配された宇宙という自然学から、ストア派の倫理学の眼目として、自然の摂理を把握して恐れや憂いを懐かずに生きることが導かれる。自然の摂理とは、別の言い方をすれば、運命の支配でもある。それはある種の決定論に傾く側面がないではないが、冷厳な運命を見据えてなおこれを肯んずる力をもつ者は、必然に強制されるばかりの者とは明らかに異なる賢者としての地位をもつ。この点は、のちにセネカがクレアンテースの言葉として引く「運命は望む者を導き、望まぬ者を引きずっていく」という一節が簡潔に言い表している（セネカ『倫理書簡集』一〇七・一一）。こうした運命論は、星が地上存在の命運を（あくまで予兆としてであれ、強力な因果関係としてであれ）左右するという占星術の理念と親和的なものだった。もっとも、ストア派の中には、パナイティオスのように占いに懐疑的な者も（キケロー『占いについて』二・八八）、ポセイドーニオスのように強く信奉したとされる者（アウグスティーヌス『神の国』五・二、五）もおり、その態度は決して一枚岩ではなかったことには注意が必要である。ともあれ、こうした運命の支配という考えは、マーニーリウスの作中にも見出すことができる要素である。先述の宇宙生成論に続いて、この世界が偶然の産物ではないことが熱を帯びた調子で語られる箇所のほか、第四巻の冒頭では、時の運の彷徨に惑わされる人々の憂いや嘆きが、確乎とした運命の掟と対比的に描かれている。

プラトーン哲学　『アストロノミカ』の世界観とプラトーン哲学の関係もまた、しばしば議論の的となる。『ティーマイオス』には、よく知られた「(宇宙の) 製作者 (δημιουργός)」という概念が見える（二八A以下）。他方、製作者が永遠なモデルに従ってこの宇宙を作ったという構図は、マーニーリウスの記述には見出せない。しかしまた、この宇宙自体が魂と理性をそなえた「生命体 (ζῷον)」だとする箇所（三〇B）や、それが「幸福な神」だとする箇所（三四B）は、宇宙の秩序を強調するマーニーリウスの世界観とも響き合うものであるようにも思われる。また、天の循環運動の観察が我々自身の魂を適切な運動に立て直すことに資する（四六B―C）といった記述からは、プラトーンにとって幸福な生のために天体の観察と理解が重要なものだったことがうかがえる。とはいえ、もしマーニーリウスの主眼がプラトーン的宇宙観の詩的再現にあったとすれば、上記の「製作者」や現宇宙のモデルと似姿との関係が主題化されていないことなどは説明の難しい点として残されることになるだろう。さらに、プラトーンの思想がストア派を含めた古代哲学の諸派に受容されて影響を及ぼしたことを考慮すると、『アストロノミカ』中にうかがえるプラトーン的要素が直接的に当時のプラトーン的伝統に由来するのか、ローマ世界で流布していたストア思想の受容の結果としてそうした類似性が発現しているのか、判断の難しい側面がある。

ピュータゴラース主義　続いて、このプラトーンと深い関係にあるピュータゴラース派の思想伝統についても触れる必要があるだろう。先述の『ティーマイオス』をはじめとするプラトーンの著作に現れた宇宙像は、その数学的性格からピュータゴラース的要素をもつと言われることがある。ローマにおけるピュータゴラース派の活動については詳細のわからない部分が多いが、初期の詩人エンニウスがその学説について知識をもっていたことがうかがえるなど、夙に一定の広がりが推察される。また、マーニーリウスの同時代人であるオウィディウスが『変身物語』の最終巻でかなりの部分を割いてピュータゴラースの学説を紹介し（『変身物語』一五・六〇―四七八）、ローマ第二代の王ヌマをその継承者の一人としているのを見ると、この人物とその諸説が当時のローマで一定の知名度と影響力をもっていたことがうかがえる。マーニーリウスの作中で特にピュータゴラース的伝統を感じさせる箇所としては、死後の魂の居場所としての銀河、天球の奏でる音楽というアイデアが挙げられるだろう。もっとも、後者については、マーニーリウスが直接参照したのはキケローの「スキーピオーの夢」である可能性が高い。

ヘルメース主義　エジプトのトート神と同一視された合成神ヘルメース・トリスメギストス（三倍偉大なヘルメース）を啓示者として設定した文書群が残されており、これらは『ヘルメース文書（*Corpus Hermeticum*）』の名で呼ばれている。そこには哲学的内容のもののほか、占星術に関する文書も含まれている。これらの文書の成立年代を正確に知ることは困難であるが、哲学的内容をもつ部分に比べて占星術などの技術的部分はより古く、フェステュジエールによると、前者の成立は後二―三世紀、後者の成立は前三世紀以後とされる。こうした推定に基づくと、『アストロノミカ』の詩人がヘルメース文書の影響を受けている可能性があり、現にその類似点を指摘する研究も存在する。

『アストロノミカ』におけるヘルメース主義的伝統は、まず、第一巻序歌の中に現れるヘルメースの扱いや占星術の起源に関わる部分に見出すことができる。詩人はこの技術の発見者を「キュッレーネーの神」、すなわちヘルメース（ローマのメルクリウス）と称しており、さらに続く箇所で地上におけるその始祖として触れられる王や神官の存在には、ネケプソとペトシリス（彼らの著作と称されるヘレニズム時代の占星術文献が伝えられる）への暗示を見る余地がある。思想面についても、神と人の関係の捉え方、とりわけ神が人に認識されることを望んでおり、そのような神の認識こそが人の特権であると共に至高の目標である、とする考え（『ヘルメース文書』一〇・一五参照）は、『アストロノミカ』第四巻末尾で展開される理性の力の賞揚と符合するものである。また、そうした認識に至りうる人は限られるというある種のエリート主義的傾向（『ヘルメース文書』四・三、九・五）も『アストロノミカ』と共通する要素と見なせるかもしれない。

他方で、『アストロノミカ』とヘルメース主義的思想伝統を結びつけることを困難にする側面も存在する。まず、ヘルメース文書中の哲学的内容をもつ部分が年代的にマーニーリウスよりあとに置かれることがある。次に、マーニーリウスの世界観とヘルメース文書に見られるそれとの類似は、そもそも後者自体がストア哲学を含めたさまざまな思想伝統を折り合わせた折衷的性格をもつことに起因する可能性がある。さらに、ヘルメース文書に見られる物質的世界を越えて知性的世界を志向する二元論的性格は、ストア派やマーニーリウスよりもむしろプラトーンに近い、といったように、相異なる要素も見出すことができる。とはいえ、マーニーリウスが同時代にアクセスしえたヘルメース思想の流れを汲むテクストを自作の副次的な典拠として利用した可能性は否定できない。

魔術・オカルト的要素　この他に『アストロノミカ』には魔術・オカルト的な要素を感じさせる部分があることが指摘されている。それは第一巻序歌の中で人間の案出したさまざまな技術を列挙する中に見出される。

知れわたったことは歌うまい――人々は鳥の言葉を学び、

〔犠牲獣の〕臓物を検める術や、呪文で蛇を引き裂く術、
亡霊たちを呼び起こして冥府の底なるアケローンを揺るがす術、
昼夜を互いに転じさせる術を知った。（第一巻九一―九四行）

鳥の言葉の解釈や内臓占いは除くとして、そのあとに続く活動（呪文によって蛇を殺すことや冥府の霊を甦らせること、昼夜の逆転）は、むしろ魔術的な性格を強くもつものであり、同じ箇所で列挙されている他の技術とかなり性格を異にしている。実際、この箇所の真正性を疑問視する学者もいる。

このように、『アストロノミカ』中には、正確な情報源の特定が難しいものも少なくないとはいえ、いくつもの思想的伝統の混在がうかがえる。悪く言えば節操のない折衷主義とも言えるが、詩人は単一の典拠を韻文化しているのではなく、自らの記述意図に合わせて効果的な資源を活用しながら詩作を行ったとも言えるだろう。その結果として、本作は、「後一世紀の教養あるローマ人が宇宙について考え、語る作法を知るための有益な源泉」（Volk 2009, p. 251）になっている。

計算と理性

ここまでに「理性」や「摂理」という側面から取り上げた ratio という語は、しかしまたより一般的文脈では「計算」をも意味する。そして、本書を読んだ者には、この作品の多く

の部分が「計算」で成り立っていることがわかるだろう。実際、占星術の実践にあたっては、星々の位置の算定や時間の計測といった作業が枢要である（占星術師は mathematicus とも呼ばれた）。さらに、詩人や音楽家の仕事（言葉のリズムを整えて詩行にまとめ、調べを授けること）にも「計算」が欠かせない。実際、ラテン語の「数（numerus）」は「韻律」や「拍子」なども意味する言葉である。すでに見た「天球の音楽」というイメージや、宇宙が自らの秘密の開示に詩文こそがふさわしいとしたことも、この点と無関係ではない。以下では『アストロノミカ』のもつ「数学詩」ないし「算術詩」とでも呼ぶべき側面について見てみよう。

天空の幾何学　『アストロノミカ』の前半に出てくるのは、算術よりも幾何学的な内容である。読者はまず、宇宙の構造を語る中で、中心に位置する地球が外側の天球からどのくらい離れているかという議論に触れる（第一巻五三九行以下）。円周と直径の関係という簡単な内容を詩で記述したものであることは一読して理解できるが、天球のような直接計測できない巨大な対象についても、理性＝計算の力を駆使して正確な比率を算定できることを鮮やかに示す手腕には注目すべきものがある。とりわけ、例えばヘーシオドスが『神統記』の中で天と地上、タルタロスの隔たりを青銅の金床が落下に要する時間によって語った（『神統記』七二一―七二五）仕方と比べると、同じように数を使っていながらも説明の合理性に大きな違いを見ることができるだろう。

このような空間的想像力は、その後に控える天球上のさまざまな「環」の説明でも発揮されるが、それだけにとどまらず、続く第二巻とも関連する。第一巻で展開されたのは、宇宙の構造や星々の配置という、いわば「外観」の紹介だった。それに対して、第二巻では本格的な占星術の概念が解説される。その劈頭を飾るのが、宮の間に結ばれる相互関係であり、そのうち三分、四分、六分の三つは、黄道に内接する正多角形として説明される。そうした宮同士の相互関係は図を見れば一目瞭然であるが、それらを韻律に従った言葉に落とし込むのは少なからぬ困難を伴うことであっただろう。この課題を遂行するために、詩人は星座の「視線」や、それらの間の隣接・対面関係に言及することで、それらの空間的位置関係を絶えず想起させながら叙述を進めていく。その際の前提として、第一巻で用意された宇宙の立体的把握が活きていると考えられるだろう。

時の計算　全体の中心に当たる第三巻は、内容的にも最も複雑で難解なものとなっている。「役（sors）」という新しい概念を導入したあと、詩人は時の計算法に議論を移す。この役の割り当てには誕生時の時刻を正確に知る必要があるため、その計算方法の説明が本巻の中心的題材となる。古代ローマでは、日中時間を一二等分してその一つ一つを「（一）時間（hora）」とした。しかし、一日の日中時間は夏至を最大、冬至を最小として一年を通じて変動する。したがって、この一時間の長さも日々変化することになる。時間の正確な計算のためには、この変化の比率を正しく把握する必要があり、本巻の議論の大半は、この問題に割かれる。そこに見られる迂遠かつ冗長な説明法の狙いをどう理解すべきかについては、あとで改めて見ることにしよう。

凶角度の列挙　韻文による数値計算の白眉は、第四巻の中に現れる「凶角度」の算定に関する部分だろう。黄道一二宮の各宮は三〇度から成り立っており、それぞれの宮には悪い影響をもつ角度が不規則にちらばっている、というのがこの概念の趣旨である。したがって、それを語るためには、一から三〇までのランダムな数を詩行に落とし込むという作業を都合一二回実施する必要がある。むろん、必要な数をそのまま語ることができない場合には、迂回的表現を駆使しつつ、同じ事柄の別の言い方を探らなければならない。文字どおり超絶技巧の韻文処理能力が要求されることになる。詩人自身、そのことの難しさを強調している。

> これらの角度を私は適切な詩で記さなくてはならない。
> とはいえ、韻律に載せてこれほどの数をこれほどの回数述べること、
> これほどの角度を繰り返し語ること、これほどの総量を言い表すこと、
> 同じ題目を扱いながら話の装いを変えることが一体誰にできようか。（第四巻四三〇—四三三行）

こうした列挙自体は、しかしながら叙事詩の伝統の中に位置づけることが不可能ではな

い。ホメーロス『イーリアス』第二歌では「軍船のカタログ」としてギリシア軍とトロイア軍の戦力が列挙されるし、ヘーシオドス『神統記』でネーレウスの娘たちやオーケアノスの娘たちが列挙される様子にも相通じるものがあると言えるだろう。いずれも翻訳では退屈さの否めない羅列に見えるが、前者は各軍勢の出身地やそれを率いる人名が聴衆にそれぞれの歴史や伝承を思い起こさせる点で、後者は海や河川に関係したニンフたちの名前のリズミカルな列挙がイメージを喚起する点で、鑑賞者に訴えかける力をもつ。『アストロノミカ』もまた、こうした流れを汲みつつ、ただしその語る内容を純然たる数のみとする点で自らの難事業を差別化していると言えよう。

地上的「財産」の計算　このように『アストロノミカ』の重要なモチーフとなるratioは、世界を統べる「摂理」としての側面のみならず、占星術に欠かすことのできない「計算」という側面をもっている。しかし、詩人はまた、ローマ的文脈においてこのratioにさらなる意味合いを付与する。

ratioの語は、しばしば単なる計算というよりも金銭に関わる「勘定、会計」を意味することがある。このratioのもつ会計的意味を念頭に置くと、ローマ世界特有のイメージ、すなわち監察官（censor）との繋がりが見えてくる。ローマでは五年に一度市民の家族構成や財産状況を査定する戸口調査（census）が行われた（これはそのまま英語のcensusすなわち「国勢調査」の語源である）。その役割を担ったのが監察官である。このcensusという語は、戸口調査そのものに加えて評価対象となる資産、さらにはそれによって区分される階級をも意味し、『アストロノミカ』の中でもたびたび用いられる。そもそものこの詩の企てを述べた序歌の中では、「天界の財産(たから)(aetherios census)」を詩によって明らかにすること(第一巻一二行)が当の天の望むところとされていた。その他にも「宇宙の財産」という表現は随所に現れる(第二巻六九行、第四巻八七七行)。こうした「財産」は、地上的類推によって思い描かれた天空の「国家」に属する。この二つの国家の照応は、第五巻末尾において最も印象深い仕方で展開される。星々の等級に関する記述を終えたあと、詩人は次のように語っている。

　ちょうど巨大な都市に暮らす民衆が階級ごとに分かれるように——
　すなわち筆頭格を元老院が、次なる地位を
　騎士階級が占め、騎士階級の次には平民階級が、平民階級の次には
　伎倆に乏しい大衆と名前ももたない人群が見られるように——
　大いなる宇宙にも一つの国家が存在し、
　それは天空に都を築いた自然の手になるものだ。(第五巻七三四―七三九行)

「理性＝計算」に支配されたこの宇宙は、天も地上も「秩序、序列」に従って整え上げられたものであり、その全容の把握は天地の財の「計算」によって実現されるのである。

このように、『アストロノミカ』における ratio は、神の「摂理」ないし「計らい」、それを理解しうる人間の「理性」だけでなく、占星術や韻律・音楽、財産などに関わる種々の「計算」と結びつくことで、本作全体を通じて実に多彩な仕方で主題化されているのである。

占星術書としての特異性

惑星とその影響について　さて、『アストロノミカ』という作品を占星術の専門文献として見た場合、その最大の特徴は惑星の役割の小ささにあると言える。このことは、裏を返せば、『アストロノミカ』において、天が地上に及ぼす影響力の帰される先が黄道一二宮にばかり集中する、ということでもある。もっとも、マーニーリウス自身、惑星の重要性を知らないわけではない。再三にわたって言及するのみならず、「然るべき順序」でこの問題を取り扱うことを予告してもいる(例えば、第二巻七五〇行)。しかしながら、少なくとも現在我々に伝わる『アストロノミカ』の本文中では、この約束は果たされないまま終わっている。その結果、占星術を主題としていながら、その実践において最も枢要と言ってよい惑星についての知識が不足した奇妙な文献が出来上がることになった。

こうした欠落ないし不備は、本作を「占星術の教科書」として捉えることを阻む。実際、『アストロノミカ』中にはこの他にも数多くの間違いや混乱、矛盾が散見される。ギリシア以来の教訓詩人たちがそうだったように、マーニーリウス自身も自らが扱う題材について素人だったことは明らかであり、困難な課題に取り組む中で非専門家が犯した誤りと見るべきものもあるだろう。しかし、文学作品としての『アストロノミカ』がもつ微妙な叙述戦略を念頭に置くと、そうした不可解な点をすべて単純に詩人の錯誤として片づけてしまうことはためらわれるのも事実である。以下、この点に簡単に触れておきたい。

話を惑星に戻そう。現存している『アストロノミカ』のテクストには欠行などの不完全な箇所が複数見られるが、中でも第五巻に大きな欠落が存在することが底本の編者によって推定されている。頁の綴じ誤りに由来する詩行の移動などから、原型写本が一頁あたり二二行から成っていたと推定でき、そこから第五巻には八頁ぶん（一七六行相当）の欠落が七〇九行から七一〇行の間に存在すると考えられる。そして、その欠落部分に惑星についての記述が含まれていた可能性が示唆されている。とはいえ、仮にそうした欠落部分のすべてが惑星についての記述にあてられていたとしても、一七六行という分量はあまりに少なく、占星術の「教科書」として期待される要件を満たすほどの分量ではありえない。欠落の有無やその内容についての議論とは無関係に、惑星の扱いの小ささという本作の特徴は説明を要するものとして、なお残されることになるだろう。

この点について思い起こすべきは『アストロノミカ』が書かれた時代状況における占星術の微妙な位置である。すでに見たように、ローマ世界における天文への興味や占星術への関心は、共和政後半には相当の高まりを見せていた。そして、占星術を政治的な策略に基づいて活用したのが、ほかならぬ初代ローマ皇帝アウグストゥスだった。しかし、この手段は自分が使うだけでは充分でなく、他者に利用を禁じることなくしては安全な運用の困難なものであることに注意しなければならない。ある人物の運命（とりわけ寿命の長短や政治的成功、失脚など）が勝手に占われる危険性は、政治家にとって自らのセルフ・イメージに対する脅威である。そうした状況下で、占星術を文芸の主題とすることは何を意味するか、改めて考える必要がある。皇帝の権威を形作ることに寄与したこの新来の技術には文芸主題として充分な資格がある一方、本当に占星術を教え、その実践を可能にする教科書があったとすれば、それは当の皇帝の権威を脅かしうる悪書とならざるをえない。こうした点を考慮すると、『アストロノミカ』という作品が「占星術について語りながら、しかし占星術について本当には教えない書物」になっているとしても、決して奇妙なことではない。

韜晦する詩人　このような「はぐらかし」の詳細を、もう少し見てみることにしよう。第三巻には、本質的に同じ内容の計算が一見異なる様相で反復される（四八三行以下）という、題材そのものの難しさ以外に理解を阻む要素が存在する。こうした「不手際」を詩人の無知や無理解に帰そうとするのは、素朴な読書の感想として充分理解できるが、『アストロノミカ』の入り組んだ叙述戦略を考慮すると、いささか短絡的な結論だと言わざるをえない。そもそも同じ内容を異なる仕方で示すこと自体は、詩人が他の箇所で強調している自然の計らい（第二巻七二二―七二四行）と矛盾するものではないし、前節で見たように「本当に有益な占星術の手引き」を作るのは好ましいことではなかった。目的を見失ったかのような計算への拘泥、数値との戯れという衒学的諧謔を一連の叙述に読み取ることは不可能ではないだろう。

ところで、このいわば「教えない教訓詩」とでも呼ぶべき性格は、教訓詩の伝統の中に位置づけることができないものではない。マーニーリウスの同時代人であるオウィディウスの『恋の技術』は、この点でよい比較対象になるだろう。この作品は、恋愛の達人を自称する詩人がローマの若い男女に向けて色恋における手練手管を伝授する形をとる。なるほど、「どこでナンパをするべきか」や「酒席でどうふるまうべきか」といったノウハウは知識の形で伝授できるものではあるが、主題となる恋愛は、先行する他の教訓詩がテーマにした学問技術の類とは一線を画する題材である。恋愛の特質は、あらゆるケースに通用する必勝法を許さず、むしろ恋人たちそれぞれの状況に応じて千差万別のとるべき道があること、そしてまた、技術によって得られる確実性それ自体が偶然性や遊戯的性格をもつ恋愛と齟齬するものであることを踏まえると、「恋愛を教える」と称した『恋の技術』の試み自体が、少なくとも部分的には失敗を約束された企てであり、「教えられないものを教えること」によって、先行する教訓詩へのパロディになっているのである。ここには、ルクレーティウスやウエルギリウスといった前の世代の詩人たちとは一線を画するオウィディウス的詩風の特徴が現れていると言えるだろう。

『アストロノミカ』もまた、こうした時代精神を共有していることを忘れてはならない。この作品の中で展開される「教え」の筋道を辿ると、占星術において最も重要なはずの題材を扱う第三巻にかかる幻惑的要素が多分に含まれているため、読者はいわば煙に巻かれたような印象をもつであろう。あたかもそうした感想を見越したかのように、詩人は第四巻で二度にわたり聴き手の言葉を代弁している（三八七―四〇七行、八六六―九三五行）。一般的に教訓詩では教師役を務める詩人が主導的であるのに対して、聴き手として設定される生徒役は受動的に（時にはいくらか愚かにすら）描かれるが、このように知識の受け取り手の主張に焦点をあてるのは『アストロノミカ』の新機軸だと言える。もっとも、その言葉は、感動というよりも困惑と挫折を匂わせる内容となっている。意気阻喪した聴き手を励ます詩人の言葉は、それ自体としては説得的であり、とりわけ二度目の激励はそのまま人間の理性を称える雄渾なフィナーレとなっていて印象深い。しかし、それは、求められている知識の供給という形で実現されているのではないという点で、一種の「はぐらかし」とも言いうるものである。教訓詩のフォーマットに則って占星術を教えつつ、しかしその核心は巧みに回避する、「故意の失敗」とでも言うべき詩人の策略は、同時代の教訓詩と共通する諧謔的性格の一例として理解できるものかもしれない。

地上世界への関心――地誌、喜劇、百科全書

作品冒頭で詩人も強調しているように、天の星々の見かけだけを知るのではなく、その働きをも知ることが本作の目標だった。そして、その「働き」、すなわち星々が地上にもたらす影響についての記述が本格化するのは、この作品の後半においてである。先に述べた本作の占星術書としての特殊性、すなわち惑星の比重の小ささは、この部分にも影響を与えている。つまり、天から地上への影響が、もっぱら黄道一二宮並びに恒星天の星座そのものに帰される、という点である。

周航記的世界地図　第一巻で星座のカタログや宇宙の構造が詳しく語られたように、第四巻でも詩人は地上世界の全体像を描くことに多くの詩行を費やしている。当時知られていたかぎりの土地や国々が描かれる「世界地図」とも言うべき一連の記述は、それ自体、興味深い内容を多数含む。まずはその記述順序に注目してみよう。詩人は国や地域を手当たり次第に列挙しているのではなく、おおむね地中海の海岸線をなぞるように各地域を案内している。読者は詩人の案内のもと、さながら船に乗って海岸沿いに航海しているかのような印象を受けるだろう。マーニーリウスの「世界地図」は、一種の「周航記」的性格をもっていると言える。さらに古代地中海世界の人々の地上理解、すなわち地中海という海を大地が懐き、その大地の外側にはオーケアノスという大洋があって、これを包んでいるという、同心円的な広がりをもつ地上世界の捉え方を念頭に置くと、この環を描くような経路はいっそう興味深い。ちょうど第一巻で黄道をはじめとするさまざまな「環」を言葉で辿ったように、地上世界を巡る航路という「環」が、ここでも詩人の道案内の原理として機能している。

マーニーリウス的写実主義と百科全書主義　地上の諸地域と宮の対応を語ったあと、詩人は地上の人間が授かるさまざまな性格や技術を天の星座に関連づけながら列挙していく。大きく分けると、第四巻のかなりの部分が黄道一二宮の星座に、第五巻の現存するほとんどの部分がそれらと共に天に昇る星座にあてられている。星座の昇る時期やタイミングについて詩人はしばしば間違いを犯しているものの、とりわけ第五巻では、第一巻で展開された数々の星座が、その「働き」と共にいわば占星術的に補完された形で再提示され、壮麗なカタログの様相を呈するよう巧みに按排されている。以下では、これらの箇所の鑑賞に資するいくつかの論点を検討することにしよう。

まず注目されるのは、一連の描写の分量と内容的多彩さである。実際、第四巻の一部に加えて、第五巻のほぼすべてが、星々のもたらす才能と技術に割かれている。それらの間の関連づけは、星座の図像的表象から連想が容易なものもあれば、必ずしもその繋がりが自明ではないものまで、さまざまである。さらに、その中で取り上げられる職種は、農夫や船乗りといった古くからあるよく知られたものにとどまらず、速記者や大道芸人といった他ではあまり言及されることがない分野にまでわたっている。

こうした記述自体が後一世紀初頭のローマにおける生活の多彩な側面を知る貴重な資料としての地位をもつものだが、そこに現れた専門技術が営まれる様子を巧みに韻文化する手腕は文学的見地から見ても興味深い。一例として、鯨座を見てみよう。鯨座の元となったケートスにまつわる物語は、第五巻五三八行以下で詳細に綴られており、ペルセウスによってこの怪物が退治される様子が生き生きと描かれる。それと同時に、この星から才覚を授かった人々も、海を相手に戦う職業、すなわち海水を操って塩を作ったり、魚を捕えて屠り、魚醬を作ったりすることに勤しむ。特に後者の活動に関して、洋上で行われる「殺戮」や発酵した魚肉の熟れる様子は、あえてグロテスクなまでの詳しさで描かれるが、それによってペルセウスの攻撃を受け、血の滲む水を天に吐きつつ斃れるケートスの姿と重なり合い、神話の卑近なまでに地上的な再現という様相を帯びることになる。すでに見たように『アストロノミカ』という作品自体が占星術の文芸化だったが、この作品の中には文明社会の諸技術を占星術的視座から文芸化する企ても含まれている、と言うことができるだろう。

さらにまた、一連のカタログの中には、具体的な職能や技術というよりも、性格や気質と呼ぶべきものも複数含まれている。臆病者や癇癪持ちといった性格の特徴や傾向が、的確に、またある種の漫画的誇張を交えて描写されているのである。ここで思い起こされるのは、ペリパトス派の哲学者テオプラストスの小著『人さまざま』に綴られた人間の性格分類と特徴描写であるが、それに加えて、ギリシア新喜劇の育んだ人間観察の蓄積をも考慮する必要がある。アリストパネースに代表されるギリシア古喜劇が突拍子もない空想的な場面設定や同時代のアテーナイの社会情勢と強く結びついたローカルな性格を特徴としたのに対して、メナンドロスに代表されるギリシア新喜劇は虚構でありながらもリアリティのある登場人物たちが日常社会の中で繰り広げる出来事の顚末を描くことに関心をもった。こうした人物描写をリアリティのある説得的なものたらしめるには、恋に落ちる若者や頑固な老人、抜け目のない奴隷といった具合に、性別や年齢、地位によって異なる人間の傾向や特徴を捉える観察眼が求められる。その点で卓越していたのが、テオプラストスとほぼ同時代を生きた、先述のメナンドロスであり、彼については文献学者ビューザンティオンのアリストパネースが「メナンドロスと人生よ、お前たちのどちらがどちらを模倣したのか」という有名な評言を残している（『ギリシア喜劇詩人集（*Poetae comici Graeci*）』六・二、証言八三）。そして、このメナンドロスの写実的手腕を、マーニーリウスも賞賛しているのである。

こうした見世物で己が生を幾星霜にもわたって永らえさせたのが、
弁舌の花咲く自身の都を博識で凌ぐメナンドロスだ。
彼は生きた人々に人生を見せ、書物によって聖化した。（第五巻四七四—四七六行）

ケーペウス座が授ける劇作の才能を語る中で触れられたこの喜劇詩人への賞賛の言葉は、いささか唐突に思われるかもしれないが、前述のような背景を知れば、そのような違和感は解消される。むしろ、占星術という主題設定を活かして、地上世界の人間の営みを主題化しつつ、ジャンルの垣根を越えてメナンドロス的写実主義の理念を受け継ごうとする詩人の意思表明を聞きうるだろう。

以上を踏まえて、再びマーニーリウスの地上世界描写を振り返ってみよう。地上の諸地域の網羅的記述、人間社会の中で営まれるさまざまな活動の描写、これらがただの無秩序な羅列ではなく、占星術的視点から配列されている様子は、百科全書的（encyclopaedic）と形容されるにふさわしいものである。実際、多岐にわたる題材を一つの書物の内に集約する百科全書的関心は、西洋古代にあってはローマ世界に顕著な特徴と考えられる。博学多才で知られた共和政期のウァッローや、のちのフラウィウス朝時代の大プリーニウス『博物誌』は、その最たる例である。従前こうした百科全書主義の潮流は散文作家について指摘されることが主であったが、内容的にも時代状況的にも『アストロノミカ』をその流れを汲んだ作品の一事例として扱うことは決して無理のある試みではないだろう。黄道一二星座をいわばインデックスのように見立てて記述の軸に据え、それに沿って天の星々と地上の人々を目録的に描き出した本作は、さながら「占星術的百科事典」と称しうる側面をもつ。

後世への影響

『アストロノミカ』が後世に多くの読者を得ることはなかったようである。本作への直接的な言及はもとより、詩句を模倣継承した形跡は、のちの古代作家の中にあまり見出されない。

まず、碑文史料中では、「我々は生まれると同時に死んでいき、終わりは始まりに左右される」という第四巻一六行の格言的フレーズが、二つの墓碑銘（『ラテン碑文集成』二・四四二六、一一・三二七三）に引用されている。ただし、これらのいずれについても、その真正性に疑念がもたれていることは注意を要する。

次に文学の領域に目を移すと、マーニーリウスと同時代にアラートス『パイノメナ（星辰譜）』をラテン語訳した一人であるゲルマーニクスは『アストロノミカ』を読んでいた可能性があり、彼の『アラーテーア』には『アストロノミカ』に類似した表現が散見される。ただし、彼の翻訳の成立時期、マーニーリウスとの先後関係については研究者の間で意見の違いがあり、中には二人が互いに知り合っていて影響が相互的なものだった可能性を示唆する者もいる。

乏しい名残りを辿る際、続いて挙げられるのは、ネロー帝時代に活躍した夭逝の詩人ルーカーヌスである。暴君の代名詞ともなっているネローの治世下という剣呑な時代にあって、共和政ローマの崩壊の歴史を技巧を凝らした文体で叙事詩に仕立てた『内乱』には、星辰にまつわる挿話が見られ（『内乱』一・六三九以下でフィグルスが星占いに基づいて展開する予言はその好例である）、詩人の天文に関する知識をうかがわせる。のみならず、平和の喪失を悼み、その原因を問う『内乱』という作品の理念とも繋がりをもつ形でマーニーリウスの詩句が利用されている。例えば、平和の瓦解の因を「意地悪な運命の連鎖（invida fatorum series）」（同書、一・七〇）に見出した詩人が、栄華を極めた者が没落する必定を、「秩序を失った世界の機構は、森羅万象を千々に裂いてその掟を乱すことだろう（totaque discors machina divulsi turbabit foedera mundi）」（同書、一・七九―八〇）と宇宙的イメージのもとに描くとき、そこには、基点を失えば「宇宙の箍（たが）が外れてその機構は崩れ去ってしまう」（第二巻八〇七行）と我々の詩人が歌ったような『アストロノミカ』的残響を聞くことができる。

それ以降の作家としては、ペトローニウス、ユウェナーリス、ネメシアーヌスといった人々の作品に『アストロノミカ』との類似並行箇所が指摘されている。また、後四世紀に占星術について著作を残したフィルミクス・マーテルヌスは、その『マテーシス』第八巻において、相当程度に『アストロノミカ』第五巻に依拠している。しかし、彼はマーニーリウスの名前に言及することはしていない。

もっとも、これらはすべて記述内容や語句の類似を根拠にして推定される受容の経路にすぎず、詩人の名前すら直接には言及されていないことには注意を要する。このように、後世には読まれる機会の乏しかったマーニーリウスは、写本伝承という点でも決して恵まれた存在ではなかった。

その後、マーニーリウスの名前が文献上に現れるのは、一〇世紀末を待たねばならない。のちにローマ教皇シルウェステル二世となるゲルベルトゥス（オーリヤックのジェルベール）がローマからボッビオの友人に宛てた九八八年の書簡には筆写を求めたいくつかの作品がリストアップされており、その中にマーニーリウスなる人物の『占星術について（M. Manilius de astrologia）』（書簡一三〇（ミーニュ『ラテン教父全集』一三九・二二三））という著作を見出すことができる。もっとも、これに先立つ九八三年にゲルベルトゥスがボッビオからランスの大司教に宛てた書簡中で「ボエーティウスの『占星術について』八巻（octo volumina Boetii de astrologia）」（書簡八、同書、一三九・二〇三）に触れていること、また『哲学の慰め』などで知られるこのボエーティウスのフルネームが Anicius *Manlius* Severinus Boethius であることを考えると、ゲルベルトゥスが両者を混同していた可能性は多分にある。しかし、書簡一三〇における言及が本作についてのものであるとすれば、少なくとも一〇世紀のボッビオの修道院にはマーニーリウスの『アストロノミカ』の写本が所蔵されていたと考えられる。

写本伝承と研究の歴史

一四一七年、ポッジョ・ブラッチョリーニによって『アストロノミカ』の写本が再発見される。元となったこの写本は失われたが、彼が写字生に書き写させた本が後述するマドリード写本として現存している。

『アストロノミカ』を伝える現存写本はおよそ三〇点にのぼるが、そのうち重要性の高いものは三つに絞られる。すなわち、G写本（ジャンブルー写本。codex Gemblacensis (Bruxellensis 10012)）、L写本（ライプツィヒ写本。codex Lipsiensis 1265）、M写本（マドリード写本。codex Matritensis 3678）である。このうちはじめの二者はいずれも一一世紀の写本であり、共通の親写本（α）から写されたと考えられる。それに対して、M写本は、年代的にはより新しい一四一七年のものだが、原型本からの直接の写しと考えられるだけに、αを介して写された先の写本に比べて劣らない重要性をもつ。とはいえ、全体として見ると、大小多数の誤記や難読箇所を含んでいることもあって、決して恵まれた写本伝承とは言えない。

こうした伝承の悪さは、しかし見方を変えれば、学者たちに多くの仕事を提供する源でもあった。実際、『アストロノミカ』には古典学の歴史上著名な学者たちが幾人も携わっている。ポッジョ・ブラッチョリーニによる写本の再発見のあと、最初に本作の印刷初版(editio princeps) を刊行したのは、天文学者レギオモンターヌスだった。それ以降の校訂史を辿ると、(ヨセフス・ユストゥス・) スカリゲルやベントリーといった古典学の巨人を見つけることができる。しかし、本作の名前と切り離すことのできない大きな業績を残したのは、二〇世紀最大の古典学者と呼びうるハウスマンである。保守的な文献学者への厳しい批判を含む英語の序文が彼の機知と辛辣さの典型例であるのに対して、ラテン語で記述された注釈本体は、天文学・占星術の専門的知識に加え、ラテン語の語法や解説、その他、本文を解釈するためのあらゆる情報が注ぎ込まれた宝庫となっている。このハウスマンの業績を引き継ぎつつ、彼以後の研究成果を取り込んで本文校訂と英訳を行ったのがグールドであり、本訳書が底本としたのも彼のエディションである。近年では、オウィディウスの同時代人、すなわちラテン文学黄金時代最後の世代の一人としてこの詩人を文学研究的見地から取り扱う考察も多く提出されており、単著や論集の出版に見られるとおり、学界は一定の活況を示している。

参考文献

テクスト・注釈・翻訳

邦訳にあたっては、「凡例」に記した Teubner 版以外に以下のものを参照した。

Bentley, Richard 1739, *M. Manilii Astronomicon*, London: Woodfall.
Breiter, Theodor 1907-08, *M. Manilius: Astronomica. I Carmina, II Kommentar*, Leipzig: Dieterich'sche Verlagsbuchhandlung.
Fels, Wolfgang 1990, *Manilius: Astronomica*, Stuttgart: Reclam.
Feraboli, Simonetta, Riccardo Scarcia e Enrico Flores 1996-2001, *Il poema degli astri (Astronomica)*, 2 vols., Milano: Mondadori.
Goold, George P. 1977, *Astronomica*, Cambridge, Mass.: Harvard University Press (Loeb Classical Library) [Reprinted with revision of text and translation, Cambridge, Mass.: Harvard University Press (Loeb Classical Library), 1992].
Housman, Alfred Edward 1903-30, *M. Manilii Astronomicon*, 5 vols., London: Grant Richards.
Hübner, Wolfgang 2010, *Manilius: Astronomica, Buch V*, 2 Bde., Berlin: Walter de Gruyter.
Jacob, Friedrich 1846, *M. Manili Astronomicon libri quinque*, Berlin: Reimer.
Liuzzi, Dora 1991-97, *M. Manilio, Astronomica*, 5 vols., Galatina: Congedo.
Pingré, Alexandre Guy 1786, *Marci Manilii Astronomicon libri quinque cum interpretatione Gallica et notis*, Paris: Aedibus Serpentinis.

Rossetti, Matteo 2022, *Manilio e il suo catalogo delle constellazioni. Astronomica 1, 255-455 introduzione, testo e commento*, Milano: Milano University Press.

Scaliger, Josephus 1579, *M. Manili Astronomicon libri quinque*, Lutetia: Roberti Stephani.

van Wageningen, Jacob 1914, *M. Manilii Astronomica: in het nederlandsch vertaald*, Leiden: Brill.

—— 1915, *M. Manilii Astronomica*, Leipzig: Teubner.

—— 1921, *Commentarius in M. Manilii Astronomica*, Amsterdam: Müller.

マニリウス、マルクス　一九七八『占星術または天の聖なる学』有田忠郎訳、白水社（ヘルメス叢書）。

研究書・論文

翻訳および解説執筆に際して利用したものを中心に挙げた。より詳しい一覧は、それぞれの書に付された文献表を参照されたい。

Flores, Enrico 1960, “Augusto nella visione astrologica di Manilio ed il problema della cronologia degli *Astronomicon* libri”, *Annali della Facoltà di Lettere e Filosofia dell'Università di Napoli*, 9: 5-66.

Glauthier, Patrick 2011, *Science and Poetry in Imperial Rome: Manilius, Lucan, and the*

Aetna, Diss., Columbia University.

Green, Steven J. 2014, *Disclosure and Discretion in Roman Astrology: Manilius and His Augustan Contemporaries*, Oxford: Oxford University Press.

Green, Steven J. and Katharina Volk (eds.) 2011, *Forgotten Stars: Rediscovering Manilius' Astronomica*, Oxford: Oxford University Press.

Hübner, Wolfgang 1985, "Manilius als Astrologe und Dichter", in *Aufstieg und Niedergang der römischen Welt*, 2.32.1: 126-320.

Landolfi, Luciano 2003, *Integra prata: Manilio, i proemi*, Bologna: Pàtron.

Lühr, Franz-Frieder 1969, *Ratio und Fatum: Dichtung und Lehre bei Manilius*, Diss., Johann Wolfgang Goethe-Universität.

Maranini, Anna 1994, *Filologia fantastica: Manilio e i suoi Astronomica*, Bologna: Il Mulino.

Reeh, Almut 1973, *Interpretationen zu den Astronomica des Manilius: mit besonderer Berücksichtigung der philosophischen Partien*, Diss., Philipps Universität Marburg / Lahn.

Romano, Elisa 1979, *Struttura degli Astronomica di Manilio*, Palermo: Accademia di Scienze Lettere e Arti di Palermo.

Salemme, Carmelo 1983, *Introduzione agli Astronomica di Manilio*, Napoli: Società

Editrice Napoletana [2a ed., Napoli: Loffredo, 2000].
Volk, Katharina 2002, *The Poetics of Latin Didactic: Lucretius, Vergil, Ovid, Manilius*, Oxford: Oxford University Press.
—— 2009, *Manilius and His Intellectual Background*, Oxford: Oxford University Press.
竹下哲文 二〇二二『詩の中の宇宙――マーニーリウス『アストロノミカ』の世界』京都大学学術出版会（プリミエ・コレクション）。

占星術の歴史・その他

Barton, Tamsyn 1994, *Ancient Astrology*, London: Routledge.（タムシン・バートン『古代占星術――その歴史と社会的機能』豊田彰訳、法政大学出版局、二〇〇四年）
Beck, Roger 2007, *A Brief History of Ancient Astrology*, Malden, Mass.: Blackwell.
Boll, Franz 1903, *Sphaera: Neue griechische Texte und Untersuchungen zur Geschichte der Sternbilder*, Leipzig: Teubner.
Bouché-Leclercq, Auguste 1899, *L'astrologie grecque*, Paris: Leroux.（A・ブーシェ＝ルクレール『西洋占星術の起源――古代ギリシャの占星術』大橋喜之訳、八坂書房、二〇二三年）
Neugebauer, O. and H. B. van Hoesen 1959, *Greek Horoscopes*, Philadelphia: American Philosophical Society.

『ヘルメス文書』荒井献・柴田有訳、朝日出版社、一九八〇年。
矢野道雄 二〇〇四『星占いの文化交流史』勁草書房（シリーズ言葉と社会）。

訳者あとがき

博士論文の主題を『アストロノミカ』に定めてその全体の下訳を作ったのは、訳者が修士課程の時のことでした。そして、その後も研究の進捗に合わせて都度都度に改訂を繰り返してきました。邦訳の刊行にあたっては、この原稿に適宜手を加えればよいと考えていましたが、実際に着手すると、読書に堪える訳文の作為は予想を超える難事業でした。むろん、その出来栄えについては読者の判断を俟たなければなりません。

古典は決してその本文だけから成るものではなく、そこに施された注疏と一体になって独自の「死後の生」を形成します。『アストロノミカ』という作品は、この意味における古典の最もよい見本の一つと言えるでしょう。したがって、本作を読むことは、先賢が注釈を通してそこに注いだ学殖を読むことと不可分です。本訳書の読者に、このような伝統の一部でも感じ取ってくれるかたがあるとすれば、訳者にとっては本望と言うよりほかありません。「未だ生まれ出でざるすべての不遇な仲間のため」とはハウスマンが自らの詩を形容した言葉ですが（『拾遺詩集』）、このことはまた学問についてもあてはまるものであろうかと思います。

邦訳の完成・出版までには多くのかたのお力添えを賜りました。大学院での指導教員であり、最初に翻訳のお話をご紹介くださった高橋宏幸先生（京都大学名誉教授）、初期段階の訳稿を読んでコメントをくださった岡村眞紀子さん、原稿の完成まで辛抱強くお待ちくださり、細部に至るまでていねいに点検してくださった講談社の互盛央さんには特に感謝を述べたいと思います。

二〇二四年一〇月　京都にて

竹下哲文

図表21　凶角度（第4巻408-501行）

♈	♉	♊	♋	♌	♍	♎	♏	♐	♑	♒	♓
		1	1	1	1		1			1	
4		3	3	4			3	4			3
6			6		6	5	6				5
7		7	8			7		8	7		7
10	9			10			10		9		
12			11		11			12		11	11
14	13				14	14			13	13	
		15	15	15			15	16		15	
18	17		17		18	17			17		17
		19	20					20	19	19	
21	22	21		22	21		22			21	
	24				24	24		24			
25	26	25	25	25			25	26	25	25	25
27	28	27	27	28		27	28	28	27		27
	30	29	29	30	30	29 30	29	30		29	

図表20　一〇度域（デカン）（第4巻294-407行）

	♈	♉	♊	♋	♌	♍	♎	♏	♐	♑	♒	♓
1	♈	♋	♎	♑	♈	♋	♎	♑	♈	♋	♎	♑
2	♉	♌	♏	♒	♉	♌	♏	♒	♉	♌	♏	♒
3	♊	♍	♐	♓	♊	♍	♐	♓	♊	♍	♐	♓

図表19　一二位の年数（第3巻581-617行）

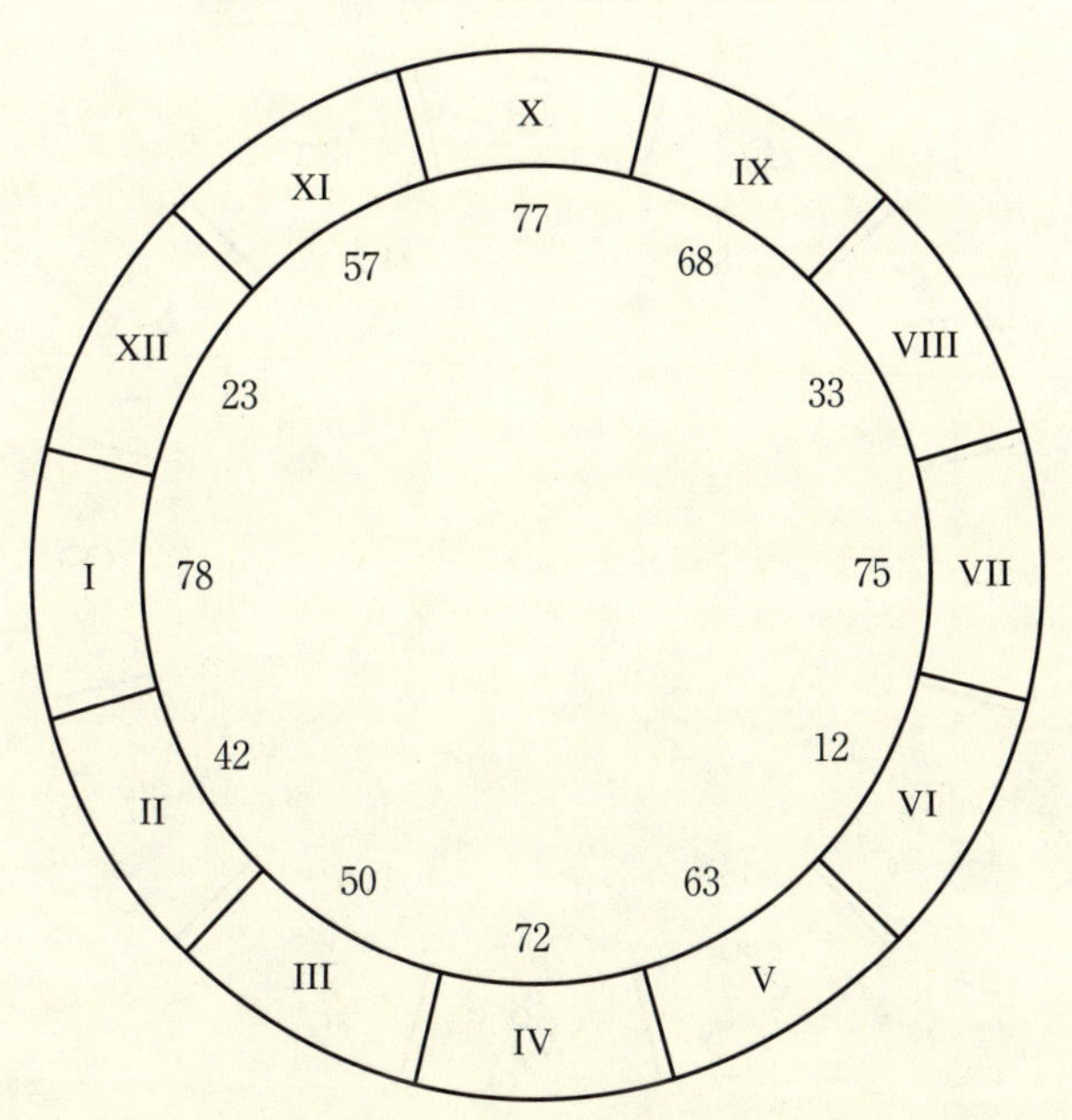

図表18　一二宮の年数（第3巻560-580行）

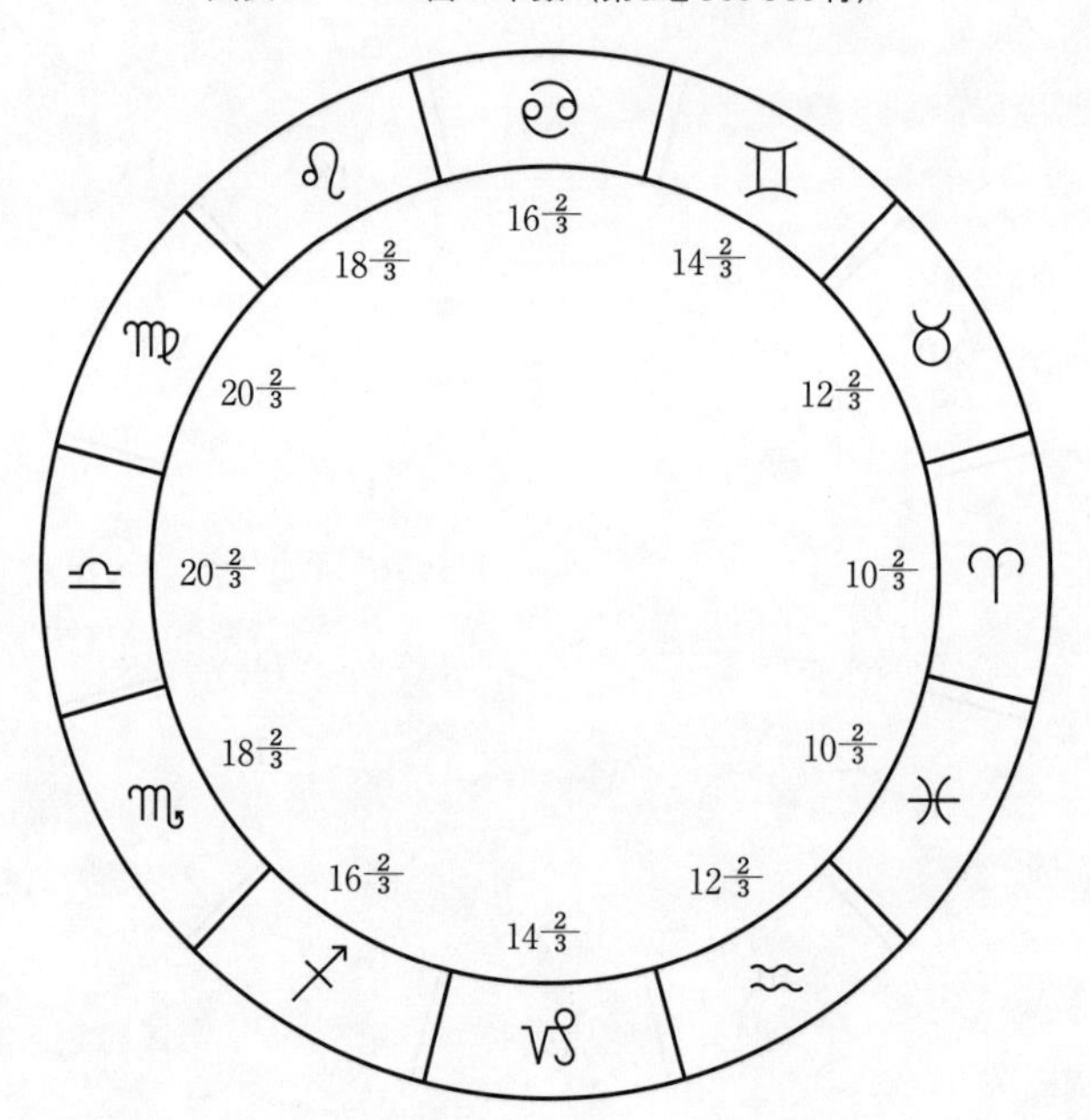

図表17　日中時間の変化（第3巻443-482行）

宮	時間の増加	宮ごとの増加ぶん	累　計
♑	$9 \rightarrow 9\frac{1}{2}$	$\frac{1}{2}$	$\frac{1}{2}$
♒	$9\frac{1}{2} \rightarrow 10\frac{1}{2}$	1	$1\frac{1}{2}$
♓	$10\frac{1}{2} \rightarrow 12$	$1\frac{1}{2}$	3
♈	$12 \rightarrow 13\frac{1}{2}$	$1\frac{1}{2}$	$4\frac{1}{2}$
♉	$13\frac{1}{2} \rightarrow 14\frac{1}{2}$	1	$5\frac{1}{2}$
♊	$14\frac{1}{2} \rightarrow 15$	$\frac{1}{2}$	6
宮	時間の減少	宮ごとの減少ぶん	累　計
♋	$15 \rightarrow 14\frac{1}{2}$	$\frac{1}{2}$	$\frac{1}{2}$
♌	$14\frac{1}{2} \rightarrow 13\frac{1}{2}$	1	$1\frac{1}{2}$
♍	$13\frac{1}{2} \rightarrow 12$	$1\frac{1}{2}$	3
♎	$12 \rightarrow 10\frac{1}{2}$	$1\frac{1}{2}$	$4\frac{1}{2}$
♏	$10\frac{1}{2} \rightarrow 9\frac{1}{2}$	1	$5\frac{1}{2}$
♐	$9\frac{1}{2} \rightarrow 9$	$\frac{1}{2}$	6

図表16　宮の上昇と下降(2)(第3巻385-442行)

上昇			
宮	区画	時間	宮
♈	35	$1\frac{1}{6}$	♓
♉	45	$1\frac{1}{2}$	♒
♊	55	$1\frac{5}{6}$	♑
♋	65	$2\frac{1}{6}$	♐
♌	75	$2\frac{1}{2}$	♏
♍	85	$2\frac{5}{6}$	♎

下降			
宮	区画	時間	宮
♈	85	$2\frac{5}{6}$	♓
♉	75	$2\frac{1}{2}$	♒
♊	65	$2\frac{1}{6}$	♑
♋	55	$1\frac{5}{6}$	♐
♌	45	$1\frac{1}{2}$	♏
♍	35	$1\frac{1}{6}$	♎

図表15　宮の上昇と下降(1)（第3巻275-300行）

上　昇			
宮	区　画	時　間	宮
♈	40	1時間20分	♓
♉	48	1時間36分	♒
♊	56	1時間52分	♑
♋	64	2時間8分	♐
♌	72	2時間24分	♏
♍	80	2時間40分	♎

下　降			
宮	区　画	時　間	宮
♈	80	2時間40分	♓
♉	72	2時間24分	♒
♊	64	2時間8分	♑
♋	56	1時間52分	♐
♌	48	1時間36分	♏
♍	40	1時間20分	♎

図表14　夜間の計算法（第3巻194-202行）

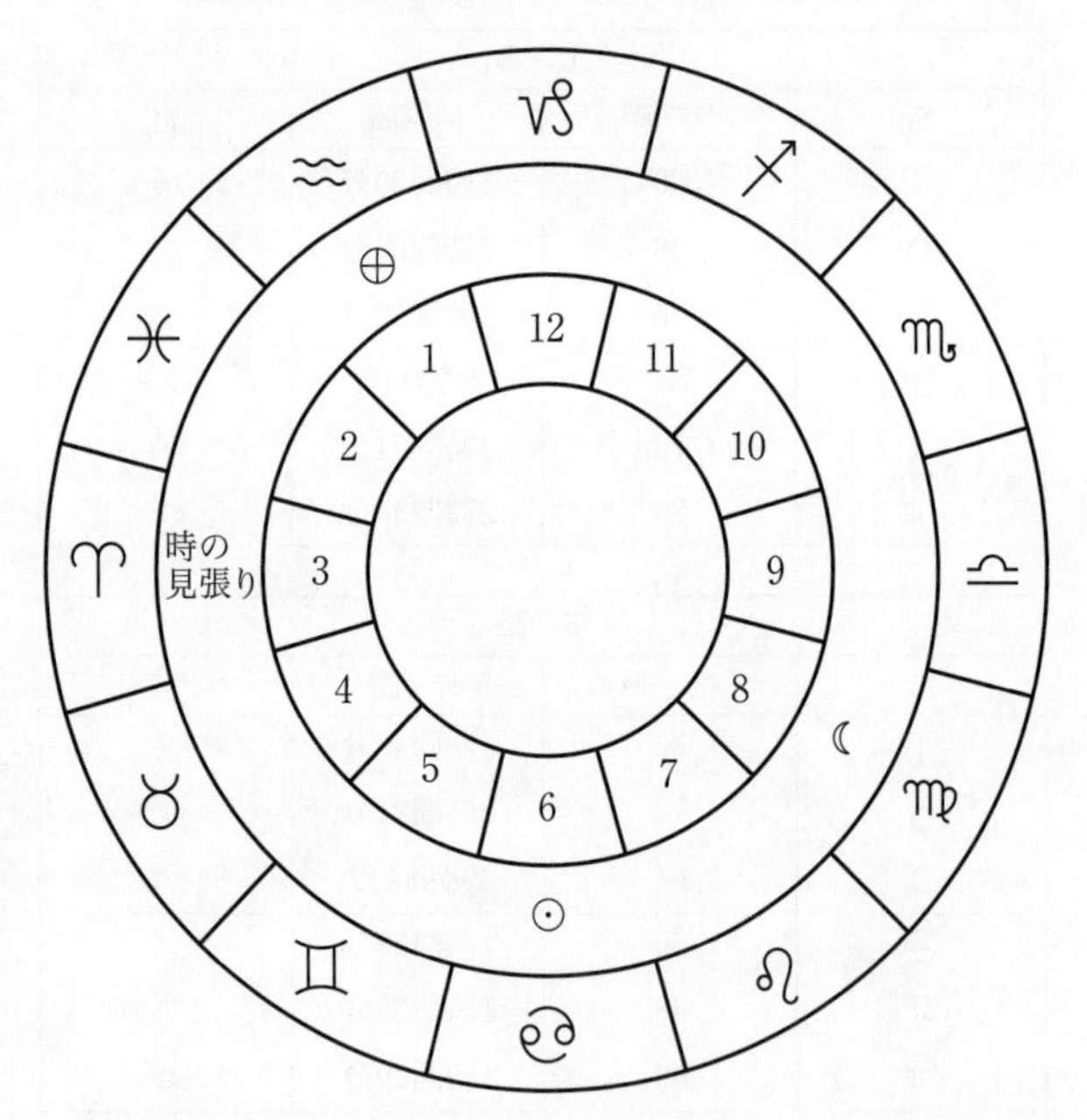

図表13　日中の計算法（第3巻160-193行）

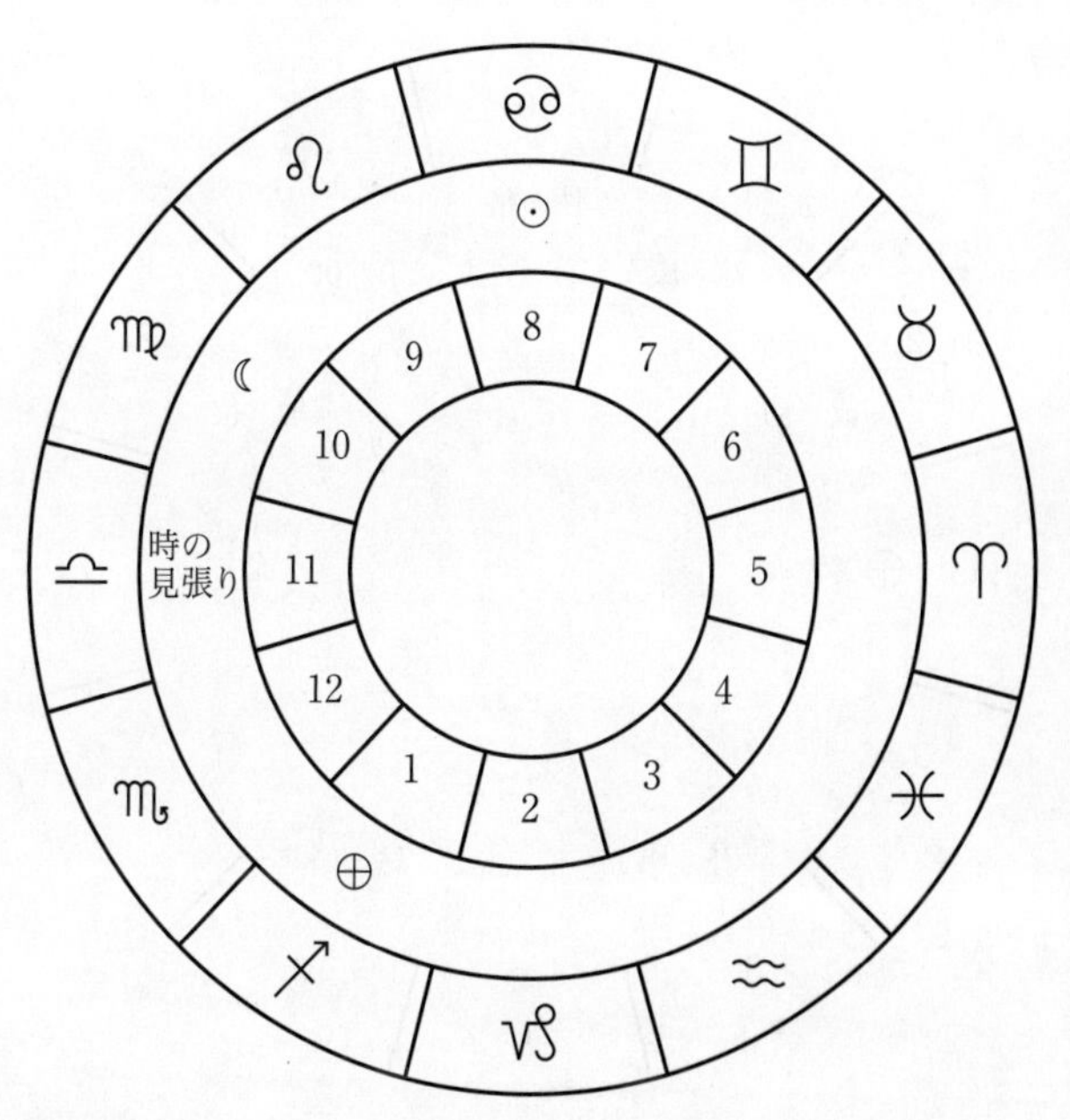

図表12　役（第3巻43-159行）

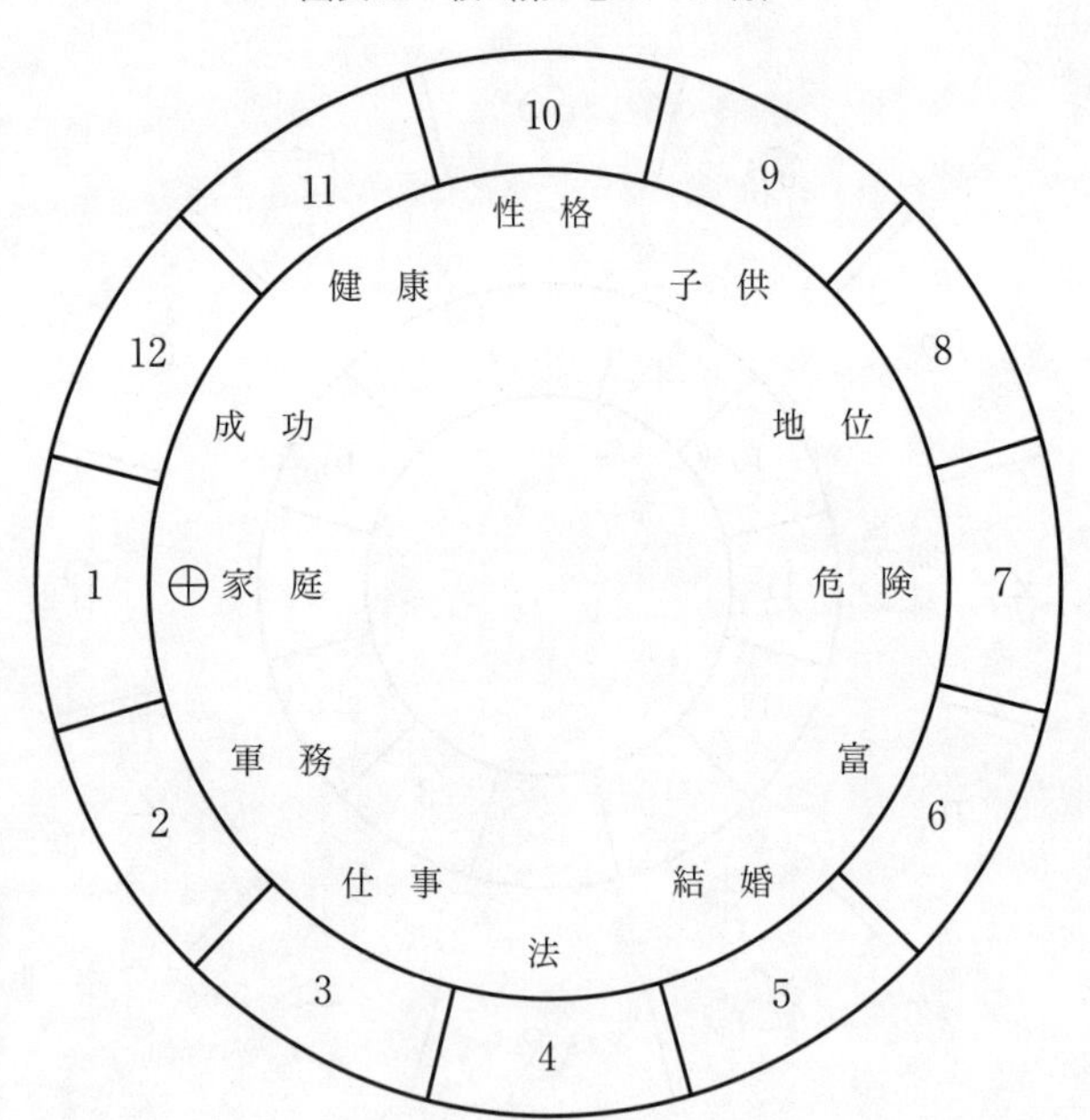

図表11　一二位（第2巻856-967行）

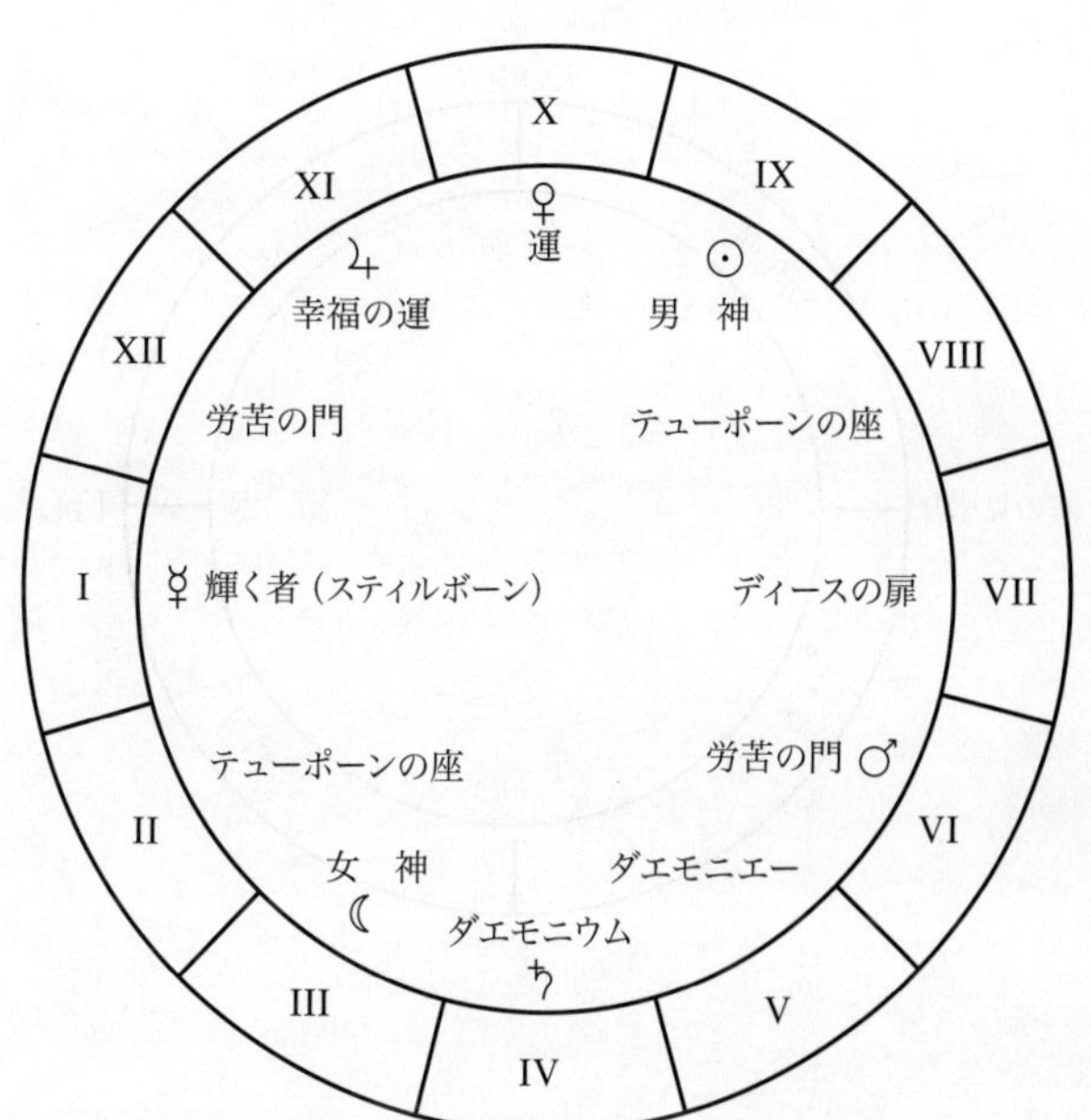

図表10　基点とその中間領域（第2巻788-855行）

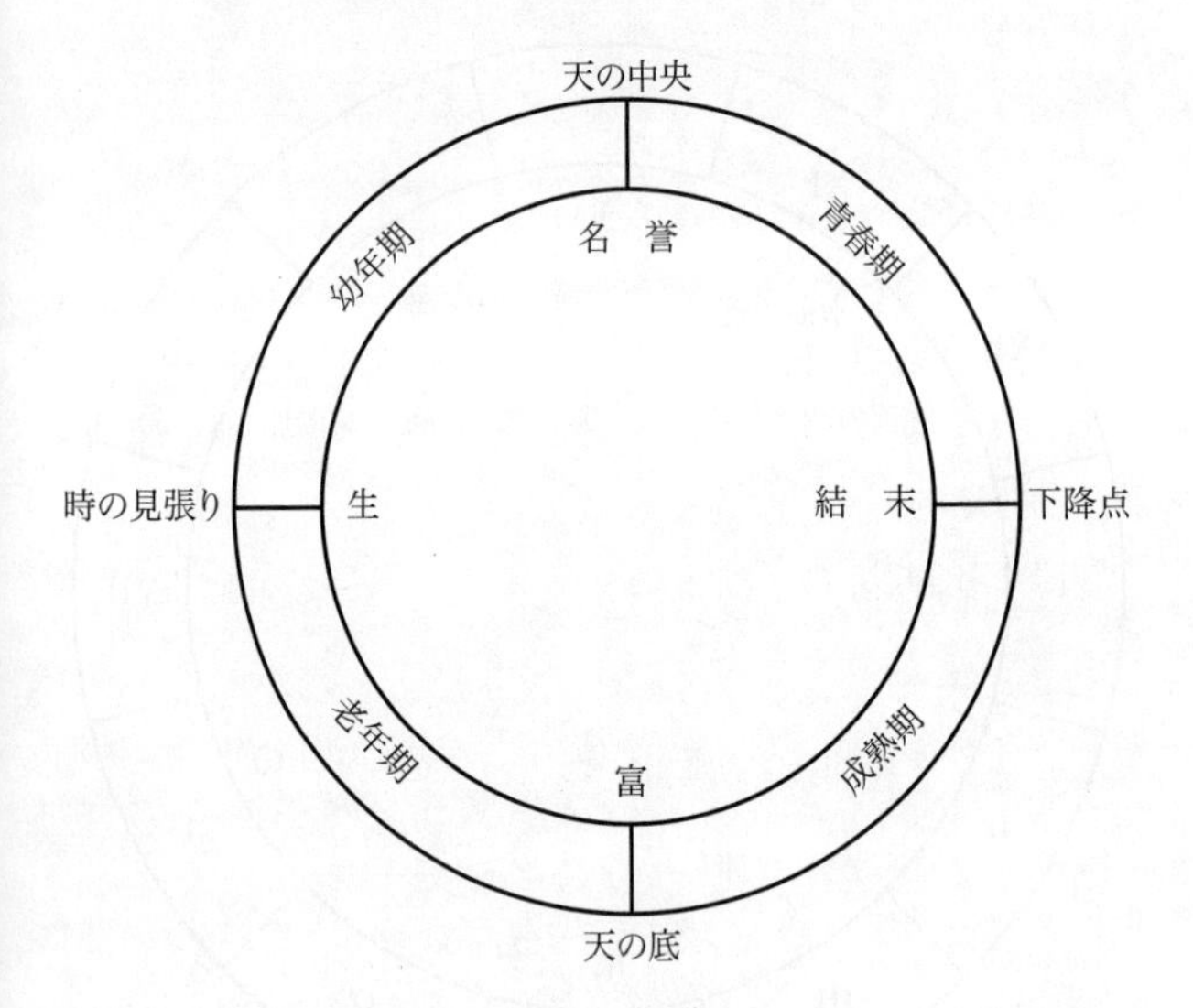

図表9　惑星の一二区分（第2巻738-748行）

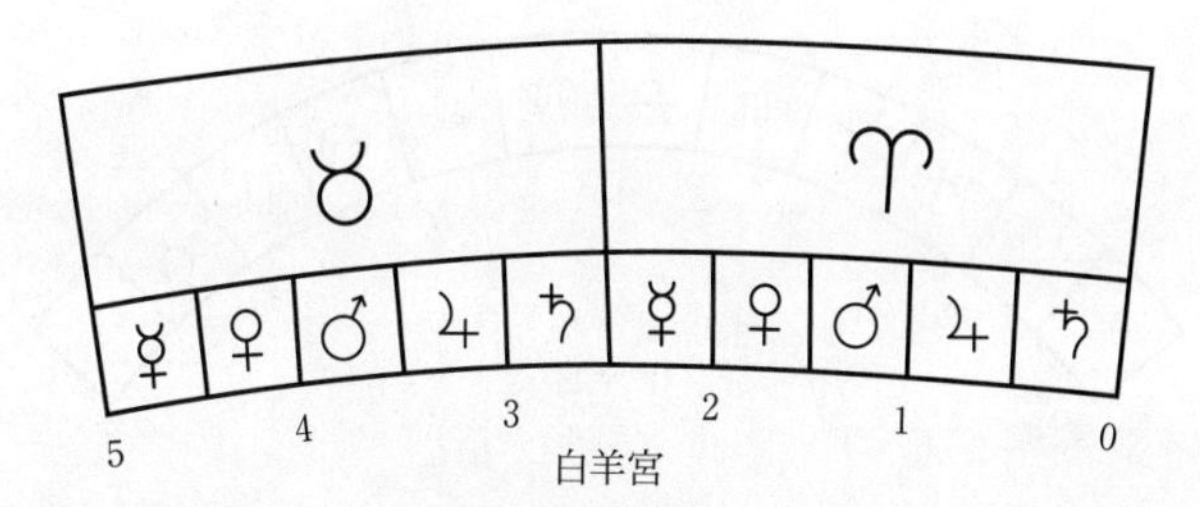

図表8　宮の一二区分（第2巻693-721行）

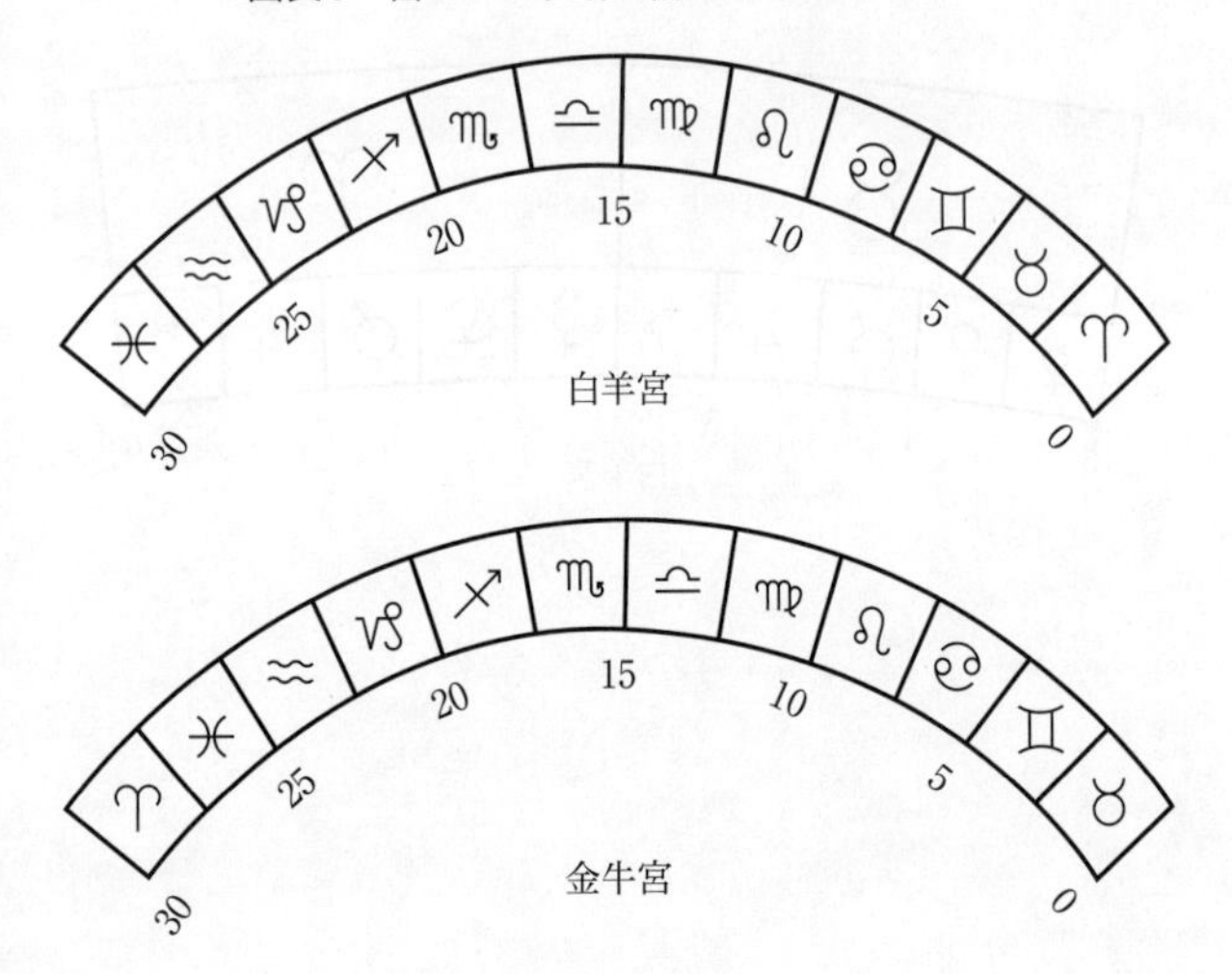

図表7　愛する宮と欺く宮（第2巻466行以下）

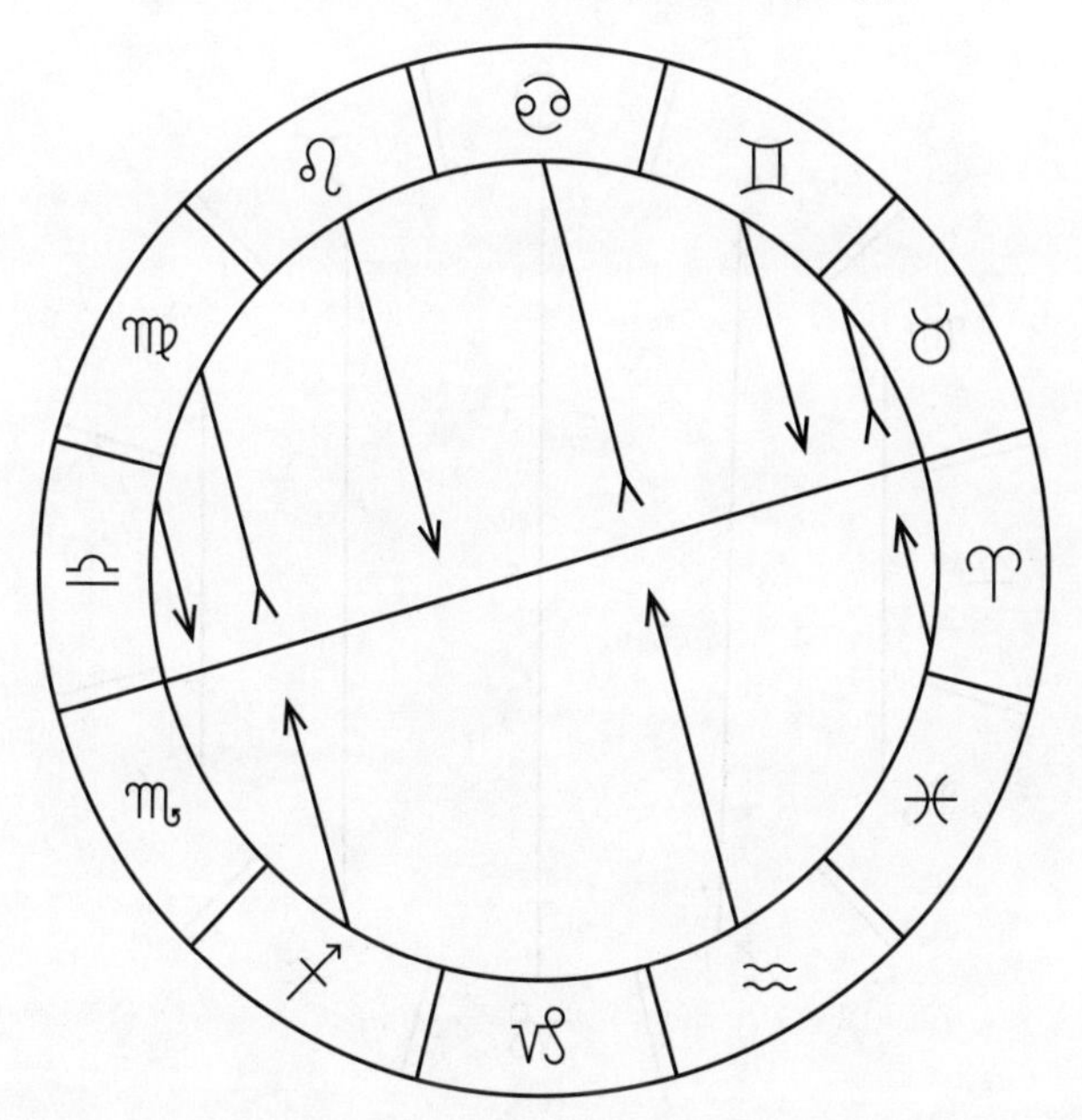

図表6　聞く宮（第2巻466行以下）

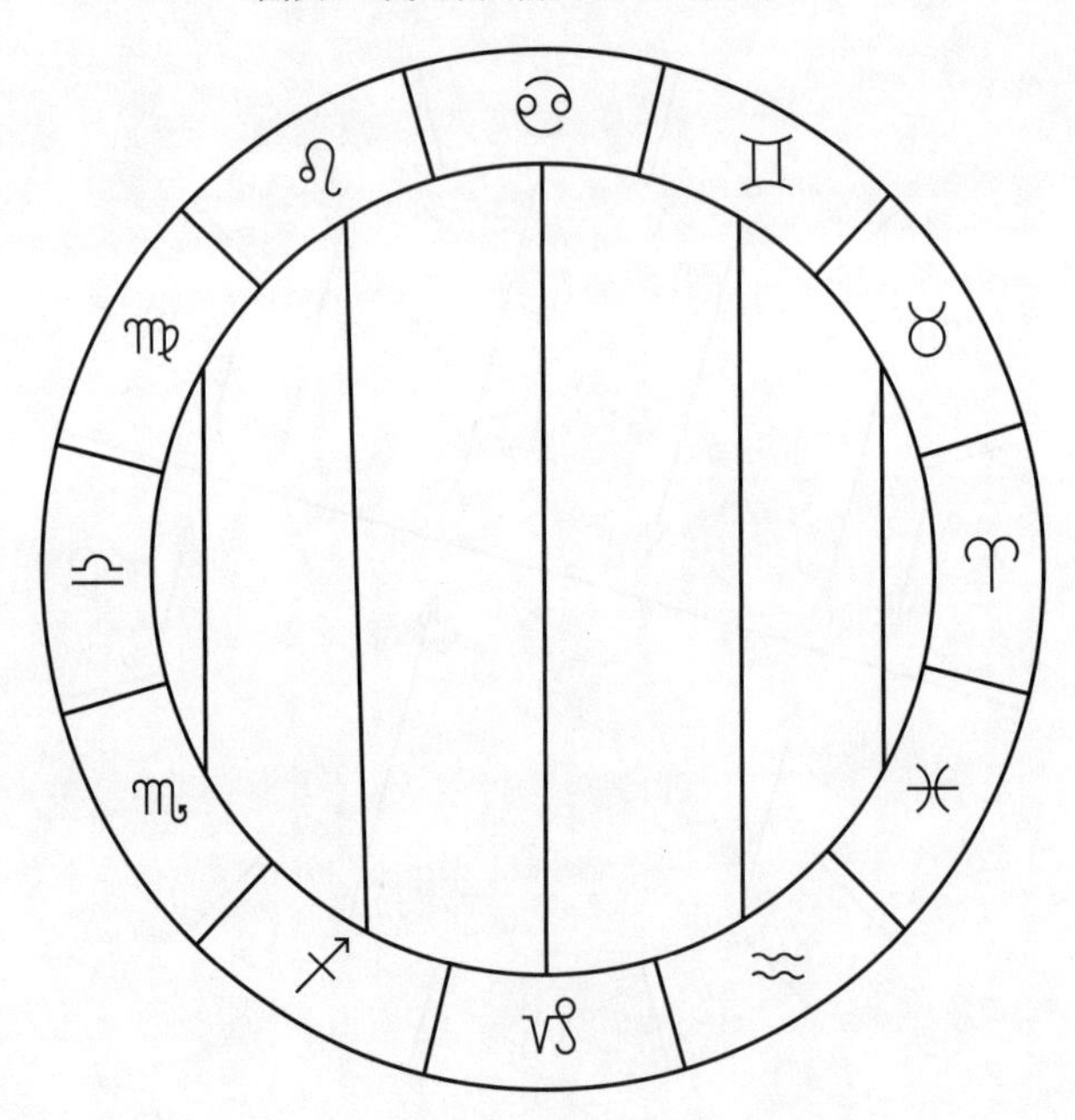

図表5　見る宮（第2巻466行以下）

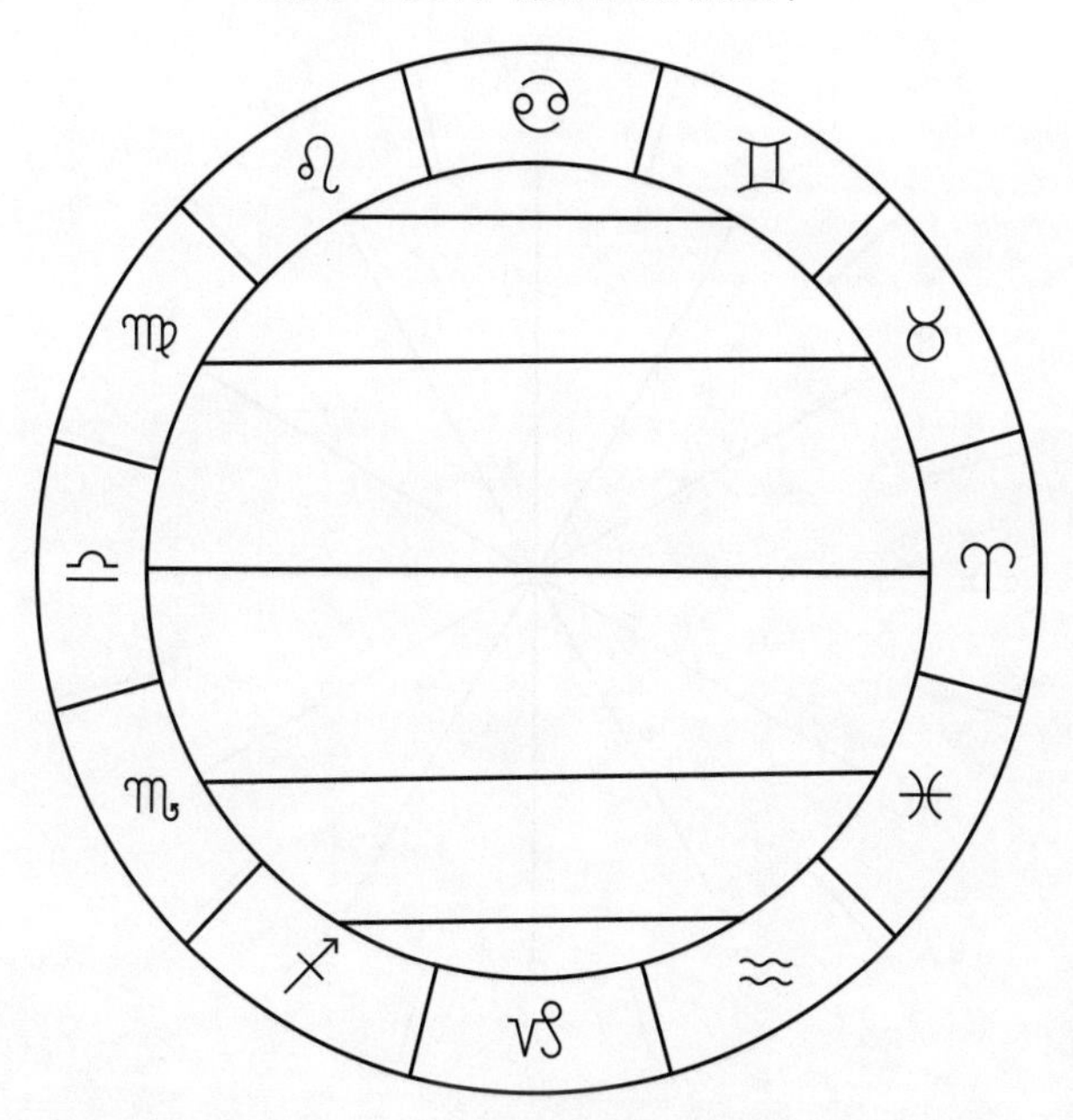

図表4　衝（第2巻395-432行）

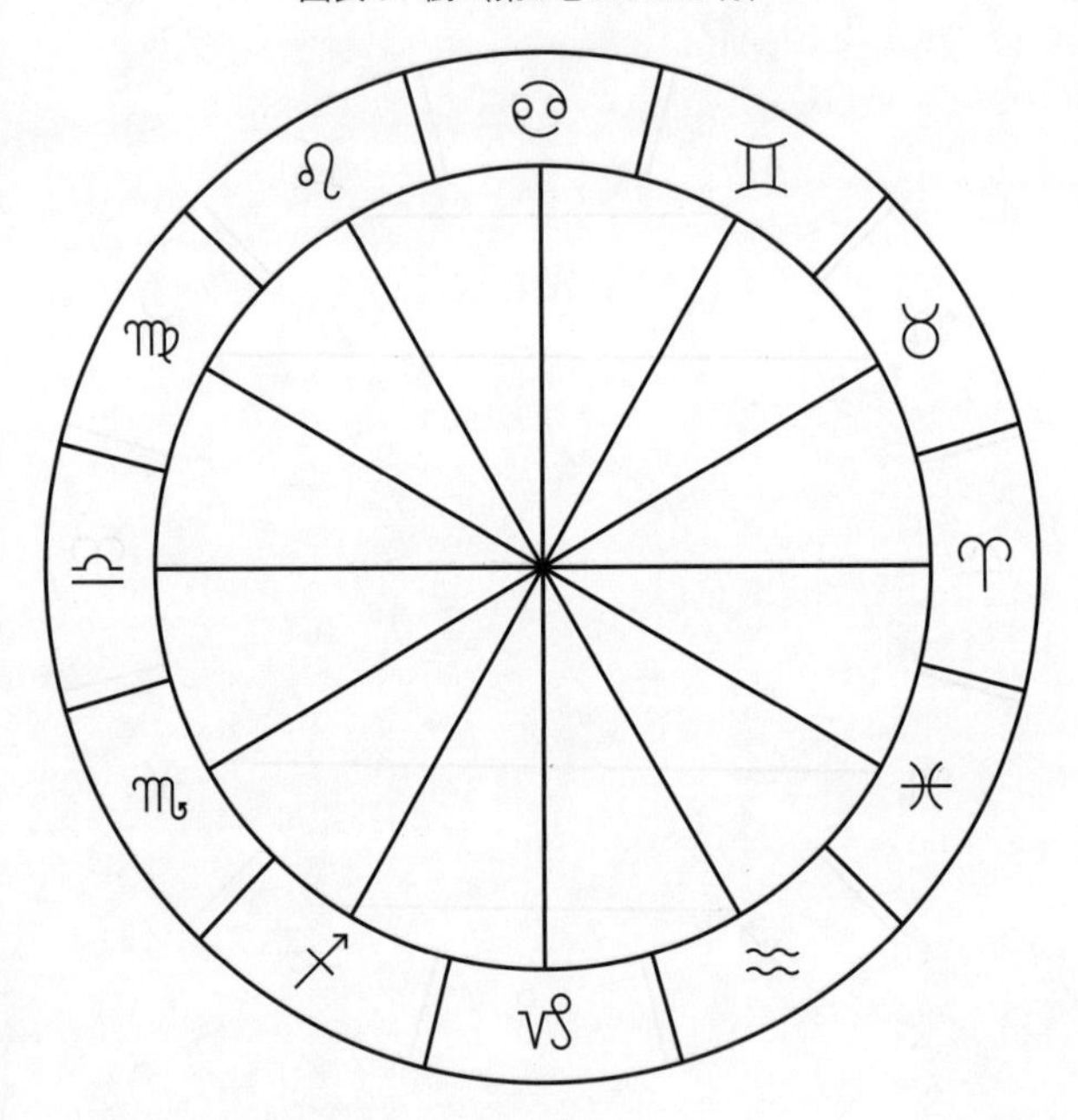

図表3　六分（第2巻358-384行）

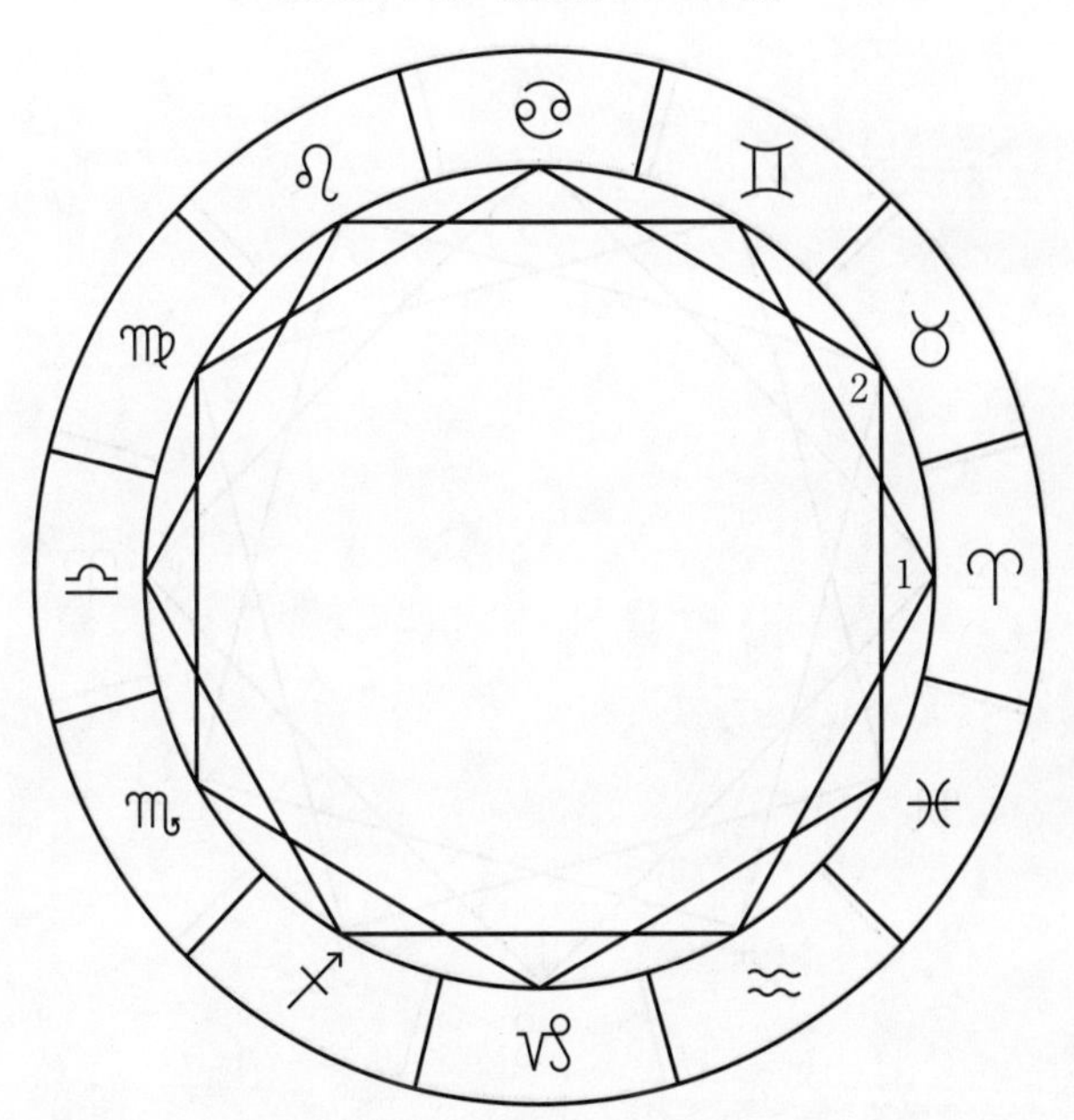

図表2　四分（第2巻287-296行）

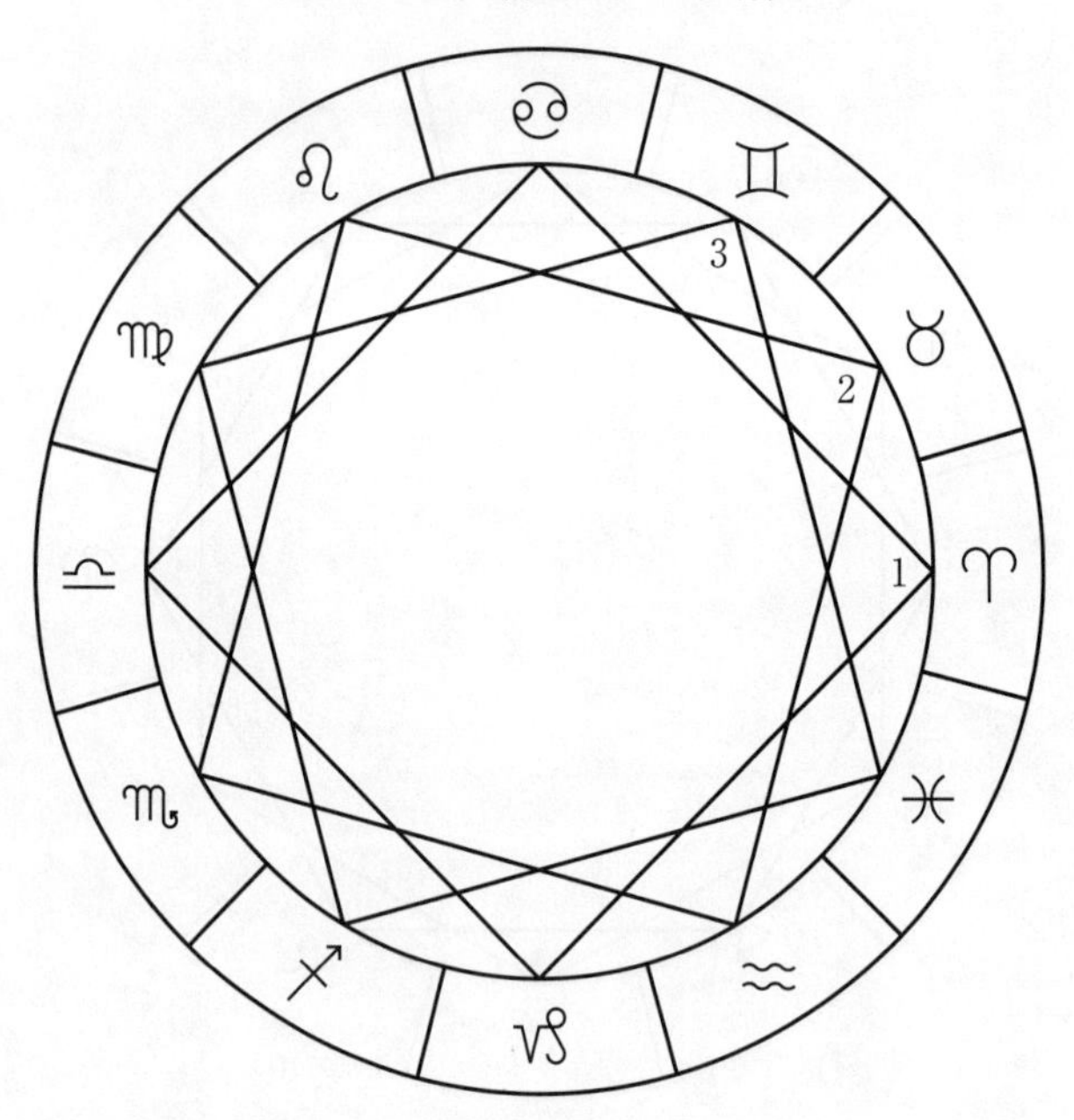

図表1　三分（第2巻273-286行）

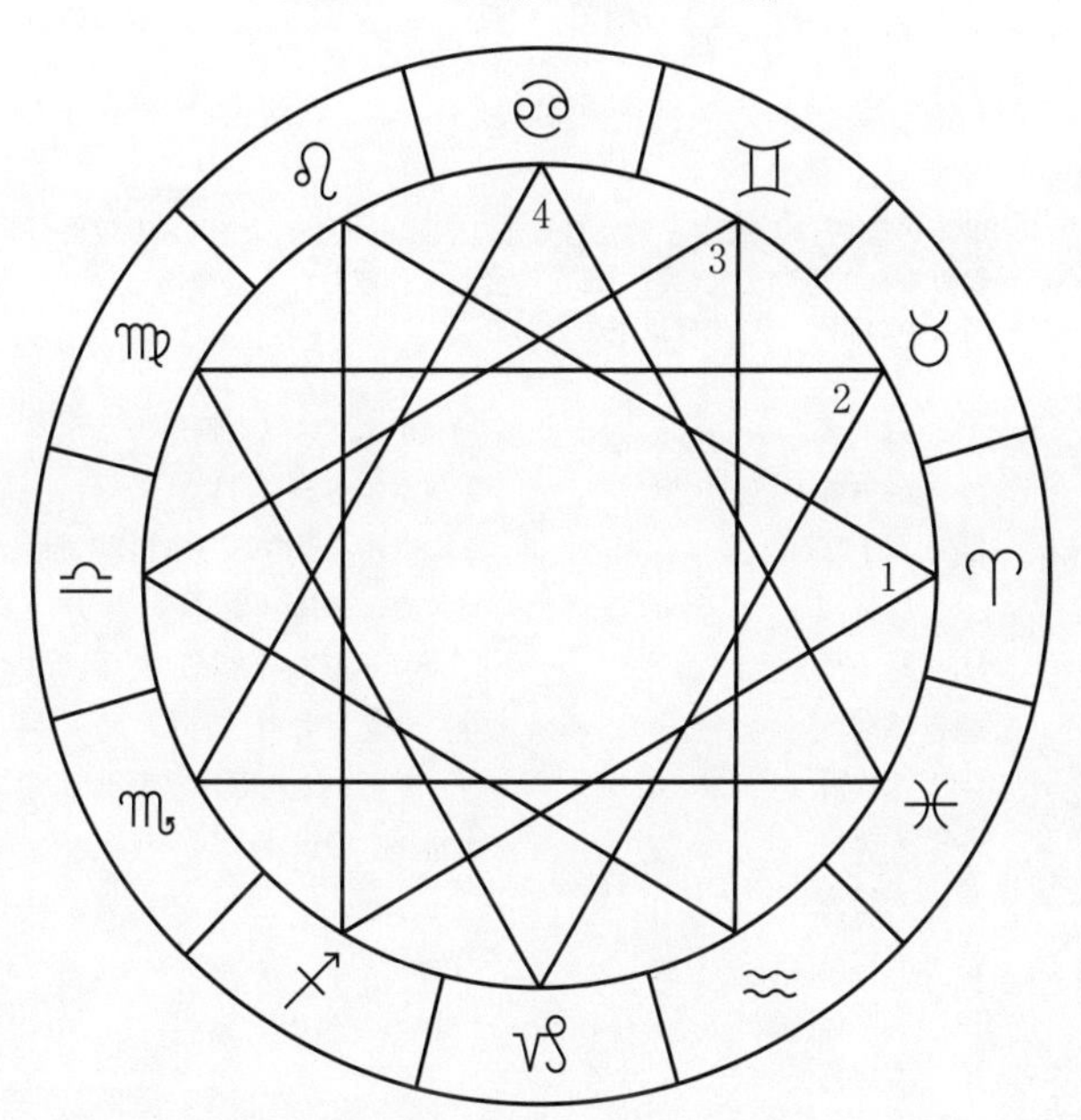

図 表

・以下の図表は、底本としたGooldのTeubner版およびLoeb版に収められたものを元に、一部を改変して作成したものである。
・図表中の記号の意味は以下のとおり。

♈ 白羊宮
♉ 金牛宮
♊ 双子宮
♋ 巨蟹宮
♌ 獅子宮
♍ 処女宮
♎ 天秤宮
♏ 天蠍宮
♐ 人馬宮
♑ 磨羯宮
♒ 宝瓶宮
♓ 双魚宮

☉ ポエブス（太陽）
☾ ポエベー（月）
☿ メルクリウス（水星）
♀ ウェヌス（金星）
♂ マールス（火星）
♃ ユッピテル（木星）
♄ サートゥルヌス（土星）
⊕ 第一の役

＊本書は、講談社学術文庫のための新訳です。

マルクス・マーニーリウス
紀元1世紀に活動した古代ローマの詩人。本作『アストロノミカ』の著者として知られる以外の詳細は不明。

竹下哲文（たけした　てつふみ）
1991年生まれ。京都大学大学院文学研究科博士後期課程修了。博士（文学）。現在，京都大学大学院助教。専門は，西洋古典学。著書に，『詩の中の宇宙――マーニーリウス『アストロノミカ』の世界』。

定価はカバーに表示してあります。

アストロノミカ

マーニーリウス

竹下哲文（たけしたてつふみ） 訳

2024年11月12日　第1刷発行
2024年12月20日　第2刷発行

発行者　篠木和久
発行所　株式会社講談社
東京都文京区音羽 2-12-21 〒112-8001
電話　編集（03）5395-3512
販売（03）5395-5817
業務（03）5395-3615
装　幀　蟹江征治
印　刷　株式会社新藤慶昌堂
製　本　株式会社国宝社

ISBN978-4-06-537794-9

「講談社学術文庫」の刊行に当たって

これは、学術をポケットに入れることをモットーとして生まれた文庫である。学術は少年の心を養い、成年の心を満たす。その学術がポケットにはいる形で、万人のものになることは、生涯教育をうたう現代の理想である。

こうした考え方は、学術を巨大な城のように見る世間の常識に反するかもしれない。また、一部の人たちからは、学術の権威をおとすものと非難されるかもしれない。しかし、それはいずれも学術の新しい在り方を解しないものといわざるをえない。

学術は、まず魔術への挑戦から始まった。やがて、いわゆる常識をつぎつぎに改めていった。学術の権威は、幾百年、幾千年にわたる、苦しい戦いの成果である。こうしてきずきあげられた城が、一見して近づきがたいものにうつるのは、そのためである。しかし、学術の権威を、その形の上だけで判断してはならない。その生成のあとをかえりみれば、その根は常に人々の生活の中にあった。学術が大きな力たりうるのはそのためであって、生活をはなれた学術は、どこにもない。

開かれた社会といわれる現代にとって、これはまったく自明である。生活と学術との間に、もし距離があるとすれば、何をおいてもこれを埋めねばならない。もしこの距離が形の上の迷信からきているとすれば、その迷信をうち破らねばならぬ。

学術文庫は、内外の迷信を打破し、学術のために新しい天地をひらく意図をもって生まれた。文庫という小さい形と、学術という壮大な城とが、完全に両立するためには、なおいくらかの時を必要とするであろう。しかし、学術をポケットにした社会が、人間の生活にとってより豊かな社会であることは、たしかである。そうした社会の実現のために、文庫の世界に新しいジャンルを加えることができれば幸いである。

一九七六年六月

野間省一